식 품 학

정은자 · 김성연 저

도서출판 진 로

머 리 말

식품의 선택 및 섭취는 인간이 살아있다는 것과 같은 의미를 갖습니다. 사람이 생명을 유지하고 건강한 삶을 영위하기 위하여는 매일 자신에게 적합한 식품을 선택하여 섭취하여야 합니다.

고령사회화가 진행되면서 식생활과 관련된 만성질환이 증가하고 있어서 건강과 식생활에 대한 관심이 점차 높아지고 있으며 식품의 영양성분 및 가공 특성, 성분 변화와 성분 간의 반응, 신체적 기능과 관련된 여러 가지 기능성 성분 등 식품에 대한 올바른 이해의 중요성과 필요성이 더욱더 강조되고 있습니다. 따라서 식품의 구성성분에 대한 올바른 이해와 식품 재료의 특성에 대한 전문적인 지식이 이제 누구에게나 필요하게 되었으며 우리가 일상적으로 섭취하는 식품에 대하여 여러 가지 관점에서 검토 되어야 합니다.

본서는 1편과 2편으로 나누어 1편에서는 식품을 구성하는 영양성분인 수분, 탄수화물, 지질, 단백질, 비타민, 무기질의 구조 및 특성과 식품의 색, 식품의 맛, 식품의 냄새, 식품의 물성 등의 성분의 종류와 성질 등을 다루었고, 2편에서는 1편의 내용을 적용할 수 있도록 식물성 식품과 동물성 식품으로 구분하여 각 식품재료 별 식품의 성분, 종류, 형태, 용도, 특성 등에 대해 서술하였습니다.

이 책은, 저자들이 그동안 대학에서 강의한 내용을 토대로, 식품학이나 영양학, 조리과학, 가정학, 외식산업학 등을 전공하는 학생들과 이와 관련된 분야에서 활동하는 분들, 그리고 영양사, 조리사, 위생사, 식품기사 등 자격증을 준비하는 학생들에게 도움이 되었으면 하는 바램에서, 그 동안 강단에서 연구하며 교육한 많은 학습 자료와 출간된 여러 가지 국내외 문헌들을 참고하여 이 책을 집필하였습니다.

끝으로 이 책의 부족하고 미비한 점들에 대해 선후배님들과 독자 여러분의 기탄없는 충고와 조언을 부탁드리며, 이 책을 쓰는데 많은 도움을 주신 동료교수님과 선후배님들께 감사드립니다. 어려운 여건에도 출판을 허락해 주신 임종철 사장님과 정성을 다하여 수고해 주신 편집부 직원 분들께 깊은 감사를 드립니다.

2012. 12.

저자 일동

차 례

제1장. 서론 ---- 9
1-1. 식품의 정의 ---- 10
1-2. 식품과 영양소 ---- 10
1-3. 식품의 구성성분 ---- 10
1-4. 식품의 기능 ---- 11

제2장. 수분(물) ---- 13
2-1. 물분자의 구조와 성질 ---- 14
2-2. 자유수와 결합수 ---- 14
2-3. 수분활성도 ---- 15
2-4. 등온흡습곡선과 탈습곡선 ---- 16

제3장. 탄수화물 ---- 19
3-1. 탄수화물의 분류 ---- 20
3-2. 단당류(monosaccharide) ---- 25
3-3. 이당류(disaccharide) ---- 29
3-4. 소당류(oligosaccharide) ---- 33
3-5. 다당류(polysaccharide) ---- 34

제4장. 지질 ---- 47
4-1. 지질의 분류와 구조 ---- 48
4-2. 지방산 ---- 54
4-3. 유지의 이화학적 성질 ---- 57
4-4. 유지의 유화 ---- 62
4-5. 유지의 산패와 자동산화 ---- 63
4-6. 식용유지 및 유지제품 ---- 69

제5장. 단백질 ---------- 73
5-1. 아미노산 ---------- 74
5-2. 단백질의 분류 ---------- 79
5-3. 단백질의 구조 ---------- 86
5-4. 단백질의 성질 ---------- 90
5-5. 단백질의 변성 ---------- 92

제6장. 효소 ---------- 99
6-1. 효소의 분류 ---------- 100
6-2. 효소의 화학적 특성과 효소반응 ---------- 101
6-3. 효소 반응의 특이성 ---------- 102
6-4. 효소 작용에 영향 인자 ---------- 102

제7장. 비타민 ---------- 105
7-1. 지용성 비타민 ---------- 106
7-2. 수용성 비타민 ---------- 110
7-3. 식품의 조리・가공과 비타민의 변화 ---------- 119

제8장. 무기질 ---------- 121
8-1. 무기질의 기능 ---------- 122
8-2. 산성식품과 알칼리성 식품 ---------- 122
8-3. 무기질의 종류 ---------- 123
8-4. 식품의 조리・가공과 무기질의 변화 ---------- 130

제9장. 식품의 색 ---------- 131
9-1. 발색이론과 자연색소의 분류 ---------- 132
9-2. 식물성 식품의 색 ---------- 134
9-3. 동물성 식품의 색 ---------- 150
9-4. 식품의 갈변 ---------- 155

제10장. 식품의 맛 165
10-1. 미각 166
10-2. 맛 성분의 종류 171

제11장. 식품의 냄새 187
11-1. 냄새의 감지 188
11-2. 냄새의 분류 189
11-3. 냄새 성분의 종류 190
11-4. 식물성 식품의 냄새 성분 192
11-5. 동물성 식품의 냄새 성분 198
11-6. 식품의 조리·가공과 냄새 성분 201

제12장. 식품의 물성 205
12-1. 식품의 분산 206
12-2. 식품의 리올로지 214
12-3. 식품의 텍스처 216

제13장. 식물성 식품 219
13-1. 곡류 220
13-2. 두류 230
13-3. 서류 232
13-4. 채소류 235
13-5. 과일류 246
13-6. 해조류 253
13-7. 버섯류 253

제14장. 동물성 식품 257
14-1. 수조육류 258
14-2. 어패류 273

14-3. 난류 ---------- 282
14-4. 우유류 ---------- 287

참고문헌 ---------- 293
찾아보기 ---------- 295
INDEX ---------- 301

제 1 장. 서론

1-1. 식품의 정의

우리는 건강한 삶을 유지하기 위해 매일 여러 가지 식품을 섭취하고 있다. 사람이 일상 섭취하고 있는 식품의 종류는 약 300여종이며, 구황식품을 포함하면 약 2,000여 종 이상이 된다. 이렇듯 다양한 식품을 섭취하는 것은 식품은 인간 생명의 원동력이기 때문이며 식품의 정의는 다음과 같다.

식품이란 사람에게 필요한 영양소를 한 가지 이상 함유하는 유해하지 않은 천연식품, 반조리 식품 및 조리식품, 가공식품의 총칭을 말한다. 우리나라 식품위생법에서는 식품의 정의를 '의약으로 섭취하는 것을 제외한 모든 음식물' 이라고 규정하고 있다. FAO/WHO에서는 '인간이 섭취할 수 있도록 완전가공 또는 일부 가공한 것 또는 가공하지 않아도 먹을 수 있는 것' 이라고 정하고 있다.

1-2. 식품과 영양소

식품에는 여러 가지 영양소가 함유되어 있으며 인간은 생명유지와 생명현상을 영위하기 위해 식품 속에 함유된 여러 가지 영양소를 공급 받아야 한다. 영양소란 영양유지를 위해 외부로부터 받아들이는 물질로 탄수화물, 단백질, 지질, 비타민, 무기질 등으로 그 작용에 따라 에너지를 공급하는 열량영양소, 신체성분을 구성하는 구성영양소, 체내에서 일어나는 여러 가지 생리작용을 조절하는 조절영양소로 분류할 수 있다.

1-3. 식품의 구성성분

천연의 식품은 대부분 수분, 단백질, 지질, 당질과 미량의 무기질과 비타민류를 함유하고 있으며, 이들 각각의 성분은 성질이 다 다르고 식품의 조리 과정에서 일어나는 현상에 대해 각각 크고 작은 영향을 미친다. 또한 식품에 따라 구성하는 성분의 종류와 함량에 차이가 크다. 식품의 성분은 일반성분과 특수성분으로 분류할 수 있으며 다음과 같다.

① 식품의 일반성분

- 식품
  - 수분
  - 고형분
    - 유기질
      - 탄수화물
        - 당질
        - 섬유소
      - 지질
      - 단백질
      - 비타민
    - 무기질(회분)

② 식품의 특수성분 : 색, 맛성분, 냄새성분, 효소 등

1-4. 식품의 기능

식품의 기능은 영양기능, 기호기능, 생체조절기능으로 나눌 수 있다.

① 영양기능

식품의 1차 기능으로 생명유지기능이라고 한다. 균형된 영양섭취로 신체의 정상적인 발달과 유지 및 대사가 원활하게 이루어질 수 있다.

② 기호기능

식품의 2차 기능으로 영양적으로 우수하더라도 기호를 충족시키지 못하면 식품의 가치가 저하되므로 식품의 맛이나 향이나 색감 등 식품의 관능적 특성을 말한다. 기호성은 식욕을 증진시키고 소화액의 분비를 촉진시켜 영양소의 흡수를 높일 수 있다.

③ 생체조절기능

식품의 3차 기능으로 질병예방 및 노화방지, 면역력 증강 등 생리적 활성부여에 도움을 주는 기능으로 최근 많은 관심이 집중되고 있어 연구가 활발하게 진행되고 있다.

제2장. 수분(물)

수분은 식품의 구성 성분 중 가장 많은 비율을 차지하며 수분함량은 식품의 외관, 성질, 풍미 등에 영향을 미친다. 또한 화학적, 미생물학적 부패의 원인이 되기도 한다. 식품에서 물은 물질의 이동과 화학반응을 진행시키고 식품의 구조 안정화 등의 역할을 하며 고체, 액체, 기체 등의 형태로 존재할 수 있다.

2-1. 물분자의 구조와 성질

물분자는 한 개의 산소원자에 두 개의 수소원자가 공유결합을 하고 있으며 결합각은 104.5℃이다. 물분자에서 산소는 수소보다 전기음성도가 커서 산소쪽으로 치우쳐 있어서 산소는 음전하(−)를 띠고, 수소는 부분 양전하(+)를 띠고 있다. 물분자는 양극성을 띠는 극성분자로 다른 물 분자와 수소결합을 형성할 수 있다. 따라서 분자량이 비슷한 다른 물질에 비해 끓는 점, 녹는 점, 기화열, 융해열 등이 높다.

물의 존재 상태는 온도와 압력의 영향을 받아 대기압 하에서 0~100℃에서는 액체로 존재한다. 물을 냉각하면 부피가 감소하여 4℃에서 가장 작은 부피를 갖는다. 물은 0℃에서 얼게 되며 부피가 9% 증가 하므로 물보다 얼음의 비중이 낮아 물위에 뜨게 된다.

2-2. 자유수와 결합수

식품 중에 존재하는 물의 상태는 결합수와 자유수로 분류할 수 있다. 수분이 식품 내에서 단순히 물로 존재하는 것이 아니라 식품을 구성하는 물질과 결합하여 그 일부를 형성할 때 이런 상태의 물을 결합수(bound water)라 한다. 결합수는 0℃는 물론 더 낮은 온도에서도 얼지 않으며, 식물이나 동물조직에 압력을 가해도(압착)제거되지 않는다. 또한 결합수는 효소의 활성화나 곰팡이의 생육에 이용되지 못한다.

자유수는 유리수(free water)라고도 하며 식품 내에서 용매로 작용하여 식품 중의 여러 가지 성분 즉, 당류, 수용성 단백질, 수용성 비타민, 염류 등의 용매로 또는 전분이나 지질과 같은 불용성물질을 물속에 분산시켜 교질상태를 형성한다. 자유수는 식품내의 총수분량에서 결합수를 제거한 나머지의 수분으로 운동이 자유스러워 조직 내의 유기물로부터 간단히 분리될 수 있다. 또한 식품을 얼리면 동결하여 얼음의 결정을 형성하고, 식품을 건조시키면 증발하며 미생물이 이용할 수 있는 상태의 물이다.

[표 2-1] 자유수와 결합수

자 유 수	결 합 수
· 대기압 0℃에서 쉽게 동결 · 100℃ 이상 가열하거나 건조하면 쉽게 제거 · 용매로 작용(수용성 단백질, 당류, 염류) · 미생물의 생육에 이용 · 화학반응에 관여	· -40℃ 이하에서도 얼지 않음 · 100℃ 이상 가열하거나 건조, 압착에도 제거 되지 않음 · 용매로 작용하지 않음 · 미생물 생육에 이용되지 않음 · 화학반응에 관여하지 않음

2-3. 수분활성도

식품의 수분함량은 대기 중의 상대습도에 영향을 받는다. 따라서 식품의 반응성이나 저장성은 식품의 퍼센트 수분함량보다 대기 중 상대습도의 영향을 받으므로 상대습도를 고려하고 미생물이 이용가능 한 수분활성도(water activity, Aw)를 사용한다.

수분활성도는 일정 온도에서 식품이 나타내는 수증기압/순수한 물의 수증기압의 비율로 용해된 용질의 종류와 양에 따라 값이 다르다.

$$Aw = \frac{P(\text{식품의 수증기압})}{P_0(\text{순수한 물의 수증기압})}$$

순수한 물의 Aw는 1이며, 식품 속에 들어있는 물에는 영양성분이 용해되어 있으므로 순수한 물보다 수증기압이 낮아 식품의 수분활성은 1보다 작다. 수분함량이 적은 곡류나 두류의 수분활성도는 0.60~0.64 정도이고, 과일이나 채소, 어패류와 같이 수분함량이 많은 식품의 수분활성도는 0.98~0.99 정도이다. 수분활성도가 높으면 미생물의 번식으로 식품저장이 어려워지며, 식품저장에 적당한 수분활성도는 0.70~0.75 정도이다.

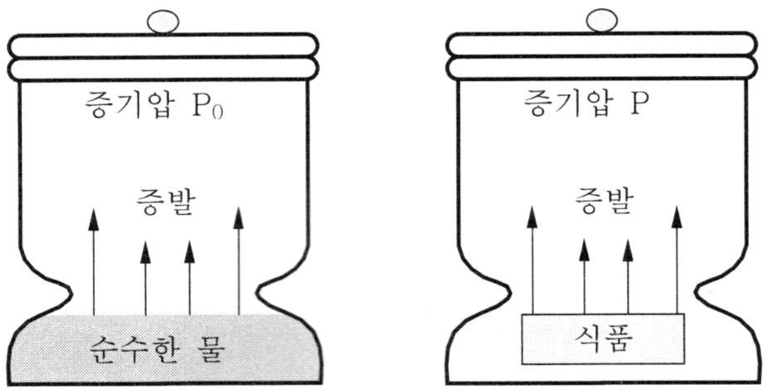

순수한 물이 증발해서 용기 내의 증기압이 P_0가 된다.

식품 중의 물(자유수)이 식품의 표면에서 증발해서 증기압이 P가 된다.

[그림 2-1] 식품의 수분활성

수분활성도는 평형상대습도(equilibrium relative humidity)와 관계가 있어 다음과 같이 나타낼 수 있다.

$$평형상대습도(ERH) = \frac{P}{P_0} \times 100 = Aw \times 100$$

식품의 수분활성도는 효소작용, 화학반응, 미생물의 생육 및 번식에 영향을 미친다. 일반적으로 미생물의 생육 및 번식이 가능한 수분활성도는 세균은 0.90~0.94 이상이고, 효모의 경우 0.88 이상, 곰팡이는 0.8, 내건성곰팡이는 0.65 이상, 내삼투압성 효모는 0.6 이상이다. 따라서 수분활성도가 큰 식품일수록 미생물이 번식하기 쉽고 저장성도 떨어진다.

2-4. 등온흡습곡선과 탈습곡선

식품 중의 수분함량은 대기 중의 수분함량에 영향을 받으며, 식품을 일정한 온도와 각종 상대습도에 두면 식품의 수분은 상대습도와 평형을 이루게 되며 이때의 수분함량을 평형수분함량(equilibrium moisture content)이라고 한다.

식품이 일정한 온도에서 대기 중의 수분을 흡수하여 평형수분함량에 도달하는 곡선을 등온흡습곡선, 수분을 방출하여 얻어지는 곡선을 등온탈습곡선이라고 하며, 대부분 역 S형 곡선을 나타낸다. 이 때 등온흡습곡선과 등온탈습곡선이 일치하지 않는데 이런 현상을 이력현상(hysteresis)이라고 하며, 같은 수분활성에서 탈습시가 흡습시보다 수분함량이 더 높다.

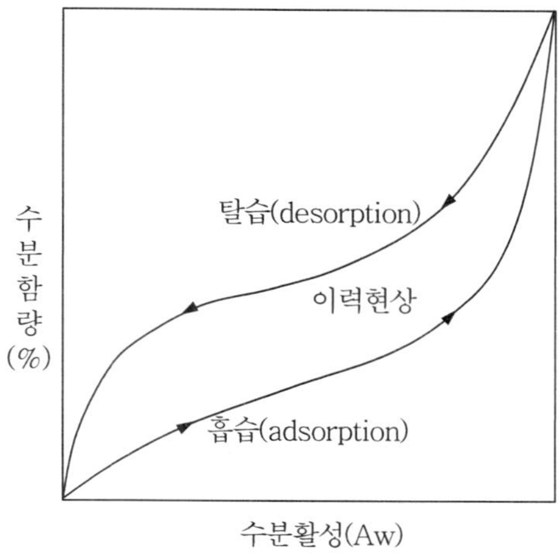

[그림 2-2] 등온흡습곡선과 등온탈습곡선

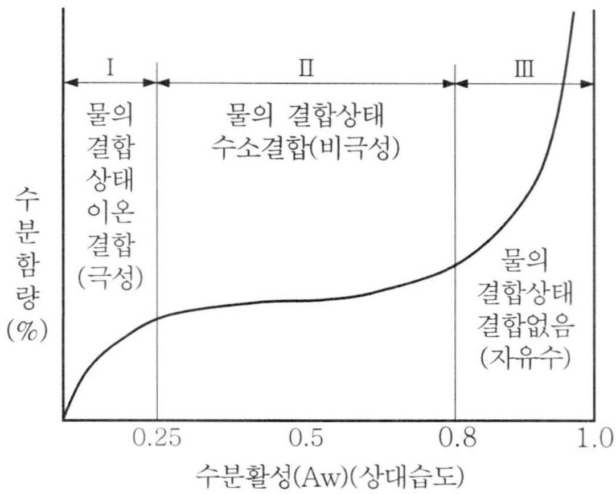

[그림 2-3] 등온흡습곡선의 영역

등온흡습곡선은 기울기가 다른 세 가지 영역으로 분류하며 각 영역의 특징은 다음과 같다.

등온흡습곡선의 I 영역은 식품 중의 수분이 식품성분 중의 아미노기

(amino)나 카르복실기(carboxyl)와 같은 이온기와 단단히 이온결합을 형성하여 결합수로 존재하는 영역으로 단분자층(monomolecular layer region)을 형성하며 용매로 작용할 수 없다.

Ⅱ영역은 수분 함량이 증가하여 여러 가지 기능기와 수소결합을 하여 다분자층(multimolecular layer region)을 형성하는 영역으로 건조식품의 경우 저장성과 안정성이 큰 최적수분함량을 나타낸다.

Ⅲ영역은 식품의 다공질구조에 응축된 모세관수로 주로 자유수로 존재하는 영역으로 식품성분에 대해 용매로 작용하고, 화학반응 및 미생물의 증식도 일어나는 영역이다. 식품 중 대부분의 물이 여기에 속한다.

제3장. 탄수화물

탄수화물(carbohydrates)은 자연계에 널리 분포되어 있으며 산소, 탄소, 수소의 세 종류 원소로 구성되어 있다. 일반적인 분자식은 Cn(H_2O)m으로 분자 내에 두 개 이상의 수산기(-OH)와 한 개의 알데히드(aldehyde)기나 케톤(ketone)기를 가지고 있다. 탄수화물은 가수분해로 생성되는 당분자의 수에 따라 단당류, 소당류, 다당류로 분류된다.

3-1. 탄수화물의 분류

구성 당 분자 수에 따라 한 개의 당으로 된 단당류와 2~8개의 당으로 구성된 소당류, 그 이상의 당으로 구성된 다당류로 분류한다.

[표3-1] 탄수화물의 분류

분 류		종 류
단당류	삼탄당(triose)	글리세르알데히드, 디히드록시아세톤
	사탄당(tetrose)	에리트로오스, 트레오스
	오탄당(pentose)	자일로오스, 리보오스, 아라비노오스,
	육탄당(hexose)	포도당, 과당, 갈락토오스, 만노오스
소당류	이당류	자당, 맥아당, 유당, 셀로비오스, 루티노오스
	삼당류	라피노오스
	사당류	스타키오스
다당류	단순다당류	전분, 덱스트린, 글리코겐, 셀루로오스, 이눌린
	복합다당류	펙틴, 헤미셀루로오스, 알긴산, 곤약만난

1. 단당류의 화학적 구조와 명명법

1) 알도오스와 케토오스

단당류는 탄소 수에 따라 분류되며 카르보닐(carbonyl)기가 aldehyde인 당을 알도오스(aldose), ketone기인 당을 케토오스(ketose)라고 한다. 알도오스는 어미에 -ose를, 케토오스는 -ulose를 붙여서 명명한다.

가장 간단한 알도오스는 글리세르알데히드(glyceraldehyde)이고, 가장 간단한 케토오스는 디히드록시아세톤(dihydroxyacetone)이다.

aldose	ketose
CH=O | *CHOH | CH_2OH	CH_2OH | C=O | CH_2OH
글리세르알데히드 (glyceraldehyde)	디히드록시아세톤 (dihydroxyacetone)

[그림 3-1] 글리세르알데히드와 디히드록시아세톤의 구조

2) 부제탄소원자와 이성체

단당류는 알데히드기나 케톤기와 같은 카르보닐기와 부제탄소원자(asymmetric carbon atom)를 가지고 있으므로 입체이성체(isomer)가 있을 수 있다. 부제탄소란 서로 다른 4개의 원자나 원자단이 결합되어 있는 탄소를 말하며, 부제탄소 수가 n개일 때 가능한 입체이성체의 수는 2^n개(Vant Hoff 법칙)이다. 이성체란 분자식은 같으나 서로 다른 입체구조를 가진 당을 말한다.

3탄당인 글리세르알데히드는 하나의 부제탄소원자를 가지고 있으므로 다음과 같이 두 개의 이성체가 생긴다.

CHO | H-C-OH | CH_2OH	CHO | HO-C-H | CH_2OH
D-글리세르알데히드	L-글리세르알데히드

[그림 3-2] D-글리세르알데히드와 L-글리세르알데히드

따라서 부제탄소원자와 결합한 -OH기가 우측에 있는 당을 D-형, 좌측에 있는 당을 L-형이라고 한다. 부제탄소원자가 증가함에 따라 이성체의 수가 증가하며, 여러 개일 경우에는 가장 큰 번호의 부제탄소(1번 탄소에서 가장 멀리 있는 탄소)에 결합한 -OH기의 위치가 오른 쪽이면 D형, 왼쪽이면 L형이라고 한다. 이렇게 부제탄소를 가진 거울상의 입체이성체(D와 L)를 에난티오머(enantiomer)라고 한다. 부제탄소원자가 여러 개일 경우, 한

개의 탄소원자에서만 원자단이 다르게 배치되어 있는 2개의 당을 에피머(epimer)라고 한다. D-글루코오스와 D-만노오스, D-글루코오스와 D-갈락토오스는 에피머 관계에 있다. D-글루코오스와 D-갈락토오스는 4번 탄소의 OH기의 위치만 다를 뿐이므로 에피머이다.

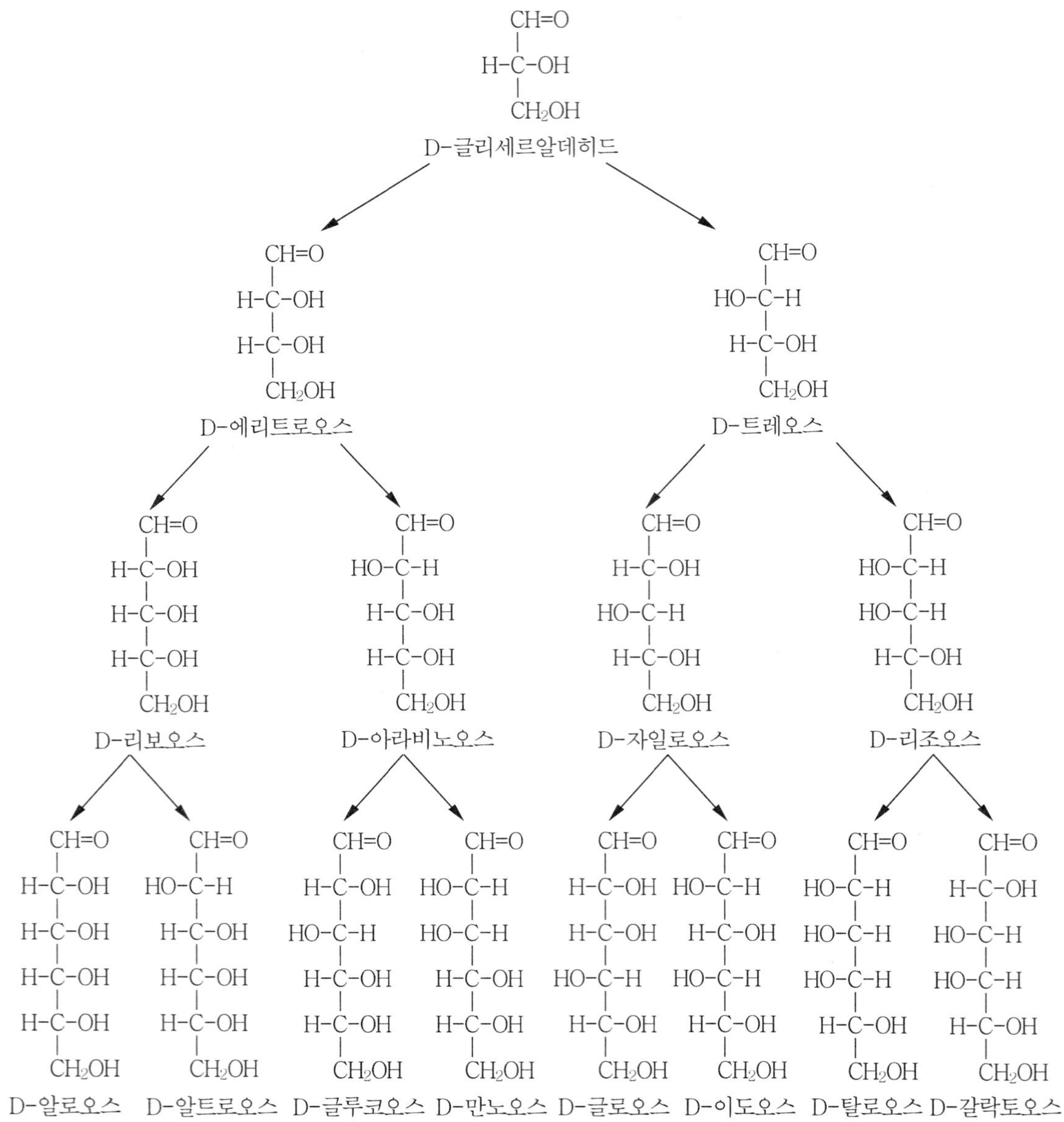

[그림 3-3] D-알도오스 계열 당의 구조

3) 선광성

당 용액에 편광을 통과시키면 편광면을 회전시키는데 이와 같은 빛의 회전방향을 회전시키는 성질을 선광성이라고 한며, 편광을 회전시키는 정도를 선광도라고 한다. 이 때 회전시키는 회전방향이 오른쪽이면 우선성(dextrorotatory)으로 (+)를, 왼쪽이면 좌선성(levorotatory)으로 (−)를 당의 이름 앞에 붙여 표시한다. 이와 같이 편광면을 회전시키는 성질이 있는 물질을 광학활성체(optical active substance)라고 하며, 우선성과 좌선성의 이성체가 동량 존재할 때 광학적 활성이 서로 상쇄되어 없어진 혼합물을 라세미체(racemic mixture)라고 한다.

당의 수용액을 방치했을 때 시간이 경과함에 따라 선광도가 변화하여 평형에 이르면 일정치의 선광도를 나타내는 현상을 변선광(mutarotation)이라고 한다. 예를 들어 α−글루코오스의 선광도는 우선성으로 (+)112.2° 이며, β−글루코오스는 우선성으로 (+)18.7° 인데 α−글루코오스의 수용액을 방치했을 때 시간 경과에 따라 선광도가 변화하여 일정치의 선광도 (+)52.2° 를 나타내는 현상을 말한다.

4) 쇄상구조와 환상구조

쇄상구조에서 단당류에 존재하고 있는 알데히드기 또는 케톤기가 2번 탄소 이하의 alcohol기와 축합 반응하여 헤미아세탈(hemiacetal)을 형성하여 환상구조를 이룬다. 단당류가 이러한 고리구조를 가지면 알데히드기나 케톤기는 새로운 OH기를 형성하는데 이를 헤미아세탈 OH기, 또는 글리코시드성 OH(glycosidic OH)기라고 한다. 이 때 헤미아세탈 OH기가 오른쪽이면 α형, 왼쪽이면 β형이라고 하며 이들 α, β이성체를 아노머(anomer)라고 한다. 쇄상구조에서 환상구조로 바뀌면서 생긴 글리코시드성 OH기는 반응성이 강하며, 환원성을 가지고 있다. 단당류 두 개가 결합할 때 글리코시드성 OH기가 다른 당의 수산기(−OH)기와 결합하는데 이것을 글리코시드 결합(glycoside bond)이라고 한다.

환상 구조에는 헤미아세탈 결합이 4번째 탄소와 결합한 5각형의 프라노오스(furanose)와 헤미아세탈 결합이 5번째 탄소와 결합한 6각형의 피라노오스(pyranose)가 있다.

다음은 포도당과 과당의 쇄상구조와 환상 구조를 나타내었다.

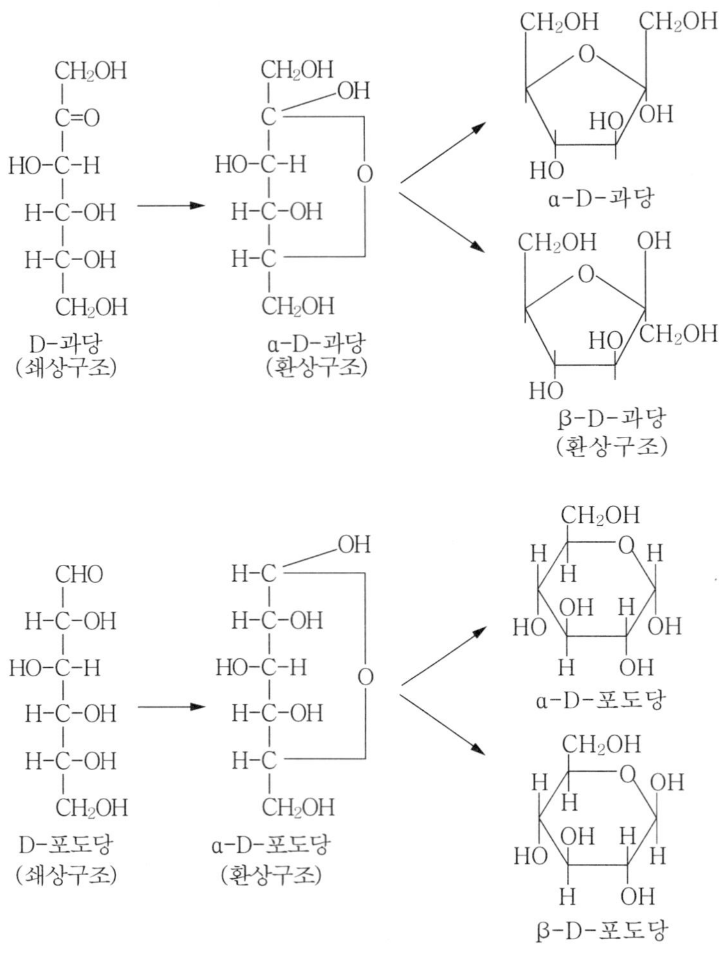

[그림 3-4] 과당과 포도당의 쇄상구조와 환상구조

5) 환원당과 비환원당

글리코시드성 OH기는 환원성을 가지므로 단당류나 이당류는 글리코시드성 OH기의 유무에 따라 환원당과 비환원당으로 구분된다.

① 환원당 : 글리코시드성 OH기를 가진 당으로 모든 단당류와 맥아당, 유당은 환원당(reducing sugar)으로 펠링(fehling)실험에서 $CuSO_4$의 알칼리 용액에서 Cu를 환원시켜 이산화동(Cu_2O)의 붉은색 침전을 생성한다.

② 비환원당 : 글리코시드성 OH기를 가지지 않는 당은 비환원당(nonreducing sugar)으로 펠링(fehling)실험에서 반응을 나타내지 않는다. 자당은 비환원당이다.

3-2. 단당류(monosaccharide)

단당류는 가장 단순한 탄수화물로 더 이상 가수 분해 되지 않는 당류로 탄소수로 분류(3탄당, 4탄당, 5탄당, 6탄당)한다. 단당류는 두 개 이상의 수산기(OH)와 한 개의 aldehyde기나 ketone기를 가지고 있다. 3탄당, 4탄당은 유리상태로 존재하지 않으며 식품에서 중요한 단당류는 5탄당, 6탄당으로 화학기의 위치에 따라 단맛, 용해도 등의 차이가 있다.

1. 5탄당(pentose)

자연계에서 유리상태로 거의 존재하지 않으며, 효모에 의해 발효되지 않는다. 주로 다당류나 핵산의 구성성분으로 존재하며, 자일로오스(xylose), 리보오스(ribose), 아라비노오스(arabinose) 등이 있다.

자일로오스는 다당류인 자일란(xylan)의 구성성분으로 자당의 60%의 단맛을 가지고 있으며 저칼로리 감미료로 이용된다. 리보오스는 핵산의 구성성분으로 RNA, ATP등의 구성성분으로 생체 내에서 중요한 역할을 한다. 아라비노오스는 아라비아검의 성분인 다당류인 아라반(araban)의 구성성분이며 자연계에서 유일하게 L-형으로 존재하는 당이다.

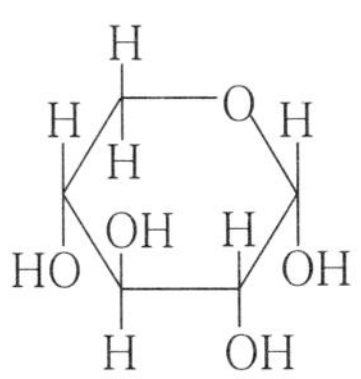
D-자일로오스

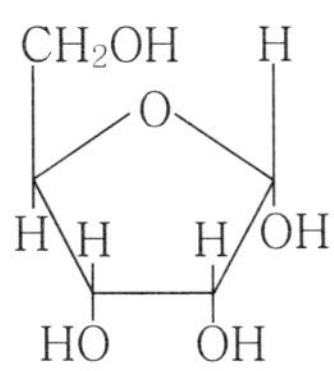
D-리보오스

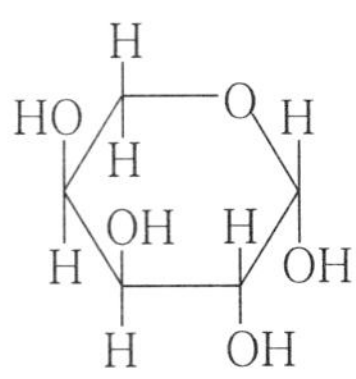
L-아라비노오스

[그림 3-5] 5탄당의 구조

2. 6탄당(hexose)

6탄당은 자연식품에 많이 들어있으며, 식품성분으로 중요한 6탄당에는 포도당, 과당, 갈락토오스, 만노오스 등이 있으며 모두 환원당이다. 이들은 모두 효모에 의해 발효되므로 지모헥소오스(zymohexose)라고 한다.

1) 포도당(glucose)

유리형 또는 결합형으로 식물체에 널리 분포되어 있으며 유리상태로는 과일과 포도에 많이 들어있다. 포유동물의 혈액에는 혈당으로 0.1% 정도 존재한다. 동물 체내에는 글리코겐(glycogen)의 형태로 저장되어 에너지원으로 사용된다. 전분, 덱스트린, 셀루로오스, 맥아당, 유당, 자당 등을 구성하는 단당류이다. α형과 β형의 두 이성체로 존재하며 α형이 β형보다 단맛이 강하다.

2) 과당(fructose)

유리상태로 과일, 벌꿀 중에 널리 존재하며 천연당류 중 단맛이 가장 강하고, 용해도가 커서 과포화 되기 쉬우므로 결정화되기 어렵다. 포도당과 결합하여 자당이 되며 돼지감자에 들어있는 다당류인 이눌린(inulin)의 구성 단당류이다. 결합상태일 때는 푸라노오스(furanose) 형태로 존재하며, 유리상태일 때는 푸라노오스(furanose)와 피라노오스(pyranose) 두 가지 형태로 존재한다. 환원당이며 α형과 β형 두 개의 이성체가 존재하며 β형의 단맛이 더 강하다.

3) 갈락토오스(galactose)

유리상태로 존재하지 않으며, 체내에서 단백질, 지방과 결합해 동물의 뇌, 신경조직 내의 당지질인 세레브로시드(cerebroside)의 구성성분으로 존재한다. α형, β형의 이성체가 존재하며 유당, 라피노오스, 스타키오스 등의 구성 단당류이다.

4) 만노오스(mannose)

자연 상태에서 유리상태로 거의 존재하지 않으며, α형, β형 이성체가 존

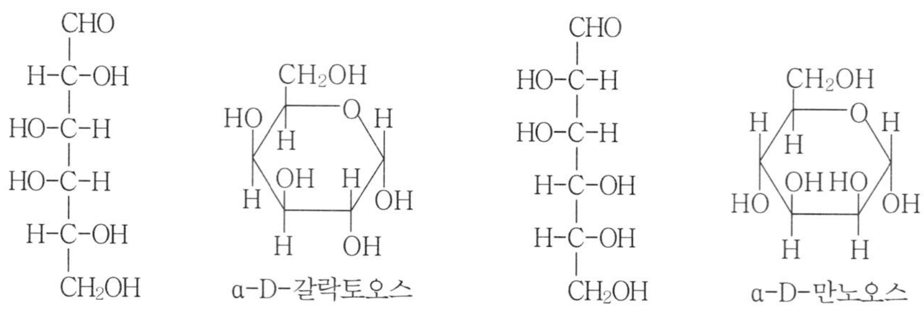

[그림 3-6] 갈락토오스와 만노오스의 구조

재하며 곤약의 주성분인 다당류인 만난(mannan)의 구성 단당류이다.

3. 단당류의 유도체

당의 산화·환원반응, 아미노기나 황과의 결합, 비당류와의 결합 등으로 생성된 단당류와 비슷한 화합물을 단당류의 유도체라고 한다.

1) 당알코올(sugar alcohol)

단당류의 알데히드기(-CHO)가 히드록시기(-OH)로 환원된 화합물로 리보오스의 당알코올인 리비톨(ribitol), 포도당이 환원된 솔비톨(sorbitol), 만노오스가 환원된 만니톨(mannitol), 갈락토오스가 환원된 둘시톨(dulcitol), 자일로오스 환원된 자일리톨(xylitol), 환상구조의 당알코올인 이노시톨(inositol) 등이 있다. 솔비톨과 만니톨은 인공감미료로 이용되고 있으며, 자일리톨은 충치예방 효과가 있으며 검 제조에 사용되고 있다. 이노

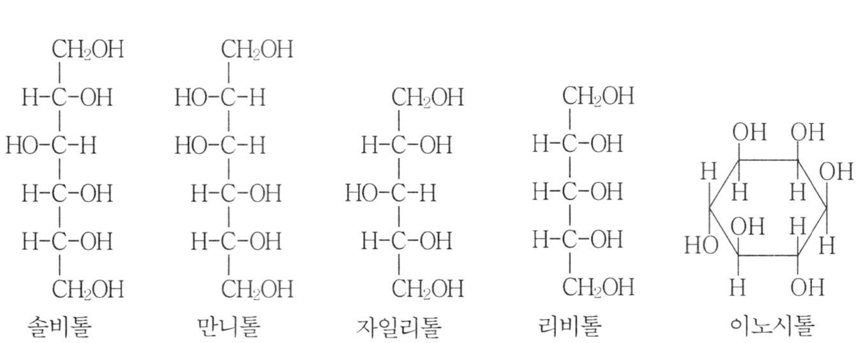

[그림 3-7] 여러 가지 당알코올의 구조

시톨은 두류 등 식물에도 함유되어 있으나 동물의 뇌, 근육 등에 존재하므로 근육당(muscle sugar)이라고도 한다.

2) 아미노당(amino sugar)

6탄당에서 C_2의 히드록시기(-OH)가 아미노기(-NH_2)로 치환되어 생긴 화합물로 글루코사민(glucosamin)은 포도당의 아미노당으로 갑각류 껍데기의 주성분인 키틴(chitin)의 구성성분이다. 갈락토사민(galactosamin)은 갈락토오스의 아미노당으로 연골, 힘줄에 들어있는 콘드로이틴 황산염(condroitin sulfate)의 구성성분이다.

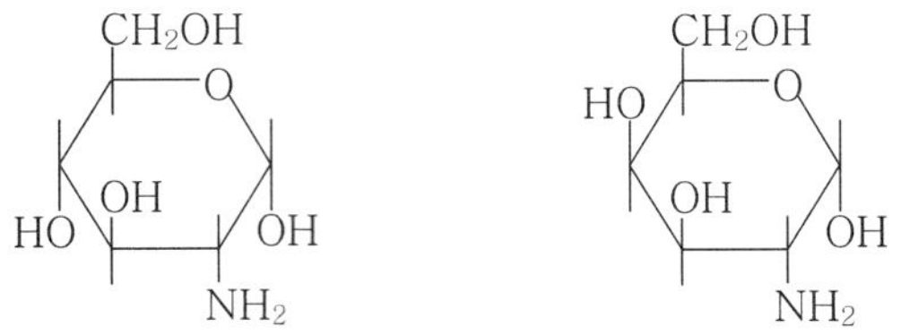

D-글루코사민　　L-갈락토사민

[그림 3-8] 아미노당의 구조

3) 데옥시당(deoxy sugar)

단당류의 산소원자 하나가 제거된 것으로 히드록시기(-OH)가 수소(H) 원자로 치환된 당이다. 데옥시리보오스(deoxy ribose)는 리보오스의 C_2에서 산소가 제거된 것으로 DNA의 구성성분이며, 람노오스(rhamnose)는 만노오스의 C_6에서 산소가 제거된 methyl pentose로 배당체인 헤스페리딘

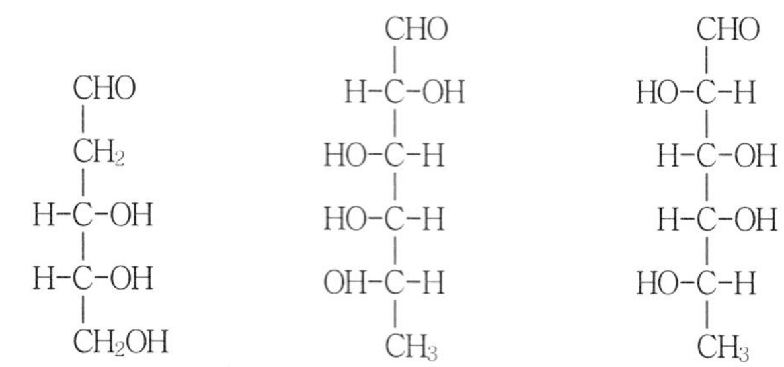

2-데옥시리보오스　　L-람노오스　　L-푸코오스

[그림 3-9] 데옥시당의 구조

(hesperidin), 나린진(naringin) 등 식물색소의 구성성분으로 존재한다. 푸코오스(fucose)는 갈락토오스의 C_6에서 산소가 제거된 methyl pentose로 해조류에 들어있는 다당류인 푸칸(fucan)의 구성성분이다.

4) 티오당(thio sugar)

티오당은 유황당이라고도 하며 단당류의 C_1의 히드록시기(-OH)가 SH기로 치환된 당의 유도체이다. 티오글루코오스(thioglucose)는 무, 마늘, 고추냉이의 매운맛 성분인 배당체형태인 시니그린(sinigrin)의 구성성분으로 존재한다.

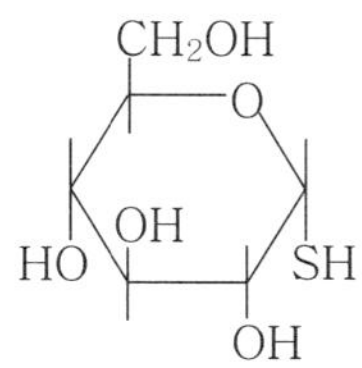

[그림 3-10] 티오당의 구조

5) 배당체

당류의 글리코시드성 OH기가 비당류(aglycone) 부분과 글리코시드 결합을 한 화합물을 말한다. 비당부분의 종류에 따라 여러 가지 배당체가 있다.

감자 싹의 유독성분인 솔라닌(solanin), 딸기와 포도에 함유된 색소성분인 안토시아닌(anthocyanin), 밀감에 함유된 나린진(naringin), 헤스페리딘(hesperidin) 등은 배당체이다.

3-3. 이당류(disaccharide)

이당류는 단당류 두 분자가 glycoside 결합으로 결합한 당으로 일반식은 $C_{12}H_{22}O_{11}$ 이다. 산과 함께 가열하거나 효소를 작용시키면 가수 분해 되어 두 분자의 단당류로 되며 자당, 유당, 맥아당 등이 있다.

1. 맥아당(maltose)

포도당 2 분자가 α−1,4결합으로 연결된 이당류로 환원당이며 단맛은 자당을 100으로 했을 때 60 정도이다. 전분을 β−아밀라아제로 가수분해할 때 생성되며, 엿기름이나 발아 중에 곡류에 많이 들어있으며 엿당이라고도 한다.

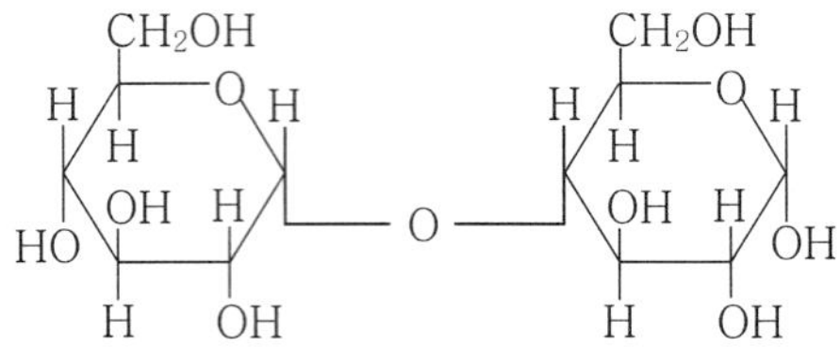

[그림 3-11] 맥아당의 구조

2. 자당(sucrose)

서당 또는 설탕이라고도 하며 포도당 한 분자와 과당 한 분자가 α,β−1,2결합을 하고 있는 이당류로 글리코시드성 OH기가 없어서 비환원당이다. 사탕수수와 사탕무에 많이 들어있어 그 즙을 농축하여 결정화 시킨 것이 설탕이다. 자당은 자연식품 감미의 주요성분으로 감미료의 표준물질로 사용되고 있다.

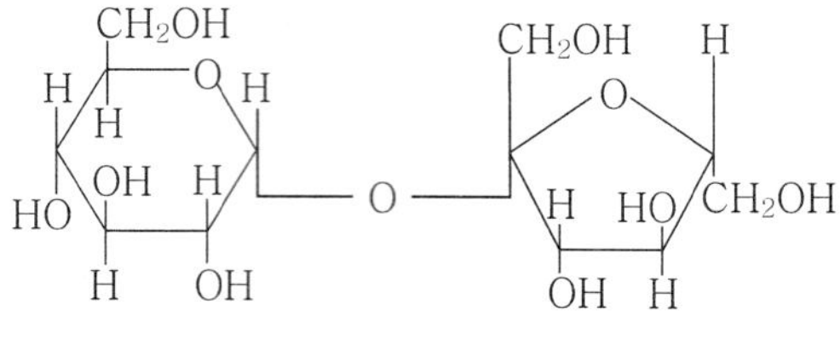

[그림 3-12] 자당의 구조

자당은 산이나 효소로 가수분해하면 포도당과 과당이 생성된다. 이때, 우선성인 포도당과 좌선성인 과당이 동량 생성되며 이 생성물을 전화당이라고 한다. 이 혼합물의 비선광도는 −19.9° 로 자당의 우선성이 좌선성으로 변하므로 자당의 가수분해를 전화(inversion)라고 한다. 전화당은 벌꿀에 많이 들어있으며 단맛이 자당보다 강하고 환원력이 있으며, 용해도가 더 크다.

3. 유당(lactose)

유당은 포유동물의 유즙에 존재하며 식물계에는 존재하지 않는다. 갈락토오스와 포도당이 β−1,4결합한 이당류로 환원당이다. 유당은 우유에 4.5%, 모유에 약 7%정도 들어있으며 가수분해하면 포도당과 갈락토오스가 된다. 유당은 포유동물의 성장과 뇌신경조직에 중요한 역할을 하며 장내 유산균의 번식으로 유해균 발육을 억제하므로 정장작용을 한다.

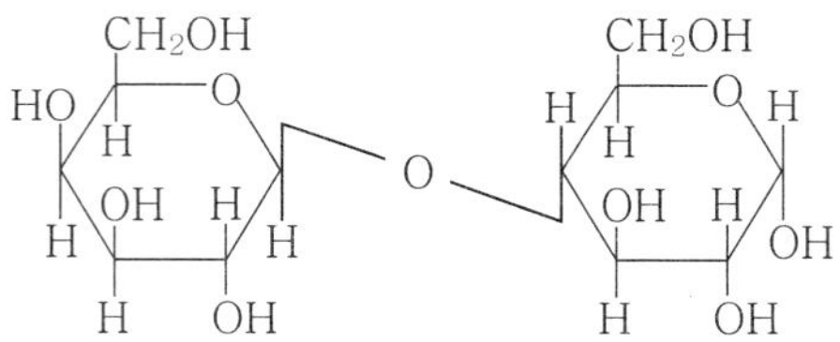

[그림 3-13] 유당의 구조

4. 겐티오비오스(gentiobiose)

β−포도당의 C_1과 α−포도당의 C_6이 결합된 이당류를 α−겐티오비오스, β−포도당의 C_6이 결합된 당을 β−겐티오비오스라고 한다. 삼당류인 겐티아노오스(gentianose)와 배당제인 아미그다린(amygdalin)의 구성성분이다.

5. 셀로비오스(cellobiose)

β−포도당 두 분자가 β−1,4결합한 이당류로 섬유소(cellulose)의 구성성분이다. 자연에서는 유리상태로 존재하지 않고 섬유소를 가수분해할 때 생성되며 단맛이 없다.

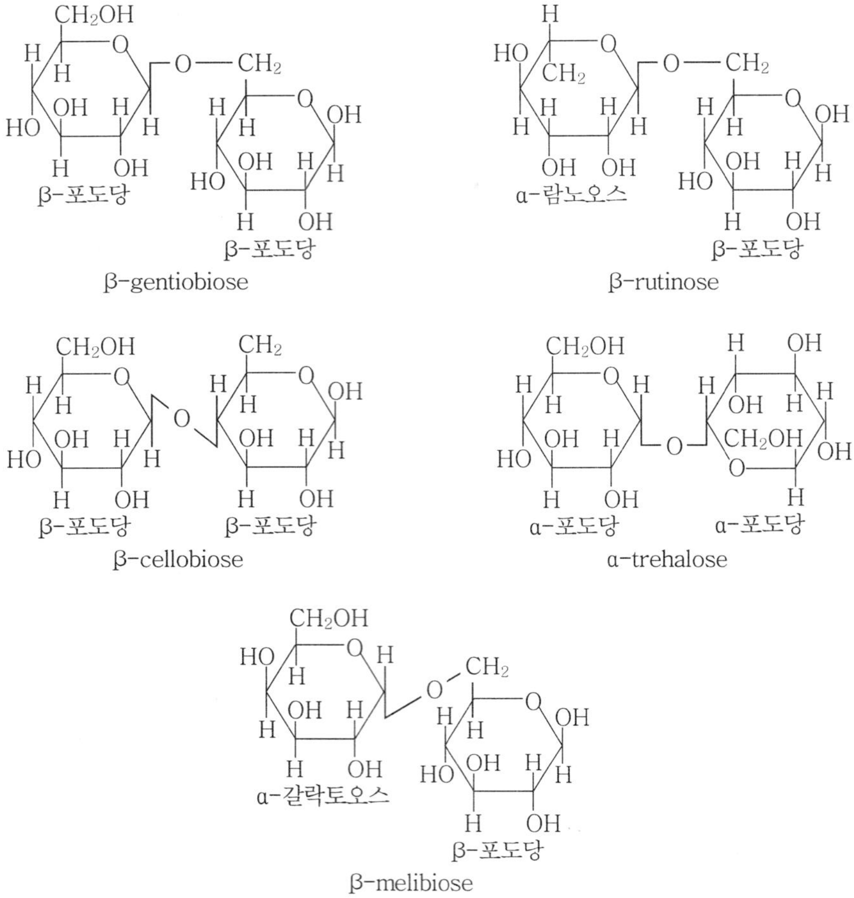

[그림 3-14] 그 외의 이당류의 구조

6. 루티노오스(rutinose)

β-람노오스와 β-포도당이 β-1,6결합한 이당류로 환원당이다. 메밀에 들어있는 배당체인 루틴(rutin), 감귤류의 헤스페리딘(hesperidin), 나린진(naringin)등 배당체의 구성성분이다.

7. 트레할로오스(trehalose)

α-포도당 두 분자가 α-1,1결합한 이당류로 비환원당이다. 버섯, 효모, 맥각 등에 존재한다.

8. 멜리비오스(melibiose)

α-갈락토오스의 C_1과 포도당의 C_6이 축합 결합한 이당류로 환원당이다. 라피노오스(raffinose)의 구성성분이다.

3-4. 소당류

1. 라피노오스(raffinose)

갈락토오스와 포도당, 과당으로 이루어진 3당류이다. 비환원당으로 효모에 의해 멜리비오스와 과당으로 분해되며, 대두나 면실 등 식물종자나 뿌리에 존재한다.

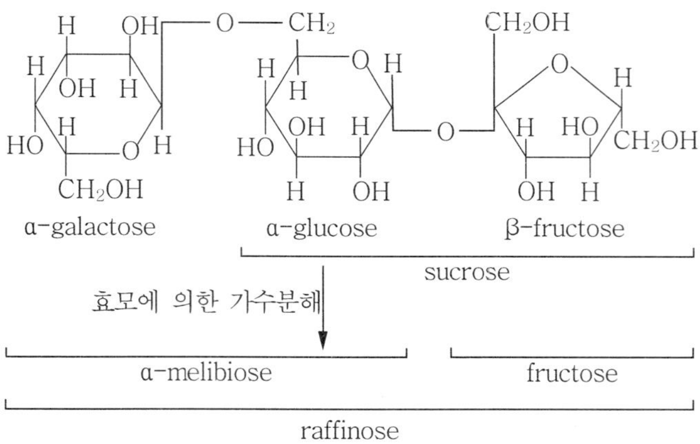

[그림 3-15] 라피노오스의 구조

2. 겐티아노오스(gentianose)

겐티오비오스의 포도당 C_1에 β-과당이 α,β-1,2결합으로 축합된 삼당류로 비환원당이며 단맛이 없다. 식물체에 존재하는 효소 인베르틴(invertin)에 의해 겐티오비오스와 과당으로 분해된다.

3. 스타키오스(stachyose)

라피노오스(갈락토오스, 포도당, 과당)에 또 한 분자의 갈락토오스가 결합한 4당류로 비환원당이다. 면실과 대두에 많이 함유되어 있으며 장내세균에 의해 가스를 형성한다. 비피더스균의 활성을 증가시키며 변비예방, 혈압강하 등의 효과가 있는 것으로 알려져 있다.

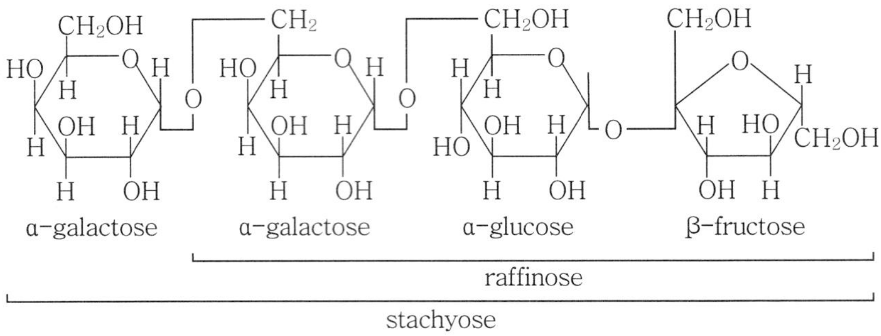

[그림 3-16] 스타키오스의 구조

3-5. 다당류(polysaccharide)

수많은 단당류나 그 유도체의 글리코시드성 OH기로 결합한 고분자 탄수화물로 자연계에 존재하는 탄수화물의 대부분을 차지하고 있다. 같은 종류의 단당류가 다수 결합한 다당류를 단순다당류(starch, inulin, dextrin, cellulose 등), 두 가지 이상의 서로 다른 단당류가 결합한 것을 복합다당류(pectin, hemicellulose 등)라 하며, 출처에 따라 동물성 다당류와 식물성 다당류로 분류한다.

1. 전분(starch)

전분은 대표적인 식물성 저장 탄수화물로 식물체 내에서 탄소동화작용으로 합성되어 종자나 뿌리 등에 저장되어 에너지원으로 사용된다. 전분은 수백, 수천 개의 포도당이 중합되어 있으며 입자의 형태로 존재하며 식물의 종류에 따라 입자의 모양과 크기가 다르다. 일반적으로 곡류전분입자는 작고 균일하며, 감자류 등 뿌리 전분입자는 크고 불균일한 모양을 가지고 있다.

전분은 흰색의 입자로 맛과 냄새가 없으며 물에 녹지 않고 물보다 비중이 커서(1.55~1.65) 물에 가라앉아 현탁액을 형성하며 물과 함께 가열하면 호화가 일어나 투명해지며 점성을 갖게 된다.

1) 전분의 분자구조

전분은 아밀로오스(amylose)와 아밀로펙틴(amylopectin)으로 구성되어 있으며 분자식은 $(C_6H_{11}O_5)_n$이다. 보통의 전분립은 아밀로오스 15~30%, 아밀로펙틴 70~85%로 구성되어 있어 약 2 : 8의 비율로 들어 있으나. 찹쌀, 찰옥수수, 차조 등은 거의 아밀로펙틴만으로 되어있다.

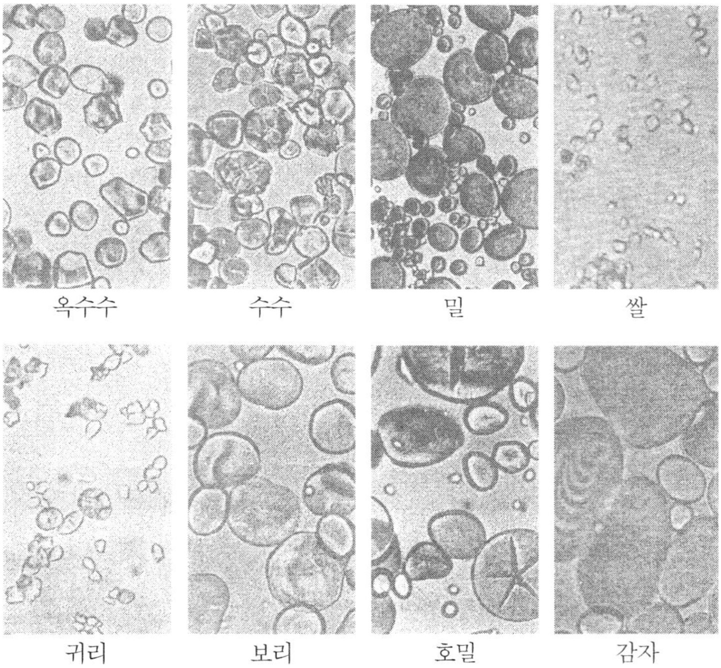

[그림 3-16] 전분입자의 형태

① 아밀로오스

포도당이 α-1,4결합으로 연결된 직선상의 긴 사슬모양을 한 고분자 중합체로 평균 중합도는 200~3,000 정도이다.

α-포도당이 6~8분자마다 한 번씩 감으면서 길게 이어지는 나선상 구조(helical form)를 이루고 있다. 아밀로오스 나선 구조의 내부공간에 지방산이나 요오드(iodine)분자들이 들어가 포접화합물 형성할 수 있으며 특히 요오드 분자가 들어가 특유한 청색 반응을 일으킨다. 나선 구조의 길이가 길수록 즉, 중합도가 클수록 짙은 청색을 나타낸다.

[표 3-2] 아밀로오스 사슬 길이에 따른 요오드 정색반응

사슬길이(포도당 분자수)	나선구조의 회전수	요오드 반응의 색
12	2	무 색
12~15	2	갈 색
20~30	3~5	적 색
35~40	6~7	자 색
< 45	9	청 색

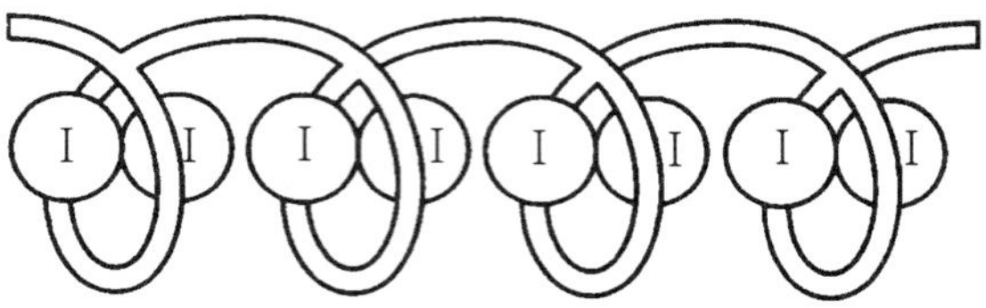

[그림 3-18] 요오드가 포접된 나선구조

② 아밀로펙틴

아밀로펙틴은 아밀로오스 사슬 군데군데에 α-1,6결합에 의해 가지를 가진 분지상 구조이다. 포도당 18~27개마다 가지를 가지고 있다. 아밀로오스보다 분자량이 크며 포접화합물을 형성하지 않아 요오드와 거의 반응하지 않아 요오드와의 정색반응에 의해 자주색을 나타낸다.

2) 전분 분해효소

전분은 가수분해 효소에 의해 구성당으로 분해된다. 전분 분해효소와 효소의 작용은 다음과 같다.

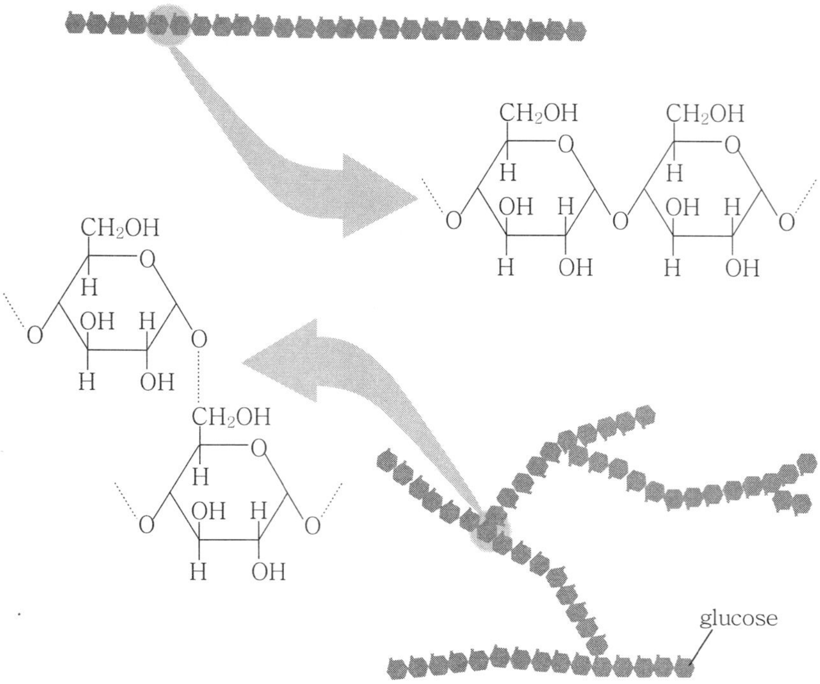

[그림 3-19] 아밀로오스와 아밀로펙틴의 구조

① α-아밀라아제(α-amylase)

전분의 $\alpha-1,4$결합을 무작위로 가수분해하는 효소로 타액이나 발아종자, 미생물 등에 존재한다. α-아밀라아제가 작용하지 못하고 남은 부분을 α-아밀라아제 한계 덱스트린(limit dextrin)이라고 하며, 전분을 가수분해하여 용액으로 만들므로 액화효소라고 한다.

② β-아밀라아제(β-amylase)

전분의 $\alpha-1,4$결합을 맥아당 단위로 말단에서부터 가수분해하는 효소로 β-아밀라아제가 작용하지 못하고 남은 부분을 β-아밀라아제 한계 덱스트린이라고 한다. 타액, 엿기름 등에 존재하며 전분을 가수분해하여 맥아당의 함량을 증가시켜 단맛이 증가하므로 당화효소라고 한다.

③ 글루코아밀라아제(glucoamylase)

전분의 $\alpha-1,4$결합과 $\alpha-1,6$결합을 말단에서부터 포도당 단위로 가수분해하므로 고 순도의 결정 포도당 생산에 이용된다. γ-아밀라아제라고도 하며 동물의 간조직과 미생물에 존재하는 효소이다. 아밀로오스는 모두 분해하며, 아밀로펙틴도 80~90% 분해한다.

3) 전분의 호화(gelatinization)

호화란 전분에 물과 열을 가하면 전분입자가 물을 흡수하여 팽창되고 전분입자가 파괴되어 미셀구조가 흐트러지는데 이를 전분의 호화, 교질화, α화라고 하며 호화전분을 α-전분이라고 한다.

① 호화과정

첫 단계는 수화(hydration)과정으로 전분에 물을 가하면 물 분자가 아밀로오스나 아밀로펙틴 분자사이에 침투하여 수화되는 단계로 외관상 변화가 없으며 가역적인 변화(reversible)로 다시 원상태로 되돌아 갈 수 있다. 이때 20~30%의 물을 흡수한다. 두번째 단계는 팽윤(swelling)과정으로 온도 상승에 따라 전분입자가 팽윤하는 단계로 비가역적인 변화이다. 세번째 단계는 전분이 형태를 잃고 colloid상태로 되는 단계로 점성이 증가 한다.

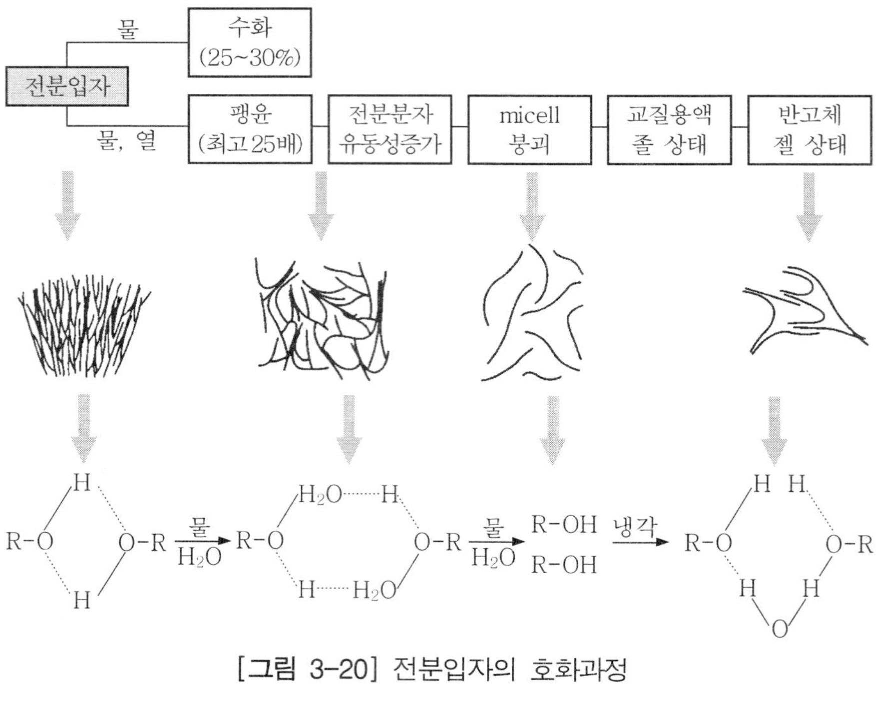

[그림 3-20] 전분입자의 호화과정

전분입자들은 붕괴되고 현탁액은 교질용액으로 변한다. 이 교질용액을 급속히 냉각하면 반고체의 겔(gel)이 형성되고 완만하게 냉각시키면 전분분자들은 침전하여 규칙성을 가진 형태로 된다. 이 때 겔을 가열하면 졸(sol)상태로 가역적으로 변화한다.

② 호화에 영향을 미치는 요인

- 전분입자의 크기 : 전분입자의 크기는 호화에 영향을 미치는데 일반적으로 입자가 클수록 빨리 호화된다. 전분입자가 작으면 호화온도가 높아지며 아밀로펙틴의 함량이 많을수록 호화속도가 느리다.
- 수분함량 : 전분입자가 호화되기 위해서는 수분이 필요하므로 수분 함량이 충분할 때 호화가 잘 일어난다. 이는 수분함량이 많을수록 swelling이 잘되기 때문이다.
- 온도 : 호화 최저 온도 이상이 되어야 호화가 일어나며, 온도가 높을수록 단시간에 호화된다.
- pH : 전분의 호화는 alkali에서 촉진되고 산에서는 가수분해(hydrolysis)되어 점도가 낮아지고 호화가 잘 안 일어난다.
- 염류 : 대부분의 염류(NaOH, KOH, KI, NH_4NO_3, $AgNO_3$)는 전분의 호화를 촉진시킨다. 이렇게 전분의 호화를 촉진하는 염류를 팽윤제(swelling agents)라고 하며 황산염들($MgSO_4$)은 호화를 억제한다.

4) 전분의 노화(retrogradation)

호화된 α전분을 낮은 온도에 방치하면 전분입자들이 모여 다시 미셀구조를 형성하는데 이를 노화(β화)라 한다. 주로 amylose에 의해 일어나는 노화는 호화전분을 상온에 방치했을 때 β-starch로 되돌아가는 현상을 말한다. 그러나 호화가 일어나기전의 원래의 상태로는 되돌아 갈 수 없다. 왜냐하면 호화과정에서 amylose와 amylopectin이 너무 많이 위치를 바꾸었기 때문이다.

① 노화과정

호화상태에서 불규칙배열을 하고 있던 졸(sol) 상태의 전분입자들이 온도가 낮아지면 다시 모여 수소 결합에 의해 규칙적인 분자배열의 미셀구조로 다시 돌아가게 되는 현상을 말한다.

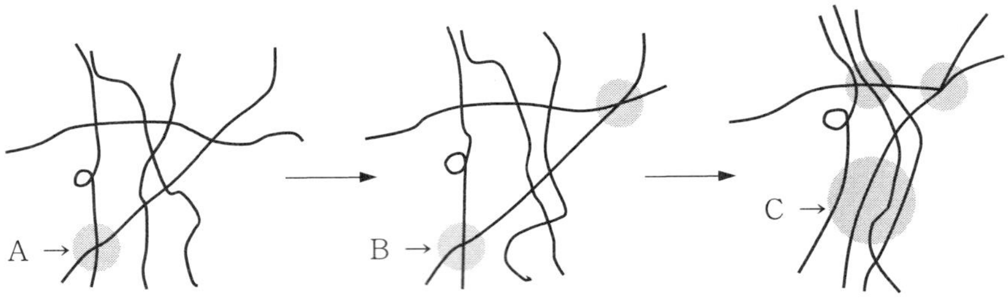

[그림 3-21] 전분의 노화과정

② 노화에 영향을 주는 요소

- 전분의 종류 : amylose함량이 많은 전분일수록 노화가 잘 일어난다. amylopectin은 구조의 복잡성으로 노화가 어렵다. 전분입자의 크기가 작으면 노화가 쉽다. 따라서 전분입자의 크기가 작은 곡류전분이 전분입자의 크기가 큰 감자, 고구마 등 뿌리 전분보다 노화되기 쉽다.
- 온도 : 0~5℃에서 노화가 가장 잘 일어난다. 온도가 낮을수록 α-전분의 교질구조가 불안정해지기 때문이다. 60℃ 이상이나 0℃ 이하에서도 노화가 잘 일어나지 않는다.
- 수분함량 : 전분의 수분함량이 30~60%에서 노화가 가장 잘 일어난다. 수분함량이 10% 이하이거나 60% 이상에서는 노화가 어렵다. 설탕을 첨가하면 설탕이 탈수제로 작용해 노화가 억제된다.
- pH : 일반적으로 산성에서 노화가 촉진되나 강산성일 때는 노화가 지연된다. 알칼리성일수록 호화는 촉진되나 노화는 억제된다.
- 염류 : 일반적으로 염류는 호화를 촉진시키고 노화를 억제시키나 황산염은 노화를 촉진한다. 음이온은 CNS^{-}>PO_3^{-}>CO_3^{2-}>I^{-}>NO_3^{-}의 순서로, 양이온 Ba^{++}>Sr^{++}>Ca^{++}>K^{+}>Na^{+} 순으로 노화를 억제한다.

③ 노화 방지법

- 수분함량 조절법 : α화된 전분을 80℃ 이상의 고온에서 수분이 15% 이하가 되게 건조시키는 방법으로 급속히 수분을 제거하여 전분분자가 옆 분자와 교착된 상태로 고정되므로 노화가 어렵게 된다. 이 방법으로 노화가 방지된 식품에는 라면, 비스킷, 건빵, 쿠키, 크래커 등이 있다.
- 냉동법 : α전분을 0℃ 이하에서 냉동건조 시키는 방법으로 냉동 건조미, 이유식용 전분 등이 있다.

- 설탕첨가법 : 호화된 전분에 다량의 당을 첨가하면 당이 탈수제 역할을 하여 α전분을 단시간에 건조시킨 것과 같은 효과로 노화가 방지되며 양갱은 이렇게 노화를 방지한 식품이다.
- 유화제 첨가법 : 유화제는 α전분을 안정화시켜 결정영역 형성을 억제하므로 노화를 방지한다. 사용되는 유화제로는 모노글리세리드(mono-glyceride), 디글리세리드(diglyceride), 자당지방산에스테르(sucrose fatty acid ester) 등이 있다.

5) 전분의 호정화(dextrinization)

호정화란 전분에 물을 넣지 않고 건열(150~190℃)로 가열하면 전분분자가 열분해에 의해 가용성전분을 거쳐 다양한 길이의 덱스트린(dextrin)으로 분해되는 과정을 말한다. 덱스트린은 호화전분 보다 물에 잘 용해되고, 효소의 작용을 받기도 쉬워지며, 소화가 잘된다. 빵을 구울 때나 미숫가루를 볶을 때, brown roux를 만들기 위해 밀가루를 볶을 때, 쌀이나 옥수수를 튀길 때 호정화가 일어난다.

2. 덱스트린(dextrin)

덱스트린은 전분을 가수분해할 때 포도당이나 맥아당이 되기 전에 생성되는 전분의 가수분해 중간 산물이다. 일반적으로 덱스트린은 물에 녹고, 전분처럼 겔을 형성하지 않으며 단맛이 있다. 분자량이나 중합도에 따라 다음과 같이 분류된다.

① 가용성 전분(soluble starch)

분자량이 가장 큰 덱스트린으로 전분의 유도체로 취급하며, 뜨거운 물에 잘 분산되어 콜로이드용액을 형성하며 요오드 반응에서 청색을 나타낸다.

② 아밀로덱스트린(amylodextrin)

가용성 전분보다 좀 더 가수분해가 일어난 것으로 가용성 전분과 비슷하며, 요오드 정색반응에서 청색을 나타낸다.

③ 에리트로덱스트린(erythrodextrin)

아밀로덱스트린보다 좀 더 가수분해가 진행 된 것으로, 환원성을 가지고 있으며, 요오드 정색반응에서 적색을 나타낸다.

④ 아크로덱스트린(achrodextrin)

에리트로덱스트린보다 좀 더 가수분해가 진행 된 것으로, 환원성이 있으며, 요오드 정색반응을 나타내지 않는다.

⑤ 말토덱스트린(maltodextrin)

아크로덱스트린보다 좀 더 가수분해가 일어나 맥아당이나 포도당으로 되기 바로 직전의 덱스트린으로, 환원성이 가장 크며 요오드 정색반응을 나타내지 않는다.

3. 섬유소(cellulose)

섬유소는 식물 세포벽의 주성분으로 자연계에 널리 분포되어 있으며 영양적 가치는 없으나 장관의 운동을 자극하여 변통을 좋게 하는 효과가 있다. 포도당의 $\beta-1,4$결합에 의해 직쇄상으로 연결된 구조로 소화가 되지 않아 저칼로리 식품 제조에 사용되며, 염색성과 보향성이 좋아 식품 착색용도로 사용된다.

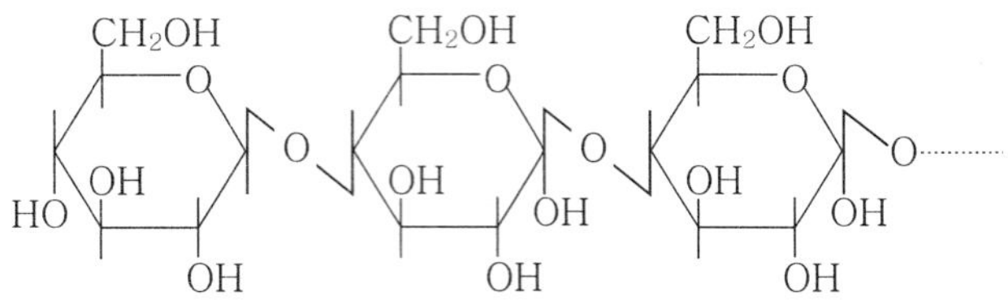

[그림 3-22] 섬유소의 구조

4. 헤미셀룰로오스(hemicellulose)

헤미셀룰로오스는 식물 세포벽의 구성성분으로 셀루로오스와 화학구조상 관련이 없으며 식이섬유의 성분으로 중요하다. 셀루로오스를 가수 분해시키면 포도당이 생성되나 헤미셀루로오스는 자일로오스(xylose)를 생성한다. 자일로오스 외에 아라비노오스, 갈락토오스, 포도당 등으로 구성되어 있다.

5. 이눌린(inulin)

이눌린은 돼지감자, 우엉, 다알리아의 뿌리, 백합 뿌리 등에 함유된 $\beta-$

프럭토푸라노오스(fructofuranose)가 β-1,2결합한 중합체로 사람은 분해효소가 없기 때문에 분해하지 못한다.

6. 글리코겐(glycogen)

글리코겐은 동물의 저장 탄수화물로 간장이나 근육에 함유되어 있으며, 구조가 아밀로펙틴과 유사하나 가지가 더 많고 사슬이 더 짧다. 구성단위는 α-포도당으로 α-1,4 결합으로 연결되어 있으며, α-1,6 결합으로 가지를 친 구조의 중합체이다. 요오드 반응 시 적갈색을 나타내며 호화나 노화 현상이 일어나지 않는다.

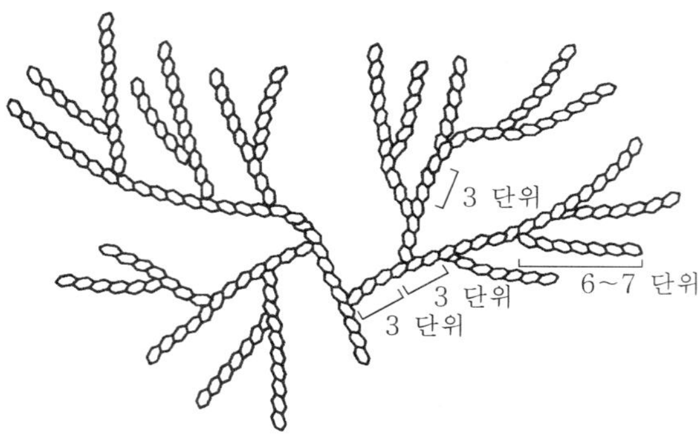

[그림 3-23] 글리코겐의 모형도

7. 글루코만난(glucomannan)

글루코만난은 만난(mannan)이라고도라며, 만노오스와 포도당이 약 2:1의 비율로 결합되어 있다. 소화가 되지 않아 인체에서 거의 흡수되지 않기 때문에 저칼로리 식품 제조에 사용된다.

8. 펙틴 물질(pectic substance)

펙틴 물질은 식물조직의 세포벽이나 세포막 사이에서 세포막을 결착시켜 주는 물질로 식물의 뿌리나 과일 및 해조류에 함유되어 있다. 펙틴 물질은 프로토펙틴, 펙틴, 펙틴산, 펙트산 으로 분류한다. 펙틴 물질은 분자 내에 친수성기를 많이 가지고 있어 물분자에 의해 수화될 수 있으므로 당과 산의 존재 하에서 겔을 형성한다. 펙틴은 pH 3.0~3.5, 당 50% 이상과 가열하면 젤리화한다.

1) 펙틴 물질의 구조

펙틴 물질의 기본구조는 α-D-갈락투론산(α-D-galacturonic acid)이 α-1,4결합으로 연결 된 직선상의 고분자 물질이며 α-나선상의 형태(α-helical form)를 가지고 있다. 유기산기는 유리산, 나트륨이나 칼슘의 염, 메틸에스테르(methyl ester) 등의 형태를 가지고 있다.

2) 펙틴 물질의 종류

① 프로토펙틴(protopectin)

프로토펙틴은 펙틴의 전구체로 덜 익은 과일과 채소에 함유되어 있으며, 익어감에 따라 효소(프로토펙티나아제)의 작용으로 펙틴 등으로 가수 분해된다. 불용성이며 Jelly화가 안 일어난다.

② 펙틴(pectin)

펙틴은 단일 물질이 아니며 분자 내의 카르복실기(-COOH)의 일부가 메틸에스테르(metyl ester)나 산의 형태, 또는 나트륨염이나 칼륨염, 암모늄염의 형태로 되어 있는 수용성 펙틴산을 말한다. 펙틴은 에스테르화도(DE)에 따라 DE가 50% 이상이면 고메톡실펙틴(high methoxyl pectin), 50% 이하이면 저메톡실펙틴(low methoxyl pectin)으로 나뉜다. 펙틴은 사과나 감귤류에 특히 많이 들어있다. 에스테르화도(degree of esterification)는 메틸에스테르의 백분율을 말한다.

③ 펙틴산(pectinic acid)

잘 익은 과일에 들어 있으며 분자 내의 유기산기의 일부가 메틸에스테르($-COOCH_3$)화 형태로 되어 있으며 물과 교질용액을 형성한다.

④ 펙트산(pectic acid)

α-D-갈락투론산이 α-1,4결합으로 연결 된 중합체로서 과숙한 과일에 함유되어 있다. 유리 카르복실기를 가지고 있어 Ca나 Mg과 결합하여 염을 형성하며 칼슘과 결합하여 불용성 칼슘 펙테이트(calcium pectate)를 형성한다.

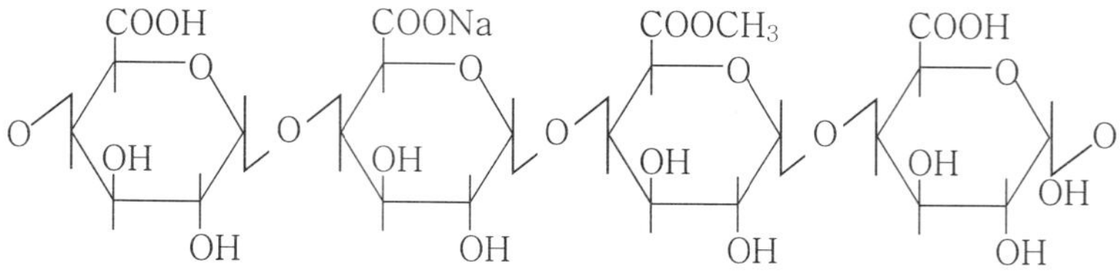

[그림 3-24] 펙틴의 구조

9. 키틴(chitin)

키틴은 새우, 게 등 갑각류의 껍질에 존재하는 갑각 성분으로 아미노당인 N-acetyl-glucosamine이 β-1,4결합한 난소화성 다당류 이다. 키틴에서 아세틸기가 제거된 것이 키토산(chitosan)이며 여러 가지 생리활성을 가지고 있는 것으로 밝혀져 다양하게 이용되고 있다.

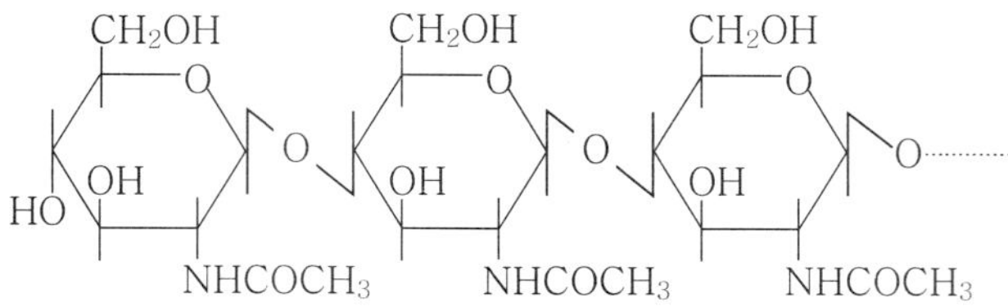

[그림 3-25] 키틴의 구조

10. 검류(gum)

검질이라고도 하며 물에 분산되어 점도를 증가시키거나 gel을 형성하는 다당류 및 그 유도체를 검류라고 하며 그 종류 및 특성은 다음과 같다.

① 아라비아 검(arabia gum)

아라비아 검은 아카시아 나무 수액에서 얻으며, 칼슘, 마그네슘, 칼륨과 염을 형성하며, 유화능과 겔형성 능력이 우수해 안정제 등으로 사용된다.

② 구아 검(guar gum))

구아 검은 구아식물의 종자에서 얻으며 만노오스와 갈락토오스로 구성되어 있다. 점도가 가장 크며, 냉수에서 팽윤하고 가열조리에 의해 점성을 잃지 않는다. 아이스크림, 빵, 드레싱, 치즈 등에 사용된다.

③ 카라기난(carrageenan)

카라기난은 홍조류 세포벽에 들어있는 다당류로 갈락탄(galactan)의 혼합물이다. 유탁액, 현탁액을 안정화시키는 성질을 가져 유화 안정제로 사용된다.

④ 한천(agar)

한천은 홍조류인 우뭇가사리에서 추출한 황산기를 함유한 갈락탄으로 아가로오스(agarose)와 아가로펙틴(agaropectin)으로 되어 있다. 고온에서 잘 견디고 겔 형성 능력이 커서 제과 안정제 및 미생물의 배지로 사용된다.

⑤ 알긴산(alginic acid)

알긴산은 미역, 다시마 등 갈조류의 세포막 성분으로 점성을 나타내며 당유도체인 만뉴론산(mannuronic acid)과 글루쿠론산(glucuronic acid)으로 구성된 복합다당류이다. 아이스크림, 잼 등에 첨가하여 점성을 증가시키는데 사용된다.

제 4장. 지질(lipids)

동물의 지방조직이나 종실에는 지질이 함유되어 있다. 지질을 구성하고 있는 구성요소는 당질과 같이 탄소, 수소, 산소이지만 탄소와 수소에 비해 산소의 양은 제한되어 있다. 지질이 가수 분해 되면 1분자의 글리세롤(glycerol)과 지방산(fatty acid)으로 분해된다. 물에 불용이며 에테르, 클로로포름, 아세톤과 같은 유기용매에 녹는다. 지질의 성질은 일반적으로 지질을 구성하고 있는 지방산의 종류와 양에 의해 달라진다. 포화지방산이 많은 지질은 상온에서 고체 상태이고 불포화지방산을 많이 함유한 지질은 상온에서 액체이며 산패되기 쉽다. 지질을 분류하면 다음과 같다

4-1. 지질의 분류와 구조

상온에서 액체인 것을 '유(oil)'라고 하며, 대부분 식물성기름으로 불포화지방산을 많이 함유하고 있다. 상온에서 고체인 것을 '지(fat)'라도 부르며 대부분 동물성기름으로 포화지방산의 함량이 높은 기름이다. 지질의 분류는 극성에 따라 극성지질, 비극성지질, 중성지질로 분류하기도 하고, 비누화 특성에 따라 검화 지질과 불검화 지질로 분류하기도 하는데 일반적으로 구조와 조성에 따라 단순지질, 복합지질, 유도지질로 분류한다.

[표 4-1] 지질의 분류

지질의 종류		특 징
단순지질	글리세리드	지방산과 글리세롤의 에스테르
	왁스	지방산과 고급1가 알코올의 에스테르
	스테롤 에스테르	스테롤과 지방산의 에스테르
복합지질	인지질	인산함유
	당지질	당(주로 갈락토오스)함유
	단백지질	단백질 함유
	황지질	황산함유
유도지질	지방산	
	고급 알코올류	왁스류의 고급1가 알코올, 스테롤류 등
	각종 탄화수소	지방족 탄화수소, 카로티노이드, 스쿠알렌 등
	지용성 비타민류	비타민 D, 비타민 E, 비타민 K

1. 단순지질(simple lipid)

자연식품에 가장 많이 함유되어 있으며 지방산과 각종 알코올로 이루어진 에스테르(ester)의 총칭으로, 중성지질(triglyceride)과 왁스(wax)가 여기에 속한다. 식품이나 체내 지질의 95%를 차지하며 중성지질은 glycerol과 지방산의 ester로 동·식물지방에 많이 함유되어 있고, wax류는 고급 alcohol과 고급지방산의 ester로 동·식물 표면의 보호물질로 존재한다.

1) 중성지질

중성지질은 동식물체 조직에 에너지 저장체로 존재하며, 한분자의 글리세롤에 여러 가지 지방산이 에스테르 결합을 하고 있다. 지방산 1분자가 결합한 모노글리세리드, 2분자가 결합한 디글리세리드, 3분자가 결합한 트리글리세리드로 나뉘며 대부분의 지질은 트리글리세리드의 형태로 존재한다. 글리세롤과 결합하는 지방산이 같은 종류일 때 단순 트리글리세리드(simple triglyceride), 서로 다른 지방산이 결합한 것을 혼합 트리글리세리드(mixed triglyceride)라고 한다.

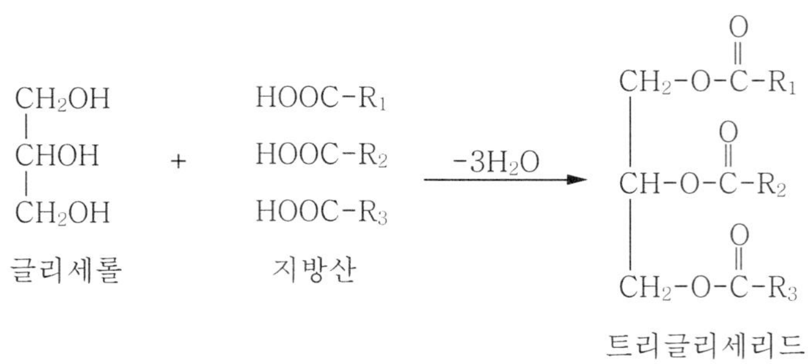

[그림 4-1] 트리글리세리드의 형성

2) 왁스

왁스(wax)란 고급 알코올과 고급지방산의 에스테르이며, 동식물에 널리 존재한다. 인체 내에서 소화가 되지 않아 영양적 가치는 없다. 식물성 왁스는 잎의 표면이나 줄기 등에 존재하며, 식물체의 외피를 보호하고 미생물의 침입과 수분의 증발을 막는 역할을 한다. 식물성 왁스인 카나우바 왁스

(canauba wax)는 전기절연체나 기타 광택제로 사용된다. 동물성 왁스는 새의 깃털, 피부, 머리카락 등에 존재하며 보호막으로 존재한다. 벌집의 밀납, 고래 기름의 경랍, 양모 중의 라놀린 등이 있다.

2. 복합지질(compound lipid)

단순 지질에 다른 성분이 결합된 지질로 지방산과 alcohol 이외에 인산, 당, 질소화합물, 단백질, 황 등을 함유하고 있으며 당지질, 인지질, 단백지질, 황지질 등이 있다. 복합지질은 세포막 등의 구성 성분이며 분자 내 전하를 갖는 극성지질이므로 계면활성제로 식품공업에서 많이 이용된다.

1) 인지질(phospholipid)

인지질은 글리세롤과 지방산과 인산 및 염기성 질소화합물이 결합된 복합지질이다. 인지질은 글리세롤을 함유한 인지질과 글리세롤 대신 아미노 알코올인 스핑고신(sphingosine)을 함유한 인지질로 분류할 수 있다. 글리세롤 한 분자에 지방산 두 분자와 인산과 질소 염기를 함유한 글리세로인지질(glycerophospholipid)에는 레시틴과 세파린이 있고, 글리세롤 대신 스핑고신을 함유한 스핑고인지질(sphingophospholipid)에는 스핑고미엘린이 있다.

① 레시틴(lecithin)

레시틴은 세포막의 구성성분으로 글리세롤, 지방산 2분자, 인산, 질소함유 염기물질인 콜린(choline)이 결합한 인지질이다. 뇌와 신경, 동물조직, 대두, 난황 등에 많이 들어 있다. 레시틴은 분자 내에 소수기와 친수기를 가지고 있어 유화제 역할을 하므로 아이스크림, 초콜릿 등의 식품에 유화제로 사용된다.

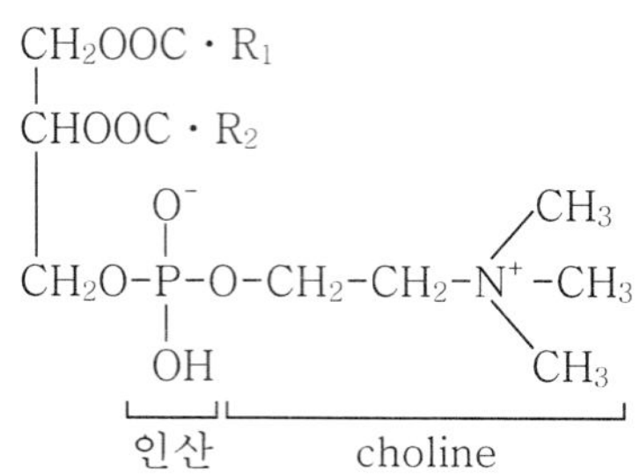

[그림 4-2] 레시틴의 구조

② 세파린(cephaline)

세파린은 레시틴의 콜린 부분에 에탄올아민(ethanolamine)이나 세린(serine)이 결합한 글리세로인지질로 레시틴과 유사한 극성지질로 유화력이 있으나 레시틴보다 약하다. 레시틴과 함께 세포막을 구성하며 난황과 뇌, 신경 등 동물 조직에 들어있다.

③ 스핑고미엘린(sphingomyelin)

스핑고미엘린은 글리세로인지질의 글리세롤 대신 스핑고신을 가지는 인지질로 스핑고신, 지방산, 인산, 질소함유 염기인 콜린이 결합된 복합지질이다. 뇌와 신경조직에 당지질과 공존한다.

2) 당지질

당지질은 스핑고신과 지방산 및 당질로 구성된 복합지질로 주로 뇌와 신경조직에 들어 있다. 대표적인 당지질에는 세레브로시드(cerebriside)와 갱글리오시드(ganglioside)가 있다. 세르브로시드는 주로 뇌에 존재하며 구성당은 대부분 갈락토오스로 스핑고신, 지방산, 6탄당으로 이루어진 당지질이다. 갱글리오시드는 신경조직의 신경절 세포에 존재하며 스핑고신, 지방산, 한개나 그 이상의 6탄당(갈락토오스, 포도당), N-아세틸뉴라미닉산(N-acetyl neuraminic acid)이 결합된 복잡한 화합물이다.

3) 단백지질

단백지질은 미토콘드리아, 소포체, 세포막 등의 구성성분으로 지질의 소수기와 단백질의 비극성아미노산과의 소수기 결합으로 결합된 복합지질이다. 지단백이라고도 하며 한 분자 내에 소수기와 친수기가 함께 가지고 있어 유화력이 있다. 단백지질을 구성하는 지질 성분은 인지질, 트리글리세리드, 콜레스테롤 또는 그 에스테르이고, 단백질 성분으로는 비극성 아미노산이 많다.

3. 유도지질(derived lipid)

유도지질은 단순지질이나 복합지질이 가수분해 되어 형성된 성분들을 말하며, 유리지방산, glycerol, sterol, 탄화수소, 지용성 비타민 등으로 비누화 되지 않는 지질이다.

1) 스테롤

스테로이드 핵을 갖는 환상구조의 고급 알코올류를 스테롤(sterol)이라고 하며 불검화성 지질이다. 출처에 따라 동물성 스테롤과 식물성 스테롤로 분류한다.

① 동물성 스테롤

- 콜레스테롤 : 콜레스테롤(cholesterol)은 인지질과 세포막의 구성성분이며 담즙산과 스테로이드 호르몬 합성에 관여한다. 난황, 간장, 버터, 어란, 성게, 새우, 오징어 등에 많이 함유되어 있으며 자외선에 의하여 비타민 D_3로 전환되므로 프로비타민 D라고 한다. 과잉섭취는 동맥경화를 유발 한다.

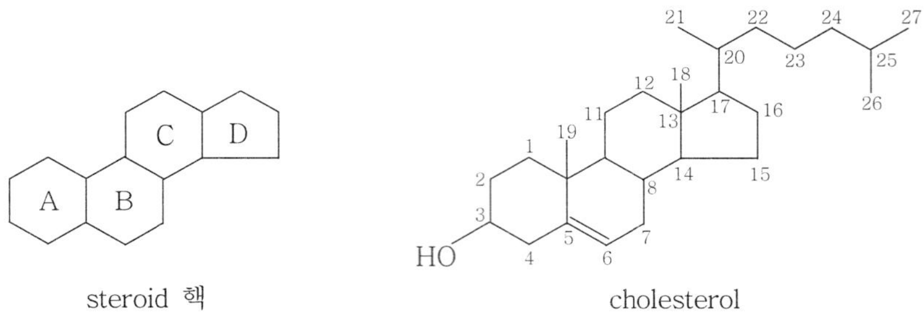

[그림 4-3] 콜레스테롤의 구조

② 식물성 스테롤

- 에르고스테롤 : 에르고스테롤(ergosterol)은 곰팡이, 효모, 버섯, 밀의 배아유, 옥수수유 등에 들어있는 식물성 스테롤로 자외선 조사에 의해서 칼시페롤(calciferol) 즉, 비타민 D_2로 전환되므로 프로비타민 D라고 한다.
- 스티그마스테롤 : 스티그마스테롤(stigmasterol)은 대두유에 시토스테롤과 공존하며 쌀의 배아유, 옥수수유, 팜유 등에 들어 있다.
- 시토스테롤 : 시토스테롤(sitosterol)은 밀, 옥수수와 같은 곡류의 배아 및 배아유 등 식물성 유지에 널리 분포되어 있다.

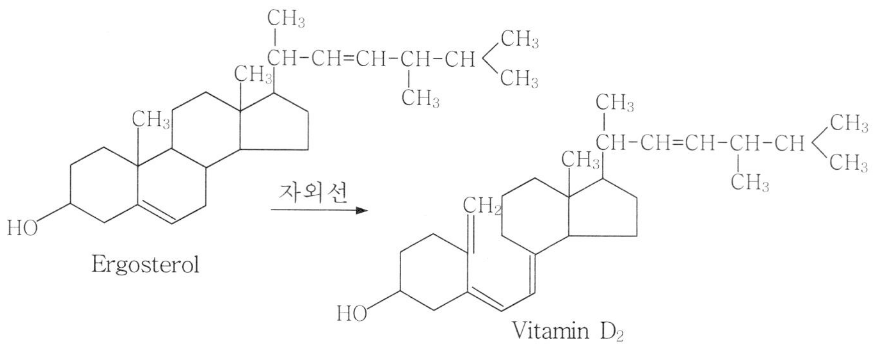

[그림 4-4] 에르고스테롤의 비타민 D_2로의 전환

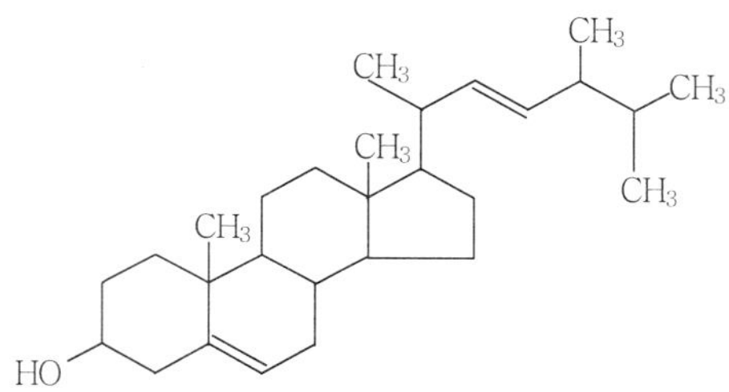

[그림 4-5] 스티그마스테롤의 구조

2) 탄화수소류

탄화수소류에는 스쿠알렌(squalene)과 비타민 A, E, K 및 카로틴 색소가 있다. 스쿠알렌은 불검화물이며 대표적인 불포화 탄화수소로 상어의 간유에서 처음 분리되었고 올리브유, 미강유, 효모 등에도 존재한다. 스쿠알렌은 각종 스테롤류의 전구물질로 알려져 있다.

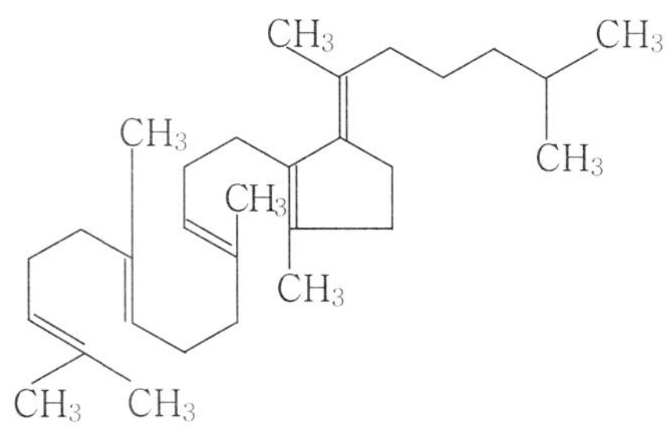

[그림 4-6] 스쿠알렌의 구조

4-2. 지방산

지방산은 유지의 중요한 구성성분으로 탄화수소 사슬의 말단에 1개의 카르복실기(-COOH)와 짝수 개의 탄소를 가진 직선의 일염기산으로 일반식은 RCOOH로 표시한다. 천연에 존재하는 지방산은 대부분 탄소수가 짝수이나 예외적으로 홀수 인 것도 있다.

1. 지방산의 분류

지방산은 탄소 수에 따라 탄소수가 4~6개는 저급지방산, 탄소수가 8~12개는 중쇄지방산, 탄소수 14개 이상은 고급지방산 등으로 분류하며, 식품에 많이 들어있는 지방산은 탄소수가 12~22개이다. 또한 분자 내에 이중결합의 유무에 따라 이중결합이 없는 포화지방산(saturated fatty acid)과 이중결합이 있는 불포화지방산(unsaturated fatty acid)으로 분류하며, 영양학적으로 필수지방산(essential fatty acid)과 비필수지방산으로 분류한다.

1) 포화지방산

포화지방산은 단일결합으로만 이루어진 지방산으로 버터, 쇠기름, 돼지기름 등 동물성 식품의 유지에 비교적 많이 함유되어 있다. 자연계에 많이 존재하는 포화지방산은 탄소수가 4~30개인 지방산이다. 이들 중에서 식품 중에 가장 많이 함유된 지방산은 탄소수가 16개인 팔미트산(palmitic acid)과 스테아르산(stearic acid)이다.

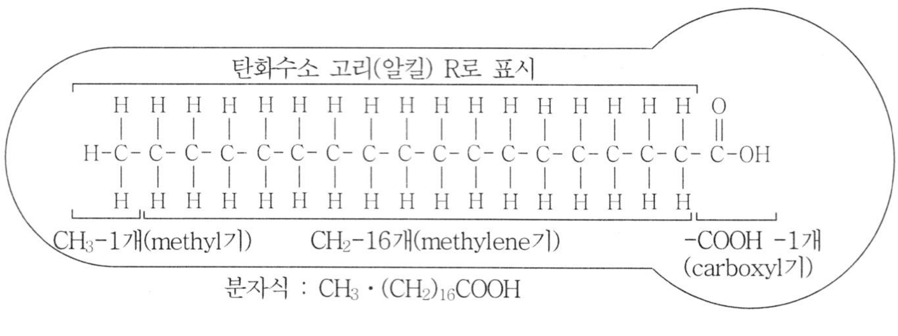

[그림4-7] 스테아르산(stearic acid)의 구조

버터와 야자유에는 저급지방산이 많고 탄소수가 26개 이상의 지방산은 주로 왁스에 많이 들어있다. 탄소수가 증가할수록 물에 녹기 어려우며, 융점도 높아진다.

[표 4-2] 포화지방산의 종류

일반명	탄소수	분자식	녹는점(℃)	소재
butyric acid	4	$CH_3(CH_2)_2COOH$	-8.0	우유
caproic acid	6	$CH_3(CH_2)_4COOH$	-4.0	버터, 야자유
caprylic acid	8	$CH_3(CH_2)_6COOH$	16.0	버터, 야자유
capric acid	10	$CH_3(CH_2)_8COOH$	31.3	우유, 야자유
lauric acid	12	$CH_3(CH_2)_{10}COOH$	43.5	야자유, 팜핵유
myristic acid	14	$CH_3(CH_2)_{12}COOH$	51.4	야자유, 팜핵유, 동식물성유
palmitic acid	16	$CH_3(CH_2)_{14}COOH$	62.9	동식물유지 일반, 특히 팜유
stearic acid	18	$CH_3(CH_2)_{16}COOH$	69.6	천연유지, 특히 우지
arachidic acid	20	$CH_3(CH_2)_{18}COOH$	75.4	동식물 유지, 땅콩
behenic acid	22	$CH_3(CH_2)_{20}COOH$	80.0	땅콩
lignoceric acid	24	$CH_3(CH_2)_{22}COOH$	84.2	땅콩, 뇌당지질
cerotic acid	26	$CH_3(CH_2)_{24}COOH$	87.7	밀랍
montanic acid	28	$CH_3(CH_2)_{26}COOH$	90.9	밀랍
melissic acid	30	$CH_3(CH_2)_{28}COOH$	93.6	밀랍

2) 불포화지방산

불포화지방산은 분자 내에 한 개 이상의 이중결합을 갖는 지방산을 말하며, 이중결합 수는 1~3개이며, 이중결합 수가 4개 이상의 지방산을 '고도불포화지방산'이라고 한다. 이들 이중결합의 위치는 각 불포화지방산에 따라 다르다. 불포화지방산의 이중결합의 위치는 카르복실기의 탄소를 1번으로 하여 나타내나 카르복실기의 반대 끝에 있는 메틸기의 탄소를 1번으로 하여 오메가(ω)로 이중결합의 위치를 나타내기도 한다. EPA, DHA, 리노렌산(linolenic acid)은 $\omega-3$계 지방산이고, 리노레산(linoleic acid)과 아라키돈산(arachidonic acid)은 $\omega-6$계 지방산이다.

불포화지방산은 대두유, 미강유, 채종유, 옥수수유, 참기름 등 식물성 기름에 많이 함유되어 있으며 같은 탄소수의 포화지방산과 비교하여 융점이 현저히 낮아서 상온에서 액체 상태이다. 동식물에 널리 분포되어 있는 불포

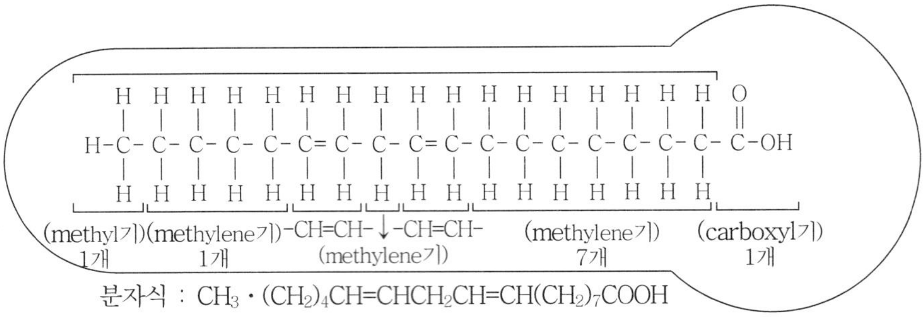

[그림 4-8] 리놀레산(linoleic acid)의 구조

화지방산은 올레산(oleic acid), 리노레산(linoleic acid), 리노렌산(linolenic acid)이다.

어유와 고래 기름에는 이중결합수가 더 많은 에이코사펜타에노산(eicosapentaenoic acid, C 20:5)과 도코사헥사에노산(docosahexaenoic acid, C 22:6) 등 다가 불포화지방산이 많이 들어있다. 불포화지방산은 이중결합이 많을수록 불안정하며 산화되기 쉬우며 특히 어유는 산화가 매우 쉽다. 이중결합의 기하이성체로 시스(cis)형와 트랜스(trans)형으로 분류되며 천연의 불포화지방산은 대부분이 불안정한 시스형으로 안정한 트랜스형으로 이성화되기 쉽다. 트랜스지방산은 액체유지에 수소를 첨가하여 고체유지로 만드는 경화과정에서 생성된다.

[표 4-3] 불포화지방산의 종류

일 반 명	탄소수:이중결합수	분 자 식	녹는점(℃)	소 재
myristoleic acid	14:1	$CH_3(CH_2)_3CH=CH(CH_2)_7COOH$	-4.0	어유, 고래기름
palmitoleic acid	16:1	$CH_3(CH_2)_5CH=CH(CH_2)_7COOH$	0.5	어유, 고래기름
oleic acid	18:1	$CH_3(CH_2)_7CH=CH(CH_2)_7COOH$	13.4	일반 동식물유지
linoleic acid	18:2	$CH_3(CH_2)_4(CH=CHCH_2)_2(CH_2)_6COOH$	-5.0	일반 동식물유지
linolenic acid	18:3	$CH_3(CH_2)(CH=CHCH_2)_3(CH_2)_6COOH$	-11.0	일반 동식물유지
arachidonic acid	20:4	$CH_3(CH_2)_4(CH=CHCH_2)_4(CH_2)_2COOH$	-49.5	인지질, 간유
eicosapentaenoic acid	20:5	$CH_3CH_2(CH=CHCH_2)_5(CH_2)_2COOH$	-54.0	어유
erucic acid	22:1	$CH_3(CH_2)_7CH=CH(CH_2)_{11}COOH$	34.7	유채유
nervonic acid	24:1	$CH_3(CH_2)_7CH=CH(CH_2)_{13}COOH$	41.0	인지방질
docosahexaenoic acid	22:6	$CH_3CH_2(CH=CH(CH_2)_6(CH_2)COOH$	-44.3	어유

불포화지방산 중에서 체내에서 합성되지 않거나 합성되는 양이 적어 식사를 통하여 섭취해야하는 지방산을 필수지방산(essential fatty acid, EFA)이라 하며 이들은 생체막의 중요한 구성성분으로 혈중 콜레스테롤을 저하시키는 역할을 한다. 필수지방산은 리노레산, 리노렌산, 아라키돈산이며 이들을 비타민 F라고도 한다.

4-3 유지의 이화학적 성질

1. 물리적 성질

1) 융점

유지는 일정한 고유의 녹는점은 없어 불명확하며 비교적 넓은 범위의 융점(melting point)을 가지고 있으며 유지의 종류에 따라 그 차이가 크다. 그 이유는 유지는 여러 가지 트리글리세리드의 혼합물로 단일화합물이 아니기 때문이다.

일반적으로, 포화지방산이 많을수록 융점이 높아져 상온에서 고체이며, 탄소수가 많을수록 융점이 높아진다. 반대로 불포화지방산이 많으면 융점은 낮아지고 상온에서 액체이며 불포화도가 높을수록 융점이 낮아진다. 버터는 포화지방산이 많이 함유되어 있지만 탄소수가 10개 이하인 저급 지방산이 많아 다른 동물성 유지에 비해 융점이 낮고 녹기 쉽다.

2) 비중

유지의 비중(specific gravity)은 일반적으로 15℃에서 측정하며, 불포화지방산이 많을수록 저급지방산이 많을수록 유지의 비중이 크다. 일반적으로 대부분의 유지의 비중은 0.91~0.99의 범위를 갖고 있으며 유지들 사이의 차이가 별로 크지 않다.

3) 점도

점도(viscosity)는 유지를 구성하는 지방산의 종류에 따라 다르며, 탄소수가 증가할수록, 포화지방산이 많을수록 점도가 증가한다. 유지를 고온에서 가열하면 산화 중합되어 점도가 증가해 튀김기름의 품질변화의 척도가 된다.

4) 발연점, 인화점, 연소점

발연점(smoke point)은 유지를 가열하면 유지가 분해되어 표면에서 푸른 연기가 발생할 때의 온도를 말한다. 연기의 성분은 지방산, 알데히드, 케톤, 아크로레인(acrolein) 등이다

발연점 이상 계속 가열하게 되면 글리세롤이 탈수되어 아크롤레인을 생성한다. 유지를 사용한 튀김기름에 이 연기 들이 흡수되면 좋지 못한 맛이나 냄새를 내므로 조리에 부적합하여 발연점이 높은 기름을 튀김에 사용하여야 한다.

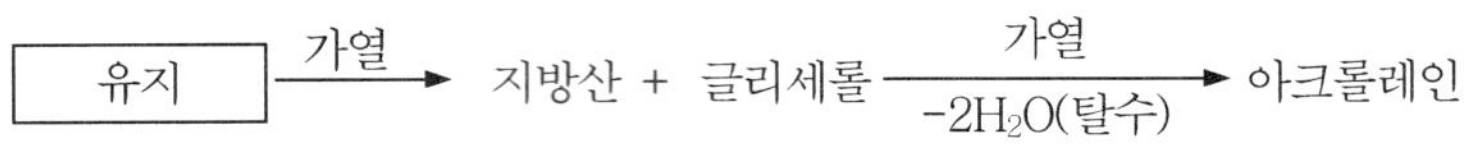

[그림 4-9] 유지의 분해에 의한 아크로레인의 생성

일반적으로 오랜 시간 가열할수록, 유리지방산이 많을수록, 노출된 유지의 표면적이 클수록, 외부에서 들어간 이물질이 많이 존재할수록, 정제도가 낮을수록, 여러 번 반복 사용하여 가열횟수가 많을수록 발연점이 낮아진다.

인화점(flash point)은 발연점 이상 계속 가열하여 발생하는 증기가 공기와 섞여서 점화되는 온도를 말하며, 일반적으로 발연점이 높은 유지는 인화점도 높다. 연소점(fire point)은 인화점 이상의 온도에서 유지에 불이 붙어 연소가 지속되는 온도를 말한다. 연소점은 발연점보다 20~60℃ 정도 높다.

[표 4-4] 주요 유지의 발연점, 인화점, 연소점

유 지	발연점(℃)	인화점(℃)	연소점(℃)
옥수수유	227	249	287
대우유(정제)	256	326	356
라 드	217	265	340
면실유	232	273	340

5) 굴절률

일반적으로 식용유지의 굴절률(refractive index)은 1.42~1.48 정도로 유지 중에 탄소수가 증가할수록, 불포화지방산이 많을수록 굴절률이 증가한

다. 버터와 같이 저급지방산이 많으면 굴절률은 낮고, 아마인유나 채종유처럼 불포화지방산이 많으면 굴절률은 증가한다. 굴절률이란 얇은 기름 층에서 빛의 투과속도에 대한 진공에서의 빛의 속도 비를 나타낸 값으로 굴절계라는 기계를 사용하여 측정한다.

6) 가소성

가소성(plasticity)이란 고체에 압력이 가해졌을 때 변형이 일어나고 압력이 제거된 후에도 복구되지 않는 성질을 말하며, 버터, 마가린, 쇼트닝, 라드 등은 가소성을 지닌 대표적인 유지들이다. 가소성은 제과제빵에서 매우 중요하다.

2. 화학적 성질

1) 검화가

유지가 알칼리에 의해 가수 분해되는 반응을 검화, 비누화(saponification)라고 하며, 검화가(saponification value)란 유지 1g을 검화하는데 필요한 KOH의 mg수로 나타내며 저급지방산이 많을수록 검화가가 커지고 고급지방산이 많을수록 작아진다. 보통 유지의 검화가는 180~200정도 이다.

[표 4-5] 유지의 검화가

유 지	검화가	유 지	검화가
코코넛 야자유	253~262	참기름	188~193
버 터	210~230	해바라기씨유	188~193
팜 야자유	200~205	옥수수유	187~193
쇠기름	196~220	낙화생유	186~194
면실유	194~195	올리브유	185~196
돼지기름	193~198	피마자유	175~183
동 유	190~197	간 유	171~189
대두유	189~194	평지씨유	168~179
아마인유	188~295	고래유	160~202

2) 산가

유지의 산가(acid value)는 유지 1g에 존재하는 유리지방산을 중화하는 데 필요한 KOH mg수로 유지의 품질을 나타내는 척도로 이용된다. 신선한 유지에는 유리지방산의 함량이 매우 낮으나 유지를 가열하거나 저장하면 가수 분해되어 유리지방산이 증가한다. 일반적으로 유지류의 산가는 1.0 이하이나 유지의 종류에 따라 다르다. 정제하지 않은 참기름이나 올리브유는 산가가 높다. 유지의 산가는 튀김과 같은 가열 산화 시 크게 증가한다.

[표 4-6] 유지의 산가

유 지	산 가	유 지	산 가
쇠기름	0.25~0.5	올리브유	0.3~1.0
돼지기름	0.5~0.8	땅콩기름	0.7~0.9
버 터	0.5~35.4	유채유	0.4~1.0
콩기름	0.2~1.8	참기름	4.0~12.0
팜 유	9~11	해바라기기름	9.0~13.0
옥수수기름	1.4~2.1	들기름	8.0~13.0
면실유	0.6~0.9	코코야자기름	2.5~10.0

3) 요오드가

요오드가(iodine value)는 유지의 불포화도를 나타내는 지수로 유지 100g에 흡수되는 요오드의 g수를 말한다. 불포화지방산의 이중결합 에는 수소나 요오드가 쉽게 첨가될 수 있다. 요오드가가 높은 유지는 일반적으로

[표 4-7] 유지의 요오드가

유 지	요오드가	유 지	요오드가
코코넛유	6~10	유채유	94~105
버 터	20~28	참기름	103~107
쇠기름	35~42	면실유	103~111
팜 유	49~59	옥수수기름	111~128
돼지기름	62~79	콩기름	122~134
올리브유	79~88	해바라기유	129~136
땅콩기름	88~98		

산화가 잘되며 식물성유지는 불포화지방산이 많으므로 요오드가가 높다.

유지의 요오드가에 따라 건성유, 반건성유, 불건성유로 분류하며 건성유는 요오드가가 130 이상이며 해바라기씨유, 호두유, 들깨유, 아마인유 등이다. 반건성유는 요오드가가 100~130으로 면실유, 옥수수유, 참기름, 대두유가 있다. 불건성유는 요오드가가 100 이하로 올리브유, 팜유, 돼지기름, 쇠기름 등이 이에 해당한다.

4) 아세틸가

아세틸가(acetyl value)는 유지 중에 존재하는 유리된 수산기(-OH)의 함량을 나타내는 지수로, 무수초산으로 아세틸화한 유지 1g을 검화하여 생성된 초산을 중화하는데 필요한 KOH의 mg수로 표시한다. 보통 신선한 유지는 1.0 이하이며 피마자유는 아세틸가가 높다.

5) 라이헤르트마이슬가

라이헤르트마이슬가(reichert-meissl value)는 유지 중의 수용성 휘발성 지방산량을 나타내는 지수로 유지 5g을 검화하여 산성에서 중화하는데 필요한 0.1N KOH의 mL수로 표시한다.

버터의 라이헤르트마이슬가는 26~32이며, 마가린의 라이헤르트마이슬가는 0.55~5.5로 버터의 위조검정에 사용된다.

6) 폴렌스케가

폴렌스케가(polenske value)는 유지 속의 불용성 휘발성 지방산량을 측정하는 지수로, 유지 5g을 검화 한 후 불용성의 휘발성 지방산을 중화하는데 필요한 0.1N KOH의 mL수이다. 주로 휘발성이며 불용성인 미리스트산(myristic acid), 라우르산(lauric acid)의 함량을 나타내며, 일반유지의 폴렌스케가는 1.0 이하이며 버터는 1.5~3.5, 팜유 16.8~18.2를 나타낸다.

7) 헤에너가

헤에너가(hehner value)는 유지 속에 들어있는 물에 불용성인 지방산의 함량을 전체 유지량에 대한 백분율로 나타내는 지수로 비수용성 지방산과 불검화물의 함량을 나타낸다. 일반유지의 헤에너가 95 내외이며, 쇠기름은 96~97, 유지방은 87~90이다.

8) 과산화물가

과산화물가(peroxide value)는 유지 초기단계의 산패도를 나타내는 지수로 유지 1kg 중 생성된 과산화물의 mg당량수이다. 유지는 산화에 의해 과산화물이 생성되는데 여기에 요오드화칼륨(KI)을 가하여 반응시켜 유리된 요오드를 0.01N-$Na_2S_2O_3$(sodium thiosulfate)용액으로 적정하고 여기에 소비된 0.01N sodium thiosulfate의 mL수를 2배 한 것이 과산화물가이다.

4-4. 유지의 유화

물과 유지는 혼합되지 않으나 친수기와 소수기를 함께 가지고 있는 유화제를 사용하면 물과 기름이 이 유화제(emulsifier)에 의해 혼합되는데 이를 유화(emulsification)라 하고 혼합된 액을 유화액(emulsion)이라고 한다. 한 액체가 그 것과 혼합되지 않은 다른 액체에 작은 입자로 분산된 물질을 분산상(dispersed phase)이라고 하며 입자를 포함하는 다른 액체를 분산매(dispersion medium)라고 한다.

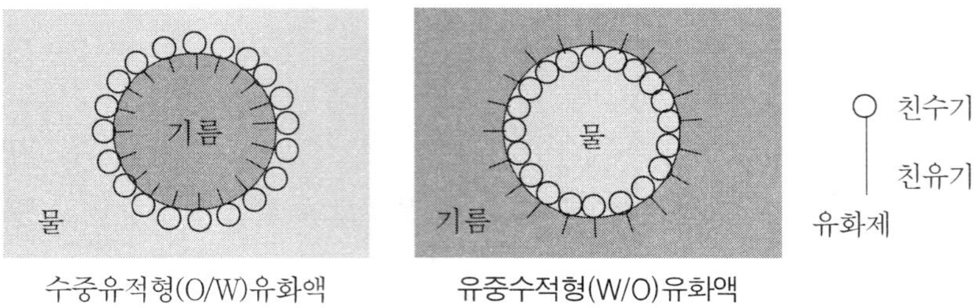

[그림 4-10] 유화액의 종류

유화액은 두 가지 형태가 있는데 물속에 기름입자가 분산된 수중유적형(O/W)과 기름속에 물이 분산된 유중수적형(W/O)으로 나뉜다. 유중수적형 유화액에는 마가린과 버터가 있고, 수중유적형 유화액에는 우유, 난황, 마요네즈 등이 있다.

유화제의 특징은 한 분자 내에 친수성기(hydrophilic group)와 소수성기

(hydrophobic group)를 동시에 가지는 것으로 친수기는 물과 결합하고 소수기는 지방과 결합하여 유화제의 피막을 형성한다.

대표적인 천연유화제로는 레시틴, 모노글리세리드, 디글리세리드, 담즙산 등이 있다.

4-5. 유지의 산패와 자동산화

유지식품이 저장 중에 산소를 흡수하여 산화되거나 산, 알칼리, 효소 등에 의해 가수분해가 일어나는 현상을 산패(rancidity)라고 한다. 산패가 일어나면 맛, 색, 냄새 등이 변하고 점도가 증가하며 독성물질이 생성되기도 하고, 영양가의 저하와 색의 변화 등이 일어난다.

1. 산패의 종류

지질의 산화는 상온에서 공기 중의 산소에 의해 일어나는 자동산화(aut-oxidation)에 의한 산패와 물, 산, 알칼리, 가수분해 효소 등에 의해 트리글리세리드가 유리지방산과 글리세롤로 분해되어 불쾌한 냄새와 맛을 형성하는 가수분해형 산패와 180℃ 전후의 고온으로 가열했을 때 자동산화보다 매우 빠른 속도로 일어나는 가열산화와 지방을 산화시키는 효소인 리폭시다아제(lipoxydase), 리포하이드로퍼옥시다아제(lipohydroperoxidase)에 의해 일어나는 효소적 산패로 분류할 수 있다.

2. 자동산화에 의한 산패

1) 유도기간(induction period)

유지가 공기와의 접촉으로 산소를 흡수하여 서서히 자연발생적으로 산화가 진행된다. 일반적으로 처음 일정기간은 유지가 느린 속도로 산소를 흡수하나 그 기간을 지난 후에는 흡수속도가 급속히 증가한다. 이 때 산소의 흡수속도가 급격히 증가하는 시점까지를 유도기간이라 한다. 유도기간 중의 유지는 안정한 상태이나 유도기간이 지난 후에는 산소의 흡수량이 급격히 증가한다.

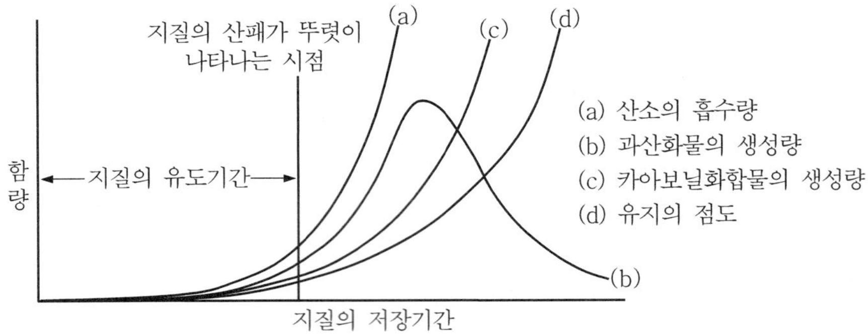

[그림 4-11] 유지의 유도기간과 중요반응속도 곡선

2) 자동산화의 단계

① 개시단계(initiation step)

초기단계라고도 하며 유리기가 생성되는 과정이다. 유지의 자동산화는 열, 빛, 금속이온 등에 의해 불포화지방산의 이중 결합 옆의 메틸렌기($-CH_2-$)의 수소가 떨어져 나가고 유리라디칼(R·)이 생성된다.

개시단계는 다양한 종류의 라디칼이 많이 형성되며 이 라디칼 들은 반응성이 매우 크다

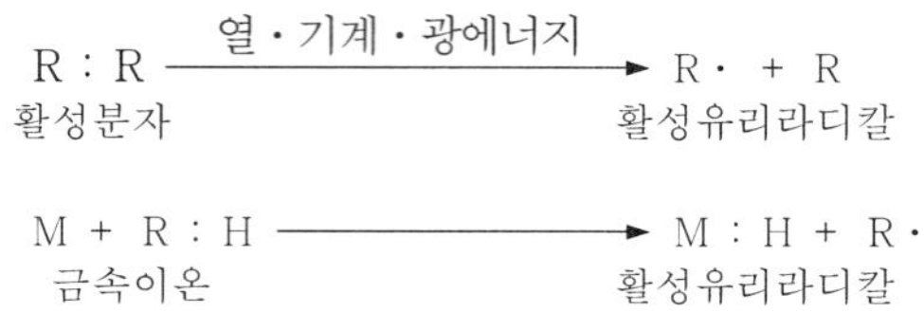

[그림 4-12] 자동산화의 개시반응

② 전파(연쇄)단계(propagation step)

개시단계에서 생성된 라디칼은 공기 중의 산소와 결합하여 과산화라디칼을 형성하고 계속하여 유지분자에서 수소원자를 떼어 과산화물과 유리라디칼을 형성하는 단계로 지방산의 대부분의 이중결합이 거의 없어질 때까지 계속된다.

전파반응 후기에는 과산화물은 감소하고 휘발성 카르보닐화합물들이 증가한다.

$$R\cdot + R'H \longrightarrow RH + R'\cdot$$

$$R\cdot + \cdot O\text{-}O\cdot \longrightarrow R\text{-}O\text{-}O\cdot$$

(공기 중 산소) peroxy radical

$$ROOH \xrightarrow{\text{분해효소}} RO\cdot + \cdot H$$

과산화물(hydroperoxode)

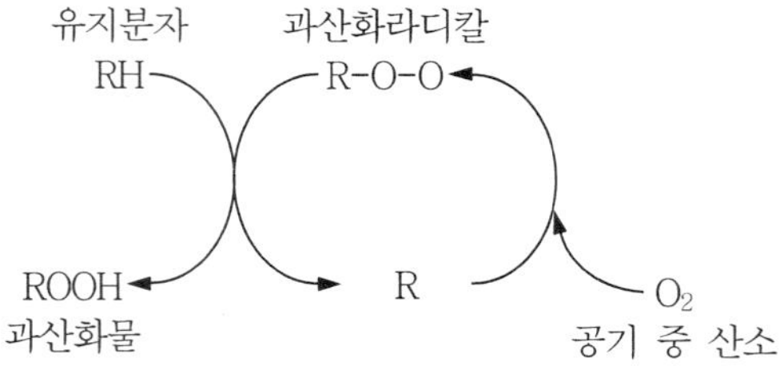

[그림 4-13] 자동산화의 연쇄반응

③ 종결단계(termination step)

전파단계에서 생성된 여러 가지 라디칼과 중간 산화물이 서로 결합하여 이중체, 삼중체 등의 새로운 중합체를 형성하는 단계이다. 이 중합체들은 라디칼이 아니므로 반응성이 상실되어 연쇄반응이 종결된다.

$$R\cdot + R\cdot \longrightarrow RR$$

$$R\cdot + ROO\cdot \longrightarrow ROOR$$

$$ROO\cdot + ROO\cdot \longrightarrow ROOR + O_2$$

[그림 4-14] 자동산화의 종결반응

3) 유지 산패에 영향을 미치는 인자

① 유지의 불포화도

이중결합을 가지고 있는 불포화지방산은 포화지방산보다 훨씬 산화되기 쉬우며 이중결합의 수가 많을수록, 즉 불포화도가 높을수록 산화속도가 빠르다. 또한 시스형 지방산이 트랜스형지방산보다 산화되기 쉽다.

② 광선

유지에 광선을 조사하면 유리라디칼의 생성을 촉진시켜 유도기를 단축하고 과산화물의 분해를 촉진시켜 유지의 산화가 빨라진다.

③ 온도

온도가 상승하면 산화속도가 증가한다. 저장온도가 10℃ 내려갈 때마다 산패속도가 반 이하로 줄게 되므로 유지의 산패억제에 가장 기본적인 방법은 저장온도를 내리는 일이다.

④ 수분

일반적으로 산화속도는 수분활성도가 증가할수록 증가하나 수분함량이 아주 낮은 건조식품에서도 자동산화는 매우 빨리 일어난다. 그러나 단분자층을 형성할 수 있는 정도의 수분함량에서는 유지와 산소와의 접촉이 차단되어 산화가 억제된다.

⑤ 산소

유지식품이 공기에 노출되면 산화하기 쉽다. 유지의 산패는 산소의 양이 극히 적어도 일어난다.

⑥ 효소

지질 가수분해 효소인 리파아제, 에스터라아제(esterase), 포스포리파아제(phospholipase) 등의 작용에 의해 유리지방산으로 분해되어 유지의 자동산화를 촉진한다. 리폭시다아제는 리노레산, 리노렌산, 아라키돈산에 작용하여 과산화물을 생성한다.

⑦ 금속이온

코발트(Co), 구리Cu), 철(Fe), 망간(Mn), 니켈(Ni) 등 중금속은 자동산화 과정에서 생성된 과산화물의 분해를 촉진시키고 유리라디칼을 만들어 산화의 연쇄반응을 촉진한다.

⑧ 헤마틴 화합물

헤모글로빈, 미오글로빈, 시토크롬 등의 헤마틴(hematin) 화합물은 유지의 산화를 촉진한다.

3. 가열산화에 의한 산패

유지를 높은 온도에서 가열했을 때 일어나는 산화이다. 식품 튀김의 경우 140~200℃의 온도에서 가열하며, 이 때 일어나는 산화를 가열산화라고 한다. 가열산화는 가열반응과 산화반응이 같이 일어나므로 매우 빠르게 진행되어 자동산화보다 빠르며, 복잡한 변화로 식품의 향미, 외관, 영양가, 독성 등에 영향을 미친다. 따라서 가열산패 시 기름의 색이 흑색으로 변하며 냄새나 소화율도 떨어져 가열 산화한 유지를 섭취하면 구토와 설사를 일으킨다. 또한 유지의 점도, 비중, 굴절률, 산가, 과산화물가가 증가하고, 요오드가는 감소하며 발연점이 낮아진다.

① 유리지방산의 생성

유지를 고온에서 가열하면 유지가 가수분해나 열분해에 의해 유리지방산과 글리세롤로 분해되며, 글리세롤이 더욱 분해되어 자극취를 가진 알데히드인 아크롤레인을 생성한다. 이 때 생성된 유리지방산은 발연점을 저하시키고 산패를 증가시킨다.

② 중합반응

생성된 과산화물은 고온으로 인하여 축적되지 않고 바로 중합되어 이중체, 삼중체 등 다량체를 형성하며, 두 분자의 부가반응으로 중합체가 생성된다.

③ 점성증가 및 거품형성

중합반응으로 고분자의 산화중합체가 형성되어 점성이 증가하며, 기름 표면에 잔거품이 지속적으로 형성된다.

4. 변향

유지의 변향(flavor reversion)은 냄새복귀현상이라고도 하며, 콩기름이나 리놀렌산을 함유한 유지에서 일어나는 독특한 현상이다. 대두유를 만들 때 정제과정에서 콩비린내나 풀냄새 등의 냄새를 제거하였음에도 불구하고 저장 후 다시 냄새가 나타나는 현상으로 산패직전에 일어나는 현상이라 산패와는 구별된다.

5. 항산화제

항산화제(antioxidant)는 산화방지제라고도 하며 유지의 산화속도를 억제하는 물질을 말한다. 항산화제는 유리라디칼의 제거, 활성산소의 제거, 히드로펄옥시드의 분해, 금속이온의 불활성화 등에 관여한다. 연쇄반응에 관여하는 각종 활성 유리라디칼에 자신의 수소원자를 내주어 안정된 화합물을 만들고 자신은 유리라디칼이 되어 항산화능력이 없어진다. 즉, 자신이 산화하여 유지의 산화를 방지한다. 이 때 상승제가 존재하면 상승제로부터 수소를 받아 항산화력을 되찾는다. 또한 항산화제는 유지산화를 촉매하는 금속과 결합하여 금속의 촉매작용을 차단하여 산화를 방지한다.

전파단계 ROO· + RH ⟶ ROOH + R·

항산화제반응 ROO· + AH ⟶ ROOH + A·(항산화력이 없어짐)

항산화제에는 천연 항산화제와 합성 항산화제가 있으며 천연 항산화제는 식물성유지에 많이 함유되어 있어 식물성 유지의 산화를 억제해 산화속도를 늦추어준다. 식물성 유지가 동물성 유지보다 불포화지방산의 함량이 높음에도 산화속도가 느린 이유는 이 때문이다. 천연항산화제에는 식물성 유지에 들어있는 토코페롤(tocopherol), 참기름의 세사몰(sesamol), 목화씨에 들어있으나 독성을 가지고 있는 고시폴(gossypol), 콩제품에 많이 함유된 레시틴(lecithin), 탄닌 등의 폴리페놀성 화합물, 과일이나 채소에 함유된 색소성분인 플라보노이드(flavonoids), 로즈마리, 세이지, 계피, 정향 등의 향신료 등이 있다.

합성 항산화제에는 부틸히드록시아니솔(butylated hydroxy anisole, BHA), 부틸히드록시톨루엔(butylated hydroxy toluene, BHT), 몰식자산프로필(propyl gallate, PG), 부틸히드로퀴논(tertiary butyl hydro quinone, TBHQ) 등이 있다.

상승제(synergist)는 자신은 항산화력을 갖고 있지 않지만 항산화제와 병행 하여 사용하면 항산화력을 증가시켜주는 물질로 구연산(citric acid),

인산(phosphoric acid), 주석산(tartaric acid), 사과산(malic acid), 비타민C(ascorbic acid) 등이 있다.

4-6. 식용유지 및 유지제품

식용유지는 천연의 동식물 조직에서 유리지방산, 색소, 스테롤, 지용성 물질 등을 제거하여 정제한 것이다. 유지는 필수지방산의 급원이나 다른 열량영양소보다 더 많은 에너지를 내므로 많은 량 섭취 시 비만이나 심혈관계 질환의 원인이 되기도 한다. 유지는 급원에 따라 동물성 유지와 식물성 유지와 가공 처리한 가공유지 등으로 분류한다.

1. 동물성 유지

1) 우지

소의 지방조직에서 채취한 흰색의 지방으로 무미, 무취이며 상온에서 고체이다. 융점이 높아 식으면 고형으로 엉기므로 더운 조리에 이용해야 한다.

2) 라드

돼지의 지방조직에서 얻은 고체지방을 랜더링(rendering)과정을 거쳐 분리해낸 유지이다. 다른 유지보다 쇼트닝성이 커서 식품을 부드럽게 하는 힘이 크므로 제과용으로 이용되며 융점이 낮아 입 속에서도 잘 녹는다. 다른 유지보다 발연점이 낮아 튀김용 기름으로 부적당하며 중국조리에 많이 이용된다.

3) 어유

생선에서 채유하며 어류 내장에서 채유한 유지를 어간유라고 하며 어간유는 비타민 A가 풍부하다. 어유에는 다가불포화지방산(DHA, EPA)이 다량 함유되어 있어 불포화도가 높아 자동산화가 쉬우며 마가린, 쇼트닝의 원료로 사용된다.

4) 버터

우유를 원심 분리하여 얻은 크림을 살균, 혼합하여 발효, 숙성시키고 교반하여 만든 유지로 유지방을 80% 이상 함유하고 있는 W/O형 유화액이다. 비타민 A의 급원이며 산패되기 쉽고 냄새를 잘 흡수하므로 밀봉하여 저온에서 보관하여야 한다.

2. 식물성 유지

1) 대두유

세계에서 가장 많이 생산되는 기름으로 비타민 E가 풍부하여 미용과 노화방지에 효과가 있다. 정제한 기름은 냄새가 없고 구수하여 식용유로 가징 많이 소비되며 튀김용, 샐러드용, 마요네즈 등에 사용한다.

2) 참기름

우리나라, 중국, 일본 등에서 많이 사용하는 기름으로 향기와 맛이 뛰어난 반건성유로 저장성이 높다. 정제하지 않고 그대로 사용하며 항산화성분인 세사몰을 가지고 있어 산화안정성이 좋으나 발연점이 낮아 튀김용으로 사용하지 않는다.

3) 면실유

목화씨를 쪄서 압착하여 얻은 기름으로 천연 항산화제인 고시폴를 함유하고 있어 항산화력이 뛰어나나 고시폴(gossypol)은 독성이 있어 정제 시 제거 된다.

4) 옥수수유

옥수수의 배아에서 얻은 기름으로 동유처리(winterization)하여 왁스성분을 제거한 것으로 연속 튀김을 할 때 거품이 잘 안생기고 발연점 저하가 낮아서 튀김유로 많이 사용한다. 보관성과 풍미가 좋고 산화 안정성과 가열안정성이 뛰어나다. 샐러드유, 튀김유, 마요네즈, 마가린 제조에 사용된다.

5) 미강유

쌀 도정 중에 나오는 미강의 지질에서 추출되는 기름으로 다른 식물성 기름에 비해 왁스와 인지질이 다량 함유되어 있어 고도의 정제기술이 필요하다. 마가린, 쇼트닝, 제과용 등으로 사용된다.

6) 유채유

유채의 씨에서 착유한 기름으로 인체에 유해한 에루신산(erucic acid)이 50% 정도 함유되어 있어 에루신산을 5% 이하로 줄여 개발한 기름이 카놀라유(canola oil)이다. 발열점이 높아 튀김요리에 사용된다.

7) 올리브유

올리브나무의 열매에서 압착법이나 추출법으로 채취한 기름으로 올레산과 리놀레산이 풍부하다. 식용유 중의 고급품으로 우리나라는 수입하여 사용하고 있다. 올리브를 1차 압착한 버진(virgin) 올리브유가 있고 최고급품은 엑스트라버진(extra virgin)으로 가장 산화력이 낮으며, 열을 가하지 않는 요리에 사용하는 최상급 올리브유이다.

8) 야자유

야자나무 과육에서 채취한 기름으로 lauric acid, myristic acid를 각각 50%, 18%를 함유하고 있으며 coffee cream, 스낵튀김용으로 사용된다. 식물성기름이나 포화지방산이 많이 들어있어 산화안정성이 높아 장기간 보관이 가능하다.

9) 팜유

식물성 고체기름으로 산화안정성 우수하고, 값이 저렴하며 마가린, 쇼트닝, 라면 등에 사용된다.

3. 가공유지

불포화 지방산을 많이 함유한 유지(액체)에 니켈(Ni)을 촉매로 수소를 첨가(hydrogenation)하여 이중결합에 수소를 첨가되어 고체화시키는 과정을 경화(hardening)라 하며 마가린이나 쇼트닝 제조에 사용된다. 경화유가 되면 유지의 산화안정성은 증가하나, 시스형의 이중결합이 트랜스형으로 변화하므로 다량 섭취 시 건강상의 문제가 야기되므로 유의하여야 한다.

1) 마가린

버터의 대용품으로 여러 가지 유지를 혼합하여 경화시켜 만든다. 버터 성질과 풍미를 가진 유화지방식품으로 제과, 제빵에 많이 이용된다.

2) 쇼트닝

수분 없이 100% 유지로 만들며, 라드의 대용품으로 개발되었다. 무색, 무취, 무미이며 가소성, 크리밍성, 쇼트닝성 등이 좋아 제과, 제빵용으로 널리 이용되고 있다.

제5장. 단백질

단백질(protein)은 식물이나 동물체의 조직에 널리 분포되어 있으며 당질이나 지질과는 달리 탄소, 수소, 산소 외에 질소를 함유하고 있다. 또한 황, 철, 인 등을 함유하고 있는 것도 있다. 단백질의 어원은 그리스어의 프로테오스(proteose, to be first)에서 유래되었으며 생명유지에 제일 중요하다는 의미 이다.

단백질은 생물체를 구성하며 효소, 호르몬, 항체의 주요성분을 이루는 화합물이다. 단백질은 약 16%의 질소를 함유하고 있으므로 식품 중의 질소량을 측정한 후 질소계수인 6.25(100/16)를 곱하여 조단백질(crude protein)의 함량을 구할 수 있다.

단백질은 서로 다른 아미노산이 펩티드 결합을 통하여 중합된 고분자 화합물로, 단백질의 종류와 질은 아미노산의 종류에 의해서 결정되며 자연계에는 약 20여종의 아미노산이 존재한다. 이 아미노산들은 결합상태와 배열순서 등에 따라 여러 종류의 단백질을 구성한다. 식품 중의 단백질은 섭취 후 체내에서 가수 분해되어 아미노산으로 흡수된 후 체조직 형성에 필요한 단백질로 다시 합성된다.

5-1. 아미노산

아미노산(amino acid)은 한 분자 내에 아미노기(amino group, $-NH_2$)와 카르복실기(carboxyl group, $-COOH$)를 가지고 있으며, 단백질의 기본 단위 화합물이다.

아미노기가 결합하고 있는 탄소위치에 따라 α-아미노산, β-아미노산, γ-아미노산이라 부르며, 천연에 존재하는 단백질은 대부분 α-아미노산으로 구성되어 있다.

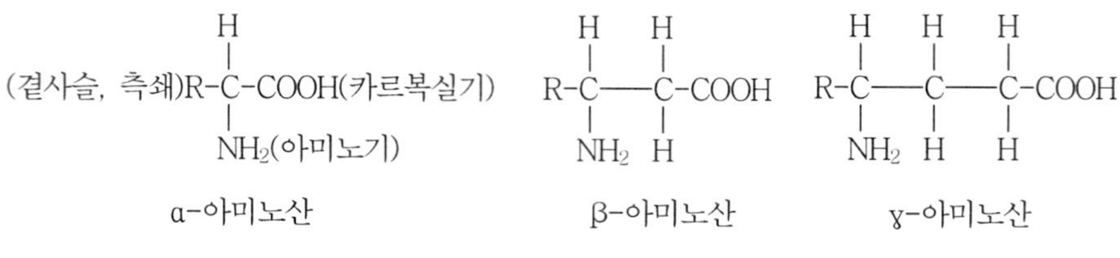

[그림 5-1] 아미노산의 구조

1. 아미노산의 구조

천연에 존재하는 아미노산은 측쇄가 수소(-H)인 글리신(glycine)을 제외하고는 모두 부제탄소원자(asymmetric carbon atom)를 가지고 있으므로 D-형과 L-형의 입체이성체가 존재한다. 카르복실기를 위쪽에 배치했을 때 아미노기가 오른 쪽에 있는 것을 D-형, 왼 쪽에 있는 것을 L-형이라고 한다. 식품에 함유된 아미노산이나 단백질을 구성하는 아미노산은 대부분 α-L-아미노산이다.

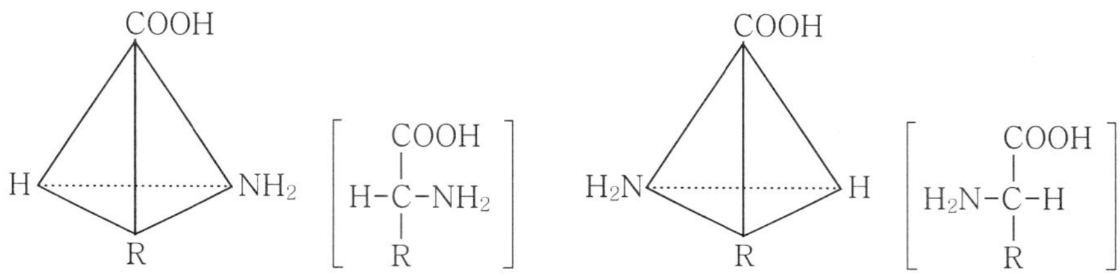

D-아미노산 L-아미노산

[그림 5-2] 아미노산의 입체 이성체

2. 아미노산의 종류와 분류

단백질은 한 분자 내에 아미노기와 카르복실기를 가지고 있으므로 구성하고 있는 아미노기와 카르복실기의 수에 따라 중성·염기성·산성 아미노산으로 분류한다. 같은 수의 아미노기와 카르복실기를 가진 아미노산을 중성 아미노산, 카르복실기가 더 많은 아미노산을 산성 아미노산, 아미노기의 수가 더 많은 아미노산을 염기성 아미노산이라고 한다.

또한 측쇄(side chain)인 R의 종류에 따라 지방족 아미노산, 함황 아미노산, 방향족 아미노산, 히드록시 아미노산, 이미노산 등으로 분류 된다.

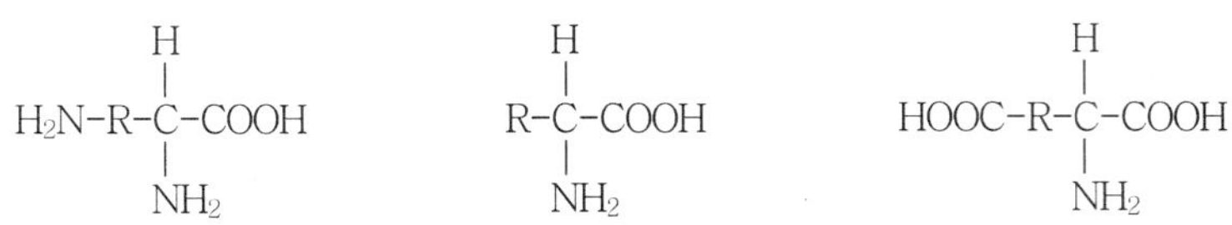

염기성 아미노산 중성 아미노산 산성 아미노산

[그림 5-3] 산성·염기성·중성 아미노산

단백질을 구성하고 있는 20여종의 아미노산 중에 인체 단백질 합성에 필요하나 체 내에서 합성되지 않고 식품으로 섭취해야만 하는 아미노산을 필수아미노산(essential amino acid)이라고 한다. 필수아미노산은 성인의 경우 발린, 류신, 이소류신, 트레오닌, 리신, 메티오닌, 페닐알라닌, 트립토판, 히스티딘이며, 식품 중 필수 아미노산의 함량은 단백질의 질을 평가하는 기준이 된다.

[표 5-1] 아미노산의 종류

분 류	아미노산	약 자	화학구조	등전점
Ⅰ. 지방족 아미노산 중성 아미노산	glycine	Gly(G)	$H-CH(NH_2)-COOH$	6.0
	alanine	Ala(A)	$CH_3-CH(NH_2)-COOH$	6.0
	valine	Val(V)	$(CH_3)_2CH-CH(NH_2)-COOH$	6.0
	leucine	Leu(L)	$(CH_3)_2CH-CH_2-CH(NH_2)-COOH$	6.0
	isoleucine	Ile(I)	$(CH_3CH_2)(CH_3)CH-CH(NH_2)-COOH$	6.1
	serine	Ser(S)	$CH_2(OH)-CH(NH_2)-COOH$	5.7
	threonine	Thr(T)	$CH_3-CH(OH)-CH(NH_2)-COOH$	6.5
산성 아미노산 및 그 amide	aspartic acid	Asp(A)	$HOOC-CH_2-CH(NH_2)-COOH$	3.0
	glutamic acid	Glu(D)	$HOOC-CH_2-CH_2-CH(NH_2)-COOH$	3.2
	asparagine	Asn(E)	$NH_2(O=)C-CH_2-CH(NH_2)-COOH$	5.4
	glutamine	Gln(Q)	$NH_2(O=)C-CH_2-CH_2-CH(NH_2)-COOH$	5.7

[표 5-1] 계속

분 류	아미노산	약 자	화학구조	등전점
염기성 아미노산	lysine	Lys(K)	$CH_2-CH_2-CH_2-CH_2-CH(NH_2)-COOH$ (첫 CH_2에 NH_2)	9.8
	arginine	Arg(R)	$NH-CH_2-CH_2-CH_2-CH(NH_2)-COOH$ (NH에 $C(=NH)-NH_2$)	10.8
함황 아미노산	cysteine	Cys(C)	$HS-CH_2-CH(NH_2)-COOH$	5.0
	methionine	Met(M)	$CH_3-S-CH_2-CH_3-CH(NH_2)-COOH$	5.8
II. 방향족 아미노산	phenylalanine	Phe(F)	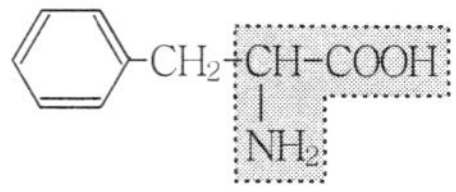	5.5
	tyrosine	Tyr(Y)	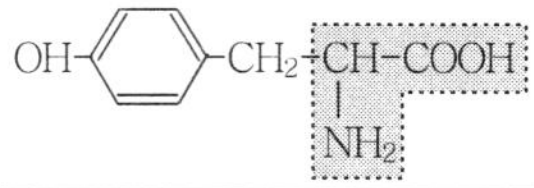	5.7
III. 복소환 아미노산	tryptophan	Trp(W)	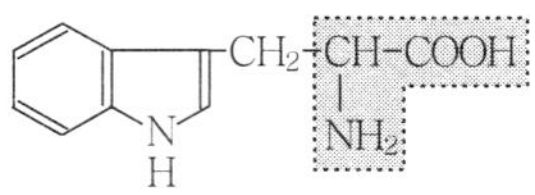	5.9
	histidine	His(H)	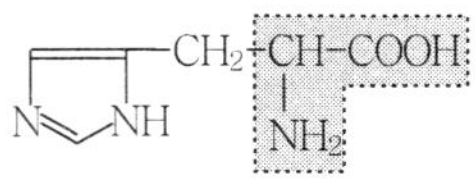	7.6
	proline	Pro(P)	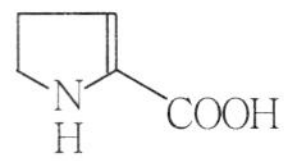	6.3

3. 아미노산의 성질

1) 용해성

아미노산은 일반적으로 물, 묽은 산, 알칼리, 염류용액에 잘 녹으며, 에테르, 클로로포름, 아세톤 등 유기용매에는 잘 녹지 않는다. 또한 알코올에는 대부분의 아미노산이 녹지 않는다. 그러나 아미노산의 종류에 따라 차이가 있으며 티로신, 시스테인은 물에 잘 녹지 않고 프롤린, 히드록시프롤린은 알코올에 잘 녹는다.

2) 양성전해질과 등전점

아미노산은 한 분자 내에 산으로 작용하는 카르복실기와 알칼리로 작용하는 아미노기를 공유하고 있으므로 양성물질이라고 하며, 수용액 중에서 수소이온을 방출하여 $-COO^-$(음이온)과 수소이온을 받아들여 $-NH_3^+$(양이온)로 해리되어 양성이온(zwitter ion)의 상태로 존재하므로, 양이온(+)과 음이온(−)의 양전하를 갖는 양성전해질(ampolyte)이라고 한다.

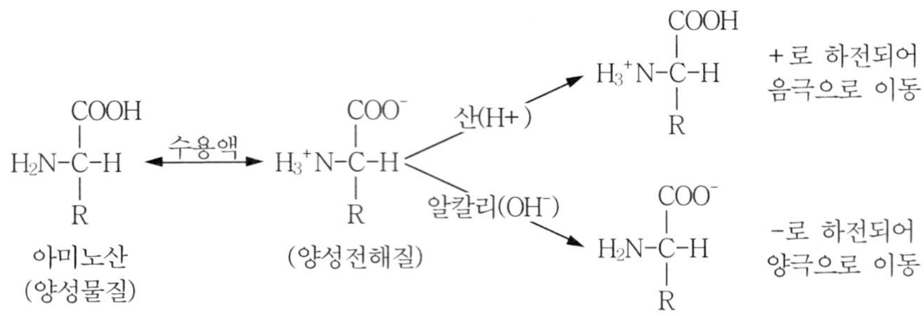

[그림5-4] 양성전해질

아미노산은 pH에 따라 서로 다른 전하를 띠게 된다. 알칼리성 용액에서는 OH^-가 존재하므로 음이온(−)의 전하를 그대로 산성용액에서는 H^+가 존재하므로 양이온(+)의 전하를 띤다. 그러므로 아미노산은 알칼리성 용액에서는 양극(+)으로, 산성용액에서는 음극(−)으로 이동한다.

어떤 특정한 pH에서 양전하의 합과 음전하의 합이 같게 되어 아미노산 분자의 실제 전하(net charge)가 '0'이 되는 pH를 등전점(isoelectric point)이라고 한다. 아미노산의 등전점은 아미노산의 구조와 측쇄들의 차이 때문에 다르나 일반적으로 중성아미노산 등전점은 pH 7 부근의 약산성에, 염기성 아미노산은 알칼리 쪽에, 산성 아미노산은 산성 쪽에 있다.

등전점에서 아미노산은 불안정하기 때문에 침전되기 쉽고, 용해도, 삼투압, 점도 등은 최소가 되고 반대로 기포성, 흡착성은 최대가 된다.

3) 융점

아미노산의 융점(melting point)은 다른 유기화합물에 비해 매우 높은 편으로 보통 200℃ 이상이다. 아미노산은 가열하면 대부분 용융전이나 용융 중에 분해된다.

4) 자외선 흡수성

방향족아미노산인 티로신, 트립토판, 페닐알라닌은 자외선을 흡수하며, 최대흡수파장은 각각 274.5nm, 278nm, 260nm이다. 대부분의 단백질이 방향족 아미노산을 함유하고 있으므로 흡광광도계를 사용하여 280nm파장에서 흡광도를 측정하여 단백질 함량을 대략 알 수 있다.

5-2. 단백질의 분류

단백질의 종류는 다양하기 때문에 조성 및 용해성, 구조 및 형태, 출처 등에 따라 분류하고 있다. 출처에 따라 식물성과 동물성단백질로 분류하며 조성 및 용해성에 따라 단순단백질, 복합단백질, 유도단백질로 분류한다. 또한 구조 및 형태에 따라 구상단백질과 섬유상단백질로 분류한다.

1. 조성 및 용해성에 의한 분류

1) 단순단백질

단순단백질(simple protein)은 아미노산만으로 구성되어 있으며 구조가 비교적 간단하며 용해 특성에 따라 다음과 같이 분류한다.

① 알부민(albumin)

물, 묽은 염류용액, 묽은 산, 묽은 알칼리에 잘 녹는 단백질로 가열하거나 알코올에 의해 응고한다. 동·식물체에서는 수용액 상태로 존재하며, 75℃에서 응고되며 약산성(pH 4~6)에서 응고되기 쉽다. 동식물에 들어있는 알부민에는 오브알부민(난백), 락트알부민(유즙), 혈청알부민(혈청) 미오겐(근육), 루코신(보리), 레규멜린(대두) 등이 있다.

② 글로불린(globulin)

물에는 녹지 않고 묽은 염류, 묽은 산, 묽은 알칼리에 용해되는 단백질로 가열에 의해 응고하며 동·식물성 식품에 많이 들어 있다. 혈청글로불린(혈청), 락토글로불린(유즙), 오보글로불린(난백), 리소자임(난백), 액틴(근육),

미오신(근육), 글리시닌(대두), 튜베린(감자), 아라킨(땅콩) 등이 있다.

③ 글루텔린(glutelin)

물에 녹지 않고 묽은 산, 묽은 알칼리에 잘 녹으며 가열에 의해 응고 되지 않는다. 주로 식물성 식품에 들어있고 특히 곡류에 들어있다. 오리제닌(쌀), 글루테닌(밀), 호르데닌(보리) 등이 있다.

④ 프롤라민(prolamin)

알코올(70~80%)에 잘 녹는 특징이 있으며, 용해성은 글루텔린과 유사하다. 물이나 중성염류에는 녹지 않으며, 다량의 프롤린과 글루탐산을 함유하고 있다. 식물성 식품 중 곡류에 많이 들어있으며 제인(옥수수), 글리아딘(밀), 호르데인(보리) 등이 여기에 속한다.

⑤ 프로타민(protamine)

물, 묽은 염류, 묽은 산, 묽은 알칼리에 용해되며 아르기닌을 다량 함유하는 강한 염기성 단백질로 가열에 응고 하지 않는다. 동물성 식품에만 존재하며, 어류의 정자핵 중 DNA와 결합하며 살민(연어), 크러페인(청어), 스콤브린(고등어) 등 어류의 정자에 있다.

⑥ 히스톤(histone)

용해성이 프로타민과 유사하여 물, 묽은 염류, 묽은 산, 묽은 알칼리에 잘 녹으며 가열에 의해 응고하지 않는다. 리신과 아르기닌을 많이 함유한 염기성 단백질로 주로 동물체와 정자의 핵 조직 중에 존재한다. 흉선히스톤(흉선), 글로빈(적혈구) 등이 있으며 식물계에 존재하지 않는다.

⑦ 알부미노이드(albuminoid)

섬유상 단백질로 경단백질(scleroprotein)이라고도 한다. 물, 묽은 염류, 묽은 산, 묽은 알칼리 등에 녹지 않고 효소의 가수분해에 저항력이 있어 단백질 분해효소의 작용도 받기 어려운 단백질이다. 동물체에만 존재하며 결합조직 등 동물의 보호조직에 들어 있는 단백질로 영양적 가치는 낮다. 콜라겐(근육), 케라틴(손톱, 머리카락, 뿔), 엘라스틴(결합조직, 힘줄), 피브로인(명주실)등이 있으며 비열응고성이다.

[표 5-2] 단순단백질의 분류

분류	용해성(가용성 +, 불용성 -)					기타 특징	소 재
	물	0.8% NaCl	약산 pH 5~6	묽은 알칼리 pH8	알코올 60~80%		
알부민 (Albumin)	+	+	+	+	−	-동식물에 널리 존재 -열응고성 -분자량이 비교적 작다.	serum albumin(혈청) lactalbumin(우유) conalbumin(난백) ovalbumin(난백) livetin(난황) legumelin(두류) leucosin(맥류) myogen(근육) ricin(피마자) phaselin(강낭콩)
글로불린 (Globulin)	−	+	+	+	−	-동식물에 널리 존재 -열응고성 -glycine을 많이 함유	serum globulin(혈청) lactoglobulin(우유) lysozyme(난백) ovoglobulin(난백) myosin(근육) fibrinogen(혈장) glycinin(대두) ipomain(고구마) tuberin(감자) arachin(땅콩)
글루텔린 (Glutelin)	−	−	+	+	−	-식물종자에 존재. -비열응고성 -glutamic acid가 많아 glutelin으로 명명	glutenin(밀) oryzenin(쌀) hordenin(보리)
프롤라민 (Prolamin)	−	−	+	+	+	-식물종자에 존재. -proline 많아 prolamine 이라 명명	gliadin(밀) zein(옥수수) hordein(보리) sativin(귀리)
알부미노이드 (Albuminoid)	−	−	−	−	−	-보통용매로 불용. -비열응고성으로 경단백질이라 함. -동물체의 보호조직 중에 존재.	collagen(결합조직), elastin(결합조직 특히 힘줄), keratin(머리털, 손톱), fibroin(명주실)
히스톤 (Histone)	+	+	+	+	−	-염기성 단백질로 동물성식품에 존재 -Arg. Lys.의 염기성 아미노산이 많다. -비열응고성. -동물의 체세포와 정자핵에 존재	흉선 간장 혈구의 histone(포유류, 조류) 정자핵의 histone(어류), globin(적혈구) thymoshistone(흉선)

(표 계속)

[표 5-2] 계속

분류	용해성(가용성 +, 불용성 -)					기타 특징	소 재
	물	0.8% NaCl	약산 pH 4~5	묽은 알칼리 pH8	알코올 60~80%		
프로타민 (Protamin)	+	+	+	+	-	-비열응고성. -Arg을 다량 함유. -동물성 식품에만 존재 -염기성 단백질	어류의 정자핵 중에 DNA와 결합하여 존재한다. 어류 이외는 거의 볼 수 없다. salmin(연어) scombrin(고등어) clupeine(정어리) mugilin(숭어)

2) 복합단백질

복합단백질(conjugated protein)은 아미노산 이외의 성분인 지질, 당질, 인산, 색소, 금속, 핵산 등 이 결합한 단백질이다. 단순단백질에 비단백성 물질이 결합한 단백질로 생체 세포 내 함유되어 있으며, 생리적으로 중요한 활성을 갖는다. 복합단백질은 비단백성 물질의 종류에 따라 다음과 같이 분류한다.

① 인단백질(phosphoprotein)

단순단백질에 인산이 결합한 복합단백질로 동물성 식품에 많이 들어있다. 칼슘염으로 존재하는 산성단백질로 묽은 알칼리 용액에 녹는다. 대표적인 인지질에는 카제인(우유), 비텔린과 비텔레닌(난황) 등이 있다.

② 지단백질(lipoprotein)

단순단백질에 지질이 결합한 형태로 주로 인지질과 단백질이 결합한 것이 많다. 모든 동식물 세포에 들어있으며 유화력을 가지고 있다. 리포비텔린(난황)과 리포비텔레닌(난황), 트롬보플라스틴(혈액) 등이 있다.

③ 핵단백질(nucleoprotein)

단순단백질과 핵산이 결합한 복합단백질 염기성단백질인 히스톤과 프로타민이 DNA와 RNA와 결합하고 있다. 세포핵에 주로 존재하며 식품의 맛과 관련이 있다. 동물체 백혈구, 적혈구, 정자와 식물체 배아, 효모, 세균 등에 함유되어 있다.

[표 5-3] 복합단백질의 분류

명 칭	특 성	소 재
인단백질 (phosphoprotein)	단백질 + 인산이 ester 결합한 단백질. 물에 녹고 묽은 alkali, 암모니아수에 용해.	동물성식품에서만 발견된다. casein(우유), vitellin(난황)
핵단백질 (nucleoprotein)	단백질 + 핵산(DNA, RNA) 단백질 → histone 또는 protamine이 핵산과 결합. 물, 묽은 산에 녹지 않고 묽은 알칼리에 용해.	동식물 세포핵의 주성분 : nucleohistone, nucleoprotamine, 배아, 효모
당단백질 (glycoprotein 또는 mucoprotein)	단백질 + 다당류 당단백질은 당부분에 amino당을 가지는 것이 특징이다.	동식물세포, 점성분비물에 들어있다. 타액질 : mucin(점막분비, 타액)(초산에 의하여 침전한다.) 유점액질 : mucoid(난백, 혈청)(초산에 의하여 침전하지 않는다.) ovomucoid(난백)
금속단백질 (metalloprotein)	단백질 + 금속(철, 동, 아연 등) 철단백질 ---------------------------→ 구리단백질 ---------------------------→ 아연단백질 ---------------------------→ 색소단백질인 hemoprotein(Fe) --------→ chlorophyllprotein(Mg)도 일종의 금속단백질이라 볼 수 있다.	ferritin(비장) hemocyanin(연체동물의 혈액) tyrosinase, polyphenolase, ascorbinase] 식물조직 내의 산화효소 insulin(췌장) hemoglobin, catalase, myoglobin, cytochrome, peroxidase chlorophyll
지단백질 (lipoprotein)	단백질 + 지질 지질과 단백질이 공유결합, 이온결합, 소수결합 한 것.	lipovitellin(난황) lipovitellenin(난황) tromboplastin(혈액)
색소단백질 (chromoprotein)	단백질+색소 공유결합과 이온결합으로 결합 heme → hemoprotein ---------------→ chlorophyll → chlorophyllprotein ------→ carotenoid → carotenoidprotein -------→ flavin → flavoprotein ---------------→ phycobiliprotein -------------------→	hemoglobin(혈액) myoglobin(근육) cytochrome, catalase, peroxidase] 생체조직 일반 phyllochlorine(녹엽) rhodopsin(시홍) astaxanthinprotein(갑각류의 외피) 황색효소(우유, 혈액, 조직 일반) phycoerythrin phycocyanin, allophycocyanin(파래, 김)

④ 당단백질(glycoprotein)

단순단백질과 당질이 결합한 단백질로 당질은 주로 다당류가 결합하고 있으며 독특한 점성을 가지고 있어 점성단백질(mucoprotein)이라고도 한다.

조직 및 장내 윤활작용과 동식물 세포 및 조직 보호 작용을 한다. 동물의 점액, 타액, 소화액에 들어 있는 뮤신과, 뮤코이드(혈청과 결체조직), 오브뮤코이드(난백) 등이 있다.

⑤ 색소단백질(chromoprotein)

색소와 단순단백질이 결합한 복합단백질로 색소성분 중에 금속을 가지고 있는 것이 많아 금속단백질(metalloprotein)이라고도 한다. 색소성분은 클로로필, 카로티노이드, 햄, 플라빈 등으로 식품의 색과 관련이 있다. 생체 내에서 산소 운반, 호흡작용, 산화환원작용 등 중요한 생리작용에 관여하며 헤모글로빈(혈액), 미오글로빈(근육), 클로로필단백질(엽록체), 아스타잔틴 단백질(갑각류 껍데기), 헤모시아닌(연체동물 혈액), 시트크롬(체 조직) 등이 있다.

⑥ 금속단백질(metalloprotein)

단순단백질과 금속(Fe, Cu, Zn)이 결합한 복합단백질로 철단백질로는 페리틴(간), 구리단백질로는 헤모시아닌(연체동물의 혈액), 폴리페놀산화효소, 아스코르브산 산화효소가 있으며 아연단백질에는 인슐린(췌장)이 있다.

3) 유도단백질

유도단백질(derived protein)은 자연에 존재하는 천연단백질(단순단백질, 복합단백질)이 물리적 작용이나 화학적 또는 효소의 작용에 의해 변성이나 분해 등의 변화가 일어난 단백질로 변화 정도에 따라 제1차 유도단백질과 제2차 유도단백질로 분류한다.

① 제1차 유도단백질

산, 알칼리, 기타 화학물질들, 가열, 효소 등에 의해 약간 변화 된 것으로 분자 골격은 거의 변하지 않고 성질만 변해 변성단백질(denatured protein) 이라고도 한다.

- 파라-카제인(para-casein) : 우유 속에 함유된 카제인 단백질이 효소에 의해 응고되어 생긴 단백질이다.
- 젤라틴(gelatin) : 물에 녹지 않는 콜라겐(collagen)을 물과 함께 장시간 끓이면 뜨거운 물에 녹고 찬물에 녹지 않는 젤리틴이 된다.

- 프로틴(protean) : 물에 잘 녹는 수용성단백질이 열, 효소, 묽은 산의 작용으로 물에 녹지 않게 된 단백질을 말하며 가공식품들의 단백질이 이에 속한다. 미오신(myosin)의 변형물인 미오산(myosan)이 있다.
- 메타프로테인(metaprotein) : 단백질이 산이나 알칼리의 작용으로 그 구조가 변한 것으로 열에 응고 되지 않으며, 중성 용액에도 녹지 않으나 묽은 알칼리 용액이나 묽은 산성 용액에는 녹는다. 산성알부민(acid albumin), 알칼리성 알부민(alkaline albumin) 등이 있다
- 응고단백질(coagulated protein) : 천연 단백질이 열, 자외선, 기계적 교반, 알코올과 유기용매나 기타 화학물질 작용 등으로 변성 응고된 단백질을 말한다. 응고 단백질은 물, 염 용액, 묽은 산, 묽은 알칼리 용액에 녹지 않는다. 조리한 달걀의 알부민이 여기에 속한다.

② 제2차 유도단백질

제1차 유도단백질보다 변성이 더욱 진행된 것으로 단백질이 가수 분해될 때의 중간생성물을 말하며, 분해단백질이라고도 한다. 분해정도 즉, 가수분해 생성물의 분자 크기에 따라 프로테오스(proteose), 펩톤(peptone), 펩티드(peptide) 등으로 나뉜다.

2. 구조와 형태에 의한 분류

1) 섬유상 단백질(fibrous protein)

긴 섬유모양으로 된 폴리펩티드 사슬이 수소결합, 디설파이드결합(S-S)에 의해 일정한 방향으로 규칙적인 배열을 하여 섬유 모양을 하는 단백질로 보통 용매에 녹지 않는 불용성이다. 결합조직의 콜라겐, 엘라스틴과 머리카락의 케라틴 등이 섬유상 단백질이다.

2) 구상 단백질(globular protein)

펩티드 사슬이 구부러지고 겹쳐져서 전체적으로 둥근 모양을 하고 있는 단백질로 물에 잘 용해되며 변성을 일으키기 쉽다. 알부민, 글로불린, 헤모글로빈, 인슐린, 효소단백질 등이 구상단백질이다.

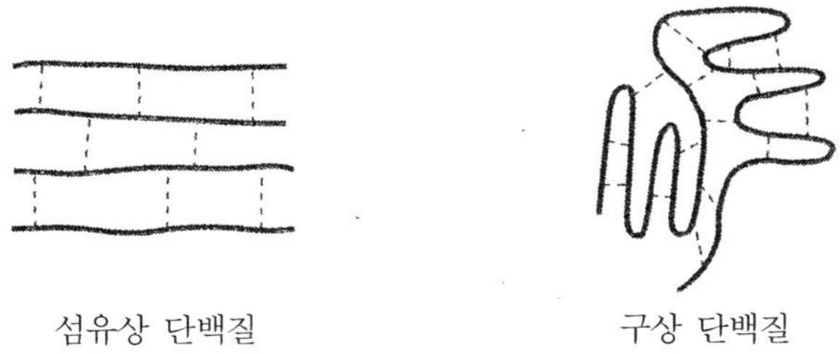

[그림 5-5] 섬유상단백질과 구상단백질

5-3. 단백질의 구조

단백질은 아미노산이 펩티드결합으로 연결된 아미노산의 연속체로 20 여 종의 아미노산이 펩티드결합을 하여 하나의 긴 사슬을 이루고 있는 고분자 화합물이다.

한 분자 아미노산의 카르복실기(carboxyl group, $-COOH$)와 다른 아미노산의 아미노기(amino group, $-NH_2$)가 반응하여 물 한 분자가 빠지면서 아미드(amide, $-CO-NH$)형태로 결합한 것을 펩티드결합이라고 한다. 아미노산이 펩티드결합으로 연결된 화합물을 펩티드(peptide)라고 하며, 2 분자의 아미노산이 결합된 것을 디펩티드(dipeptide), 3분자의 아미노산이 결합된 것을 트리펩티드(tripeptide), 아미노산이 10개 이하인 것을 올리고펩티드(oligopeptide), 그 이상의 아미노산이 펩티드 결합한 것을 폴리펩티드(polypeptide)라고 한다. 폴리펩티드 사슬을 구성하는 아미노산의 종류와 그 수 및 배열순서는 단백질의 종류에 따라 각각 다르다. 일반적으로 아미노산이 수십 분자 이상 중합되어 분자량이 약 1만 이상인 폴리펩티드를 단백질이라고 하며 1차, 2차, 3차, 4차 구조로 나눌 수 있다.

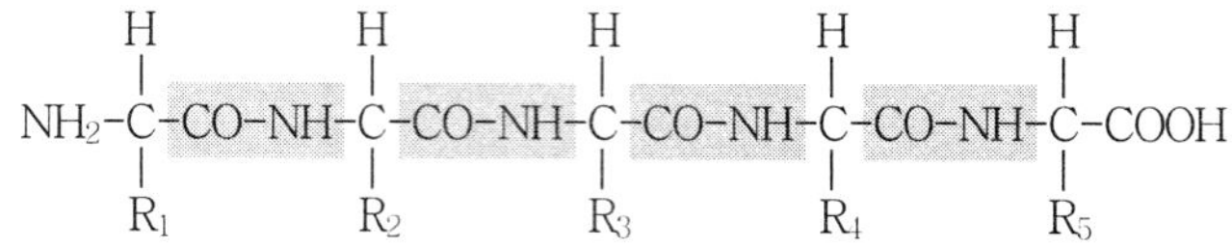

[그림 5-6] 펩티드 결합

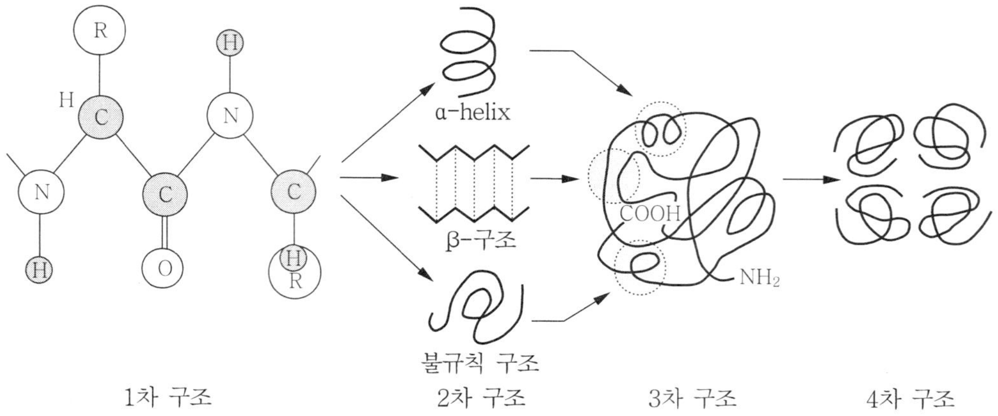

[그림 5-7] 단백질의 구조 형성과정

1. 1차 구조(primary structure)

1차 구조는 아미노산이 펩티드 결합을 하고 있는 폴리펩티드 내의 아미노산 배열순서로서 단백질의 종류에 따라 다르다. 1차 구조는 아미노산의 배열 순서만을 생각한 구조이며 다른 결합이나 힘은 고려하지 않는다.

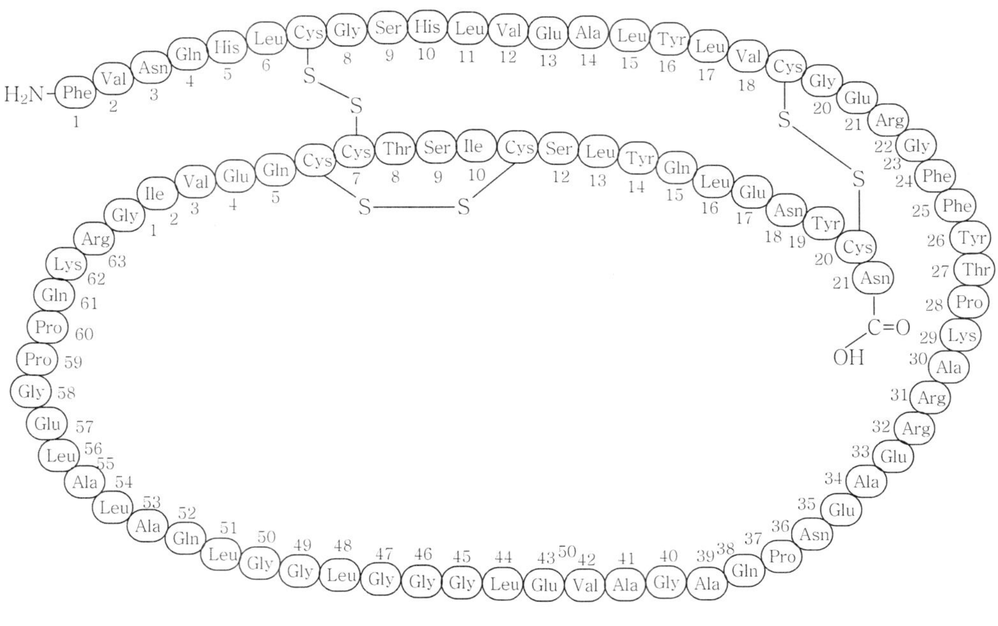

[그림 5-8] 단백질의 1차 구조

대부분의 단백질은 100~500개의 아미노산으로 구성되어 있으며 단백질 사슬의 길이와 아미노산의 결합 순서는 단백질의 이화학적, 구조적, 생물학적 성질 및 기능을 결정한다.

2. 2차 구조(secondary structure)

폴리펩티드 사슬은 직선적으로 늘어서 있는 것이 아니고 구성 아미노산끼리 상호작용(수소결합 등)에 의해 구부러지고 휘어져 입체구조를 형성하는데 이를 2차 구조라고 한다. 2차 구조에는 펩티드 사슬이 나선모양으로 오른쪽으로 회전하는 구조인 α-나선구조(α-helix))와 펩티드 사슬이 병풍모양으로 주름 잡힌 모양을 한 β-병풍구조 (β-pleated sheet), 펩티드 사슬이 불규칙하게 멋대로 엉긴 랜덤코일(random coil)구조가 있다. α-나선구조는 미오글로빈이나 헤모글로빈 등 생체기능 단백질에 많이 존재하고, β-병풍구조는 명주실에서 볼 수 있는 섬유상 단백질에 많은 2차구조이다.

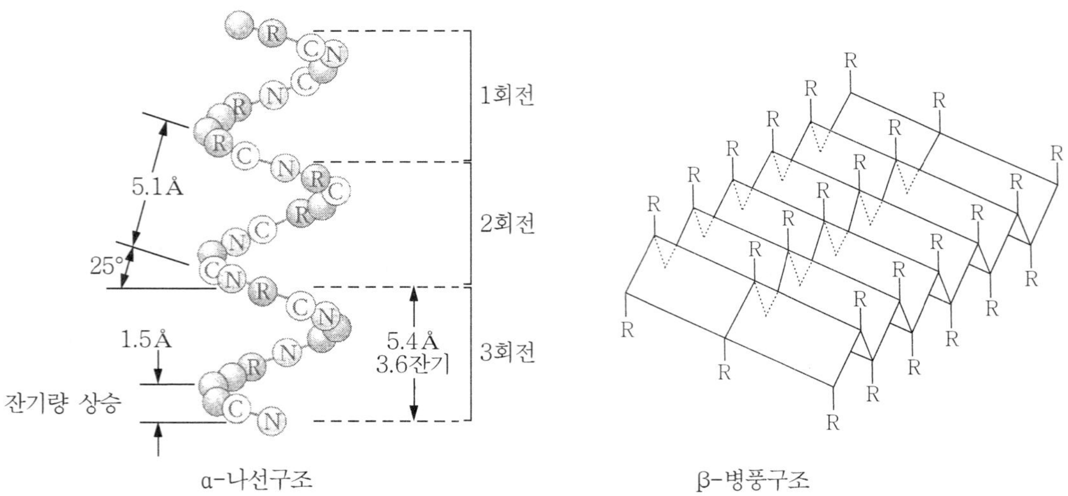

[그림 5-9] 단백질의 2차 구조

3. 3차 구조(tertiary structure)

하나의 폴리펩티드 사슬이 구성 아미노산의 특성에 따라 수소 결합, 디설피드 결합, 이온 결합, 소수결합 등의 여러 결합에 의해 휘어지고 구부러져 구상 및 섬유상의 복잡한 공간 배열을 이룬 전체의 입체구조를 3차 구조라 고 한다.

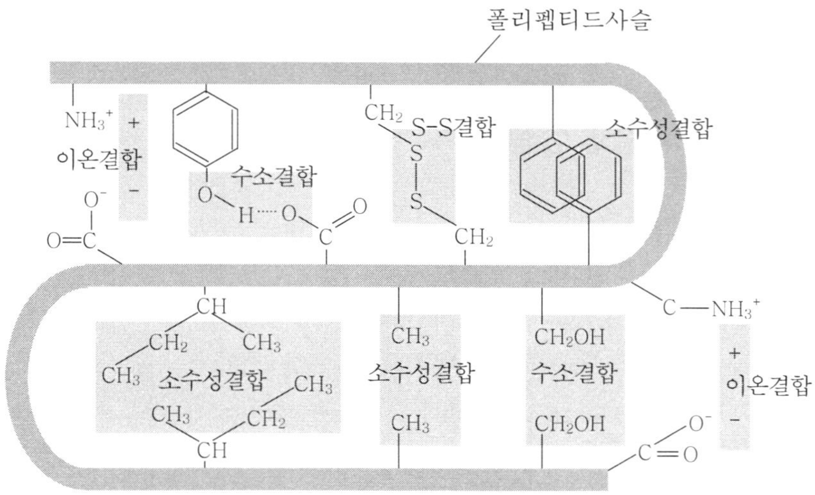

[그림 5-10] 단백질의 3차 구조

4. 4차 구조(quarternary structure)

3차 구조를 이루는 몇 개의 단백질이 모여서 하나의 생리기능을 가지는 단백질의 집합체를 이룬 상태를 4차 구조라고 한다. 집합체의 기본 단위가 되는 하나 하나의 단백질을 소단위(subunit)라고 한다.

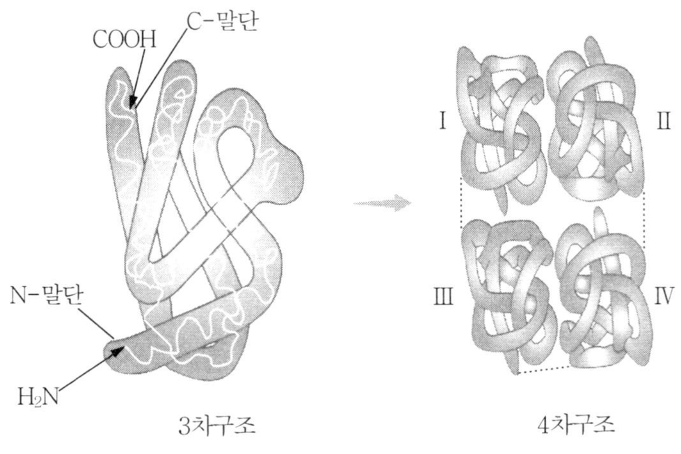

[그림 5-11] 단백질의 4차 구조

소단위가 모여 일정한 집합체를 형성하는 힘은 잘 알려져 있지 않으나 정전기적 인력에 의한 것으로 추정되며, 4차 구조는 효소와 같은 생리기능이 있는 구상단백질에 많으며 소단위가 입체적 배열로 회합하면 생리기능을 나타낸다.

5-4. 단백질의 성질

1. 분자의 크기

단백질은 20여종의 아미노산이 결합한 고분자 질소화합물로 다른 유기화합물에 비해 분자량이 커서 수만~수백만에 이른다. 따라서 셀로판 등의 반투막을 통과하지 못하는데 이 성질을 이용하여 투석에 의해 단백질을 분리하기도 한다.

2. 등전점

단백질은 산성아미노산이나 염기성 아미노산 등의 측쇄에 유리된 아미노기와 카르복실기를 가지고 있으므로 용액의 pH에 따라 (+)나 (-)로 하전된다. 따라서 단백질도 아미노산처럼 양성전해질이며, 아미노산의 경우처럼 어떤 pH에서 (+)전하와 (-)전하의 수가 같아 전기적으로 중성이 될 수 있는데 이를 단백질의 등전점(isoeleteric point)이라 한다. 일반적으로 단백질은 산성아미노산이 많으면 산성 쪽에, 염기성 아미노산이 많으면 알칼리성 쪽에 등전점을 갖는다. 대부분의 식품단백질의 등전점은 pH 4~6의 범위이며, 단백질은 등전점에서 점도, 삼투압, 팽윤, 용해도는 최소가 되고 흡착성, 기포력, 탁도, 침전은 최대가 된다. 등전점에서 단백질은 용해도가 최소가 되므로 쉽게 침전된다.

3. 용해성

단백질은 용매에 녹아 점조한 교질용액이 된다. 단백질은 펩티드 결합 측쇄에 친수기(-COOH, $-NH_2$, -OH, -NH)를 가지고 있어 이들이 물과 수소 결합을 하여 수화됨으로서 물에 용해된다. 대부분의 단백질은 묽은 중성

염류 용액에 잘 녹는데 중성염이 해리되어 생성된 이온이 단백질 분자의 이온화된 기능기와 작용함으로 단백질 분자 사이의 인력이 감소되기 때문이다. 이처럼 단백질이 묽은 중성염류용액에 잘 녹는 현상을 염용(salting-in)이라 하며, 중성 염류의 농도가 높아 염과 단백질이 물에 대해 경쟁하여 단백질이 침전하는 현상을 염석(salting-out)이라 한다.

4. 자외선 흡수 스펙트럼

아미노산 중에 방향족 아미노산인 티로신, 트립토판, 페닐알라닌은 자외선을 흡수 한다. 단백질이 280nm 부근의 자외선을 흡수하는 것은 이들 아미노산, 특히 트립토판이 들어있기 때문이다.

5. 침전성

단백질은 묽은 중성 염류 용액에 잘 녹으나(염용), 중성 염류의 농도가 높아 중성 염류의 진한 용액 중에서는 침전한다(염석). 단백질은 알코올과 아세톤 등 유기용매에 의해서도 침전하며, 피크릭산(picric acid), 트리클로로아세트산(trichloroacetic acid), 탄닌산(tannic acid), 설포살리실릭산(sulfosalicylic acid), 몰리브덴산(molybdenic acid)등의 유기산과 무기산 등과 구리, 납, 수은 등 중금속 이온에 의해 침전한다.

6. 정색반응

단백질은 구성아미노산의 종류와 그 속에 들어있는 반응기의 화학적 성질에 따라 특수한 시약에 의해 다양한 정색반응을 일으킨다. 반응기가 분자표면에 노출되어 있는 경우와 내부에 존재하는 경우에 반응성이 다르므로 조건에 따라 여러 가지 화학반응을 사용하며, 중요한 정색반응은 표 5-4와 같다.

[표 5-4] 단백질의 정색반응

정색반응	반응기	정 색
biuret 반응	tripeptide 이상	적자색
xanthoprotein 반응	tyrosine, tryptophan, phenylalanine	등황색
ninhydrin 반응	α-amino기를 가진 화합물	적자색~청자색
millon 반응	tyrosine	적자색
hopkins-Cole 반응	tryptophan	적자색
sakaguchi 반응	arginine	적 색

5-5. 단백질의 변성

1. 변성의 정의

천연 단백질이 여러 가지 물리적, 화학적 작용으로 분자 내 고유의 구조가 변형되고 성질이 변화되는 현상을 변성(denaturation)이라고 한다. 이때 1차 구조인 펩티드결합은 변화하지 않고 수소결합, 이온결합, 소수결합 등의 단백질의 2차, 3차 구조가 파괴되어 천연 단백질의 성질이 변화한다. 변성이 일어나면 단백질의 생물학적 활성이 떨어지고, 용해도 등 단백질의 기능적 특성이 변화한다. 단백질 변성의 요인은 물리적 요인과 화학적 요인으로 나눌 수 있으며 물리적 요인으로는 가열, 동결, 교반, 압력, 초음파, 탈수 등이 있으며, 화학적 요인으로는 산, 알칼리, 염류, 유기용매, 중금속 등 다양하다. 변성에는 변성요인을 제거했을 때 원래상태로 되돌아갈 수 있는 가역적 변성과 되돌아갈 수 없는 비가역적 변성이 있으며 대부분의 변성은 비

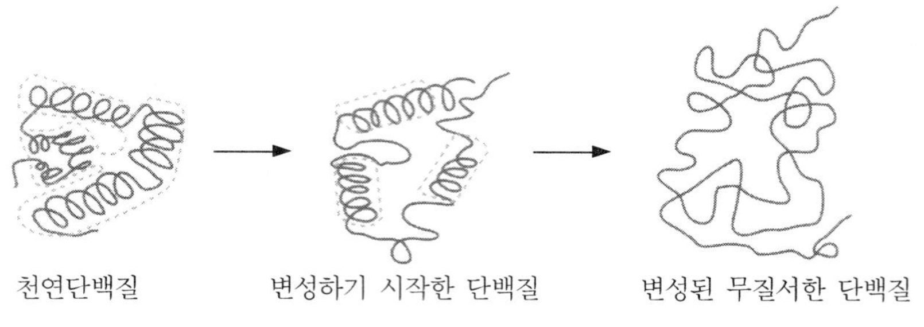

[그림 5-12] 단백질의 변성

가역적 변성이다. 단백질의 변성은 식품의 조리, 가공, 저장 중에 많이 일어날 수 있으며, 단백질의 변성을 이용한 식품은 다음과 같다.

달걀(열 변성), 두부(염류), 동결두부(동결), 빵 반죽(교반 및 산화), 요구르트(산), 치즈(레닌), 건어물(건조), 염장식품(염류) 등이다.

2. 변성단백질의 성질

1) 생물학적 활성 소실

효소는 단백질이므로 100℃에서 수분간 가열하면 활성을 잃고 불활성화된다. 효소와 기질은 분자 구조와 형태가 결정적인 영향을 미치는데 변성에 의해 단백질 분자가 변형되면 효소는 활성을 잃어버리게 된다. 따라서 항체와 항원의 결합능력도 이와 같은 이유로 소실된다.

2) 용해도의 변화

대부분의 단백질은 변성이 일어나면 용해도가 감소하는데 그 이유는 변성 전의 단백질은 소수성기가 물에서 멀어지려고 단백질 구조 내부에 들어가 모여 있으나 변성 후에는 단백질 구조가 풀리면서 단백질분자 표면으로 소수성기가 나오게 되므로 단백질의 친수성이 감소하여 용해도가 낮아진다.

3) 소화율의 변화

단백질이 가열에 의해 응고가 일어나면 단단해 보이나 소화가 잘된다. 이는 입체구조를 이루고 있던 폴리펩티드 사슬이 변성에 의해 풀어져서 겹쳐져있던 부분도 소화효소의 작용을 받기 쉬워지기 때문이다. 그러나 지나친 가열은 소화율이 오히려 떨어지는데 이는 과열로 인해 교차결합(cross linkage)이 생겨 응고물의 구조가 빽빽해져서 효소의 작용장소가 다시 내부로 묻혀버리기 때문이다. 달걀 완숙보다 반숙이 소화가 잘되는 이유가 바로 이와 같은 이유이다.

4) 점도의 증가

단백이 변성되면 풀린 구조 형태가 되므로 분자 부피가 커져서 일반적으로 점도가 증가한다.

5) 결정성 소실

결정성 효소(펩신, 트립신 등)는 변성이 일어나면 결정성을 상실하는 경우가 많다.

6) 반응성 증가

단백질의 변성이 일어나면 생단백질에서는 보이지 않았던 설프하이드릴(sulfhydryl, −SH)기, 페놀(phenol)기 등과 같은 활성기가 표면에 나타나 반응성이 증가한다. 이는 폴리펩티드 사슬이 구부러지고 겹쳐져서 분자 내부에 묻혀서 반응에 관여하지 않았던 이러한 활성기들이 변성에 의해 구조가 풀리면서 표면에 나타나기 때문이다.

7) 변성청색이동

변성에 따라 단백질 용액의 자외선 흡수 스펙트럼이 단파장 쪽으로 이동하는 현상을 변성청색이동(denatured blue shift)이라고 한다.

3. 변성의 종류

1) 가열에 의한 변성

식품의 조리나 가공에서 단백질의 변성을 일으키는 가장 기본적인 요인은 가열이며, 가열에 의한 변성은 응고형태로 나타난다. 일반적으로 단백질의 열응고는 60~70℃에서 일어나며 가용성 단백질을 가열하면 변성이 일어나 불용성이 된다. 그러나 이와 반대로 육류 결합조직에 들어 있는 불용성 단백질인 콜라겐은 물과 함께 가열하면 변성이 일어나 가용성단백질인 젤라틴이 된다. 단백질의 열변성에는 여러 가지 요인이 영향을 미치며 다음과 같다.

① 온도

단백질의 종류에 따라 변성되는 온도가 다르나 일반적으로 60~70℃에서 변성이 일어난다. 단순단백질인 알부민과 글로불린은 열응고성을 가진 단백질로 열변성이 잘 일어나며 온도가 높아질수록 열변성 속도가 빨라진다. 일반적으로 알부민의 경우 열변성이 10℃ 높아짐에 따라 열변성 속도가 20배

빨라진다.

② 수분

단백질에 수분이 많이 존재하면 비교적 낮은 온도에서 열변성이 일어나며 수분이 적을수록 고온에서 변성한다. 열변성 시 물의 역할은 가열에 의해 물분자 운동이 활발해지면 단백질의 폴리펩티드 사슬사이의 수소결합이 끊어지고 이를 물 분자가 둘러싸므로 폴리펩티드 사슬이 풀리거나 응집할 때 폴리펩티드 사슬의 움직임이 쉽도록 도와준다.

③ 전해질

단백질은 황산염, 인산염, 염화물 등의 전해질이 존재하면 변성온도가 낮아지고 변성속도도 빨라진다. 예를 들어 두부를 만들 때 대두의 주단백질인 글리시닌(glycinin)은 가열만으로 응고하지 않으나 응고제로 염화마그네슘($MgCl_2$) 이나, 황산칼슘($CaSO_4$)을 첨가하면 70℃에서 응고한다. 이온의 원자가가 클수록 단백질의 응고가 잘 일어난다.

④ 수소이온 농도

단백질의 응고온도는 pH에 따라 영향을 받으며, 일반적으로 등전점에서 가장 쉽게 응고한다. 난백에 산을 가해 등전점(pH 4.8)부근으로 조절하면 응고온도가 낮아진다. 그러나 산을 많이 가하여 pH가 등전점 이하로 낮아지면 응고온도가 높아져 응고가 어려워진다.

⑤ 당류

단백질에 설탕이나 포도당 등 당류를 넣고 가열하면 당이 단백질의 응고를 방해하여 응고온도가 높아지며, 설탕을 많이 첨가할수록 응고온도가 점점 더 상승한다. 이를 단백질의 해교작용(peptization)이라고 하며 당이 응고 단백질을 어느 정도 용해시키기 때문이다.

2) 동결에 의한 변성

대부분의 단백질은 동결과 해동을 반복해도 변성이 일어나지 않기 때문에 동결법은 식품보존법으로 많이 쓰이고 있다. 그러나 단백질의 종류에 따라 변성이 일어나는 것도 있는데 그 대표적인 것이 육류와 생선단백질로 동결

시 변성되기 쉽다. 따라서 동결 후 질겨지고 수분을 잃어 고무처럼 단단해진다. 육류와 생선단백질의 동결에 의한 변성은 분산매인 물이 동결하므로 단백질입자가 상호 접근 하여 결합되고, 또 액체상태의 물이 빙결하여 잔존액 중의 산이나 염류의 농도가 높아져서 단백질 분자가 서로 결합하여 변성이 일어난다. 이와 같은 동결변성은 최대빙결정대(-1~-5℃)의 온도에서 가장 잘 일어나므로 식품의 얼음 결정을 최소화하고, 동결되어 변성되는 시간을 줄이기 위해 급속동결방법이 이용된다.

3) 건조에 의한 변성

어육단백질은 건조에 의해 폴리펩티드 사슬 사이의 수분이 제거되고 인접한 폴리펩티드 사슬이 서로 접근하여 결합이 이루어져 견고한 구조로 된다. 건조시킨 어육은 염석, 응집 등에 의한 변성으로 물에 담그어도 흡수성이 나쁘고 원래의 생육처럼 되지 않는다. 건조에 의해 건조육의 외관이나 경도, 맛 등이 달라지는 것은 단백질의 변성 때문이다.

4) 계면장력에 의한 변성

계면변성(surface denaturation)은 단백질이 교반(저어줌) 등에 의해 단일 분자막 상태로 얇은 막을 형성하여 불용성이 되는 현상이다. 난백을 세게 저을 때 기포를 형성하는 것은 계면변성이 일어났기 때문이며, 거품이 일어나는 동안 단단해지는 것은 기포 표면에 흡착된 난백 알부민 분자가 표면장력으로 변성되기 때문이다.

5) 광선 · 압력 · 초음파에 의한 변성

단백질은 광선에 의해 3차구조의 결합이 끊어져 변성이 일어난다. 따라서 단백질은 α-, β-, γ-, x-선 조사에 의해 변성되며, 상온에서 자외선을 조사할 때도 등전점에서 현저히 변성이 일어난다. 또한 단백질은 5,000~10,000기압의 압력에서도 변성이 일어나며, 초음파에 의해서도 변성된다.

6) 산 · 알칼리에 의한 변성

단백질 용액에 산이나 알칼리를 가하면 (+), (-)전하가 변하므로 단백질의 고차구조와 관련된 이온결합의 변화가 일어나 단백질이 변성 된다. 산이나 알칼리에 의한 단백질의 변성은 단백질의 등전점에 이르게 하여 변성을 일으켜 침전하게 된다. 이는 식품의 조리나 가공에 많이 이용되는데, 생선회에 레몬즙을 사용하여 어육 단백질이 응고되어 육질이 단단해지는 것이나 우유의 젖산균 생육으로 생성된 젖산에 의해 pH가 저하되어 카제인 단백질의 등전점(pH 4.6)에서 변성 및 응고가 일어나는 예가 이 원리를 이용한 것이다.

7) 중성염에 의한 변성

단백질에 다량의 중성염을 첨가하면 단백질이 응집, 침전하여 변성이 일어나는데 이를 염석(salting out)이라고 한다. 이 현상은 다량의 염의 첨가로 물이 염을 녹이는데 사용되어 단백질을 녹이는데 부족하게 되고, 염류가 해리되어 양전하와 음전하 이온이 단백질 전하를 중화시켜 단백질 분자의 반발력이 감소했기 때문이다. 두부의 제조 원리는 글로불린인 글리시닌(glycinin)에 간수를 첨가하여 간수 중의 염화칼슘($CaCl_2$)이나 염화마그네슘($MgCl_2$) 등의 Ca_2^+, Mg_2^+ 등 2가 양이온에 의해 응고한 것이다

8) 알코올과 아세톤에 의한 변성

유기용매인 알코올이나 아세톤을 단백질 용액에 첨가하면 단백질이 변성·침전하며 이 반응은 등전점에서 가장 잘 일어난다. 우유의 신선도를 평가하는 알코올 시험(alcohol test)은 우유에 알코올을 넣었을 때 침전의 유무로 신선도를 판정하는 방법인데 오래된 우유는 산이 증가하여 등전점 부근이 되어 알코올에 의해 침전반응을 일으키는 것이다. 알코올에 의한 침전은 친수성이 강한 알코올의 탈수작용으로 단백질 분자의 수화가 감소되어 일어난다.

9) 효소에 의한 변성

단백질은 효소작용에 의해 변성 및 가수분해가 일어난다. 우유단백질의 80%를 차지하는 카제인은 구상의 카제인 미셀로 존재하며 칼슘, 인 등을 함유하고 있다.

카제인 미셀 표면에 존재하는 κ-카제인은 보호콜로이드의 구실로 미셀을 안정화시키고 있으나 응유효소인 레닌(rennin)의 작용을 받으면 파라-κ-카제인(para-κ-casein)과 글리코마크로펩티드(glycomacropeptide)로 분해된다. 미셀의 보호 역할을 했던 κ-카제인이 분해되면 카제인 미셀

은 불안정하여 우유 중의 칼슘과 결합하여 응고한다. 이 원리를 이용하여 치즈를 제조한다.

$$\text{casein} \xrightarrow{\text{rennin}} \text{Soluble para-casein}$$

$$\text{Soluble para-casein} + Ca^{++} \xrightarrow{\text{pH4.7}} \text{insoluble calcium para-caseinate(침전)}$$

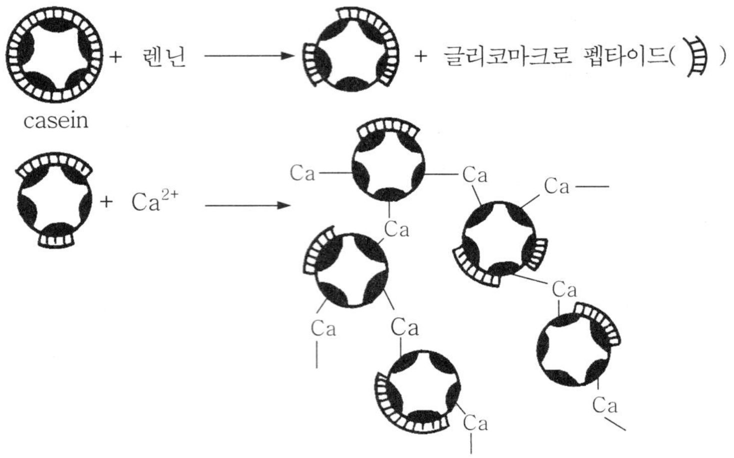

[그림 5-13] 효소에 의한 카제인미셀의 응고

제6장. 효소(enzyme)

효소는 극미량으로 생체 내에서 일어나는 화학반응에 촉매역할을 하는 '생체 촉매'로 동식물의 생 세포 내에 존재하며 여러 가지 화학반응을 진행하여 식품의 가공, 보존, 조리, 발효과정 등에 관여한다. 효소는 고분자물질로 단순 또는 복합단백질로서 단백질 분해효소에 의해 분해되며 열과 pH에 의해서 활성을 잃게 된다. 따라서 효소의 물리적·화학적 성상도 단백질과 비슷하다. 신선한 채소나 과일, 육류, 어패류 등 식품에는 여러 가지 종류의 효소가 함유되어 있어 식품의 보존, 가공, 저장 중의 변화에 영향을 미친다.

6-1. 효소의 분류

효소는 그 종류가 대단히 많고 성질이나 기능이 매우 다양하고 복잡해 여러 가지 분류법이 있으나 국제생화학연합회의 효소위원회는 효소가 촉매하는 화학반응의 종류에 따라 모든 효소를 산화환원효소, 제거효소, 전이효소 이성화효소, 가수분해효소, 합성효소 등 여섯 가지로 분류하였다.

[표 6-1] 효소의 분류

분류번호	분 류	작 용	종 류
1	산화환원효소 (oxidoreductase)	산화, 환원 반응을 촉매	ascorbate oxidase polyphenol oxidase
2	전이효소 (transferase)	어떤 화합물의 원자단을 옮기는 것을 촉매	아미노기 전이효소 (transaminase)
3	가수분해효소 (hydrolase)	물분자를 가하여 기질의 공유결합을 가수분해시키는 효소	amylase, esterase, lipase, nuclease
4	제거효소 (lyase)	가수분해에 의하지 않고 기질에서 carboxyl기, adehyde기, 물 또는 ammonia 등의 원자단을 분리하는 효소	isocitrate lyase, glutamate decarboxylase
5	이성화효소 (isomerase)	분자의 D형, L형, 입체배위(立體配位)를 바꾸는 한편 enol형을 keto형으로 바꾼다.	glucose isomerase xylose isomerase
6	합성효소 (ligase)	ATP와 공역(共役)하여 두 분자를 결합시키는 반응을 촉매	citrate synthase amide synthase

효소의 명명법에는 효소를 발견했을 당시의 명칭을 그대로 사용하는 관용명(프티알린, 펩신, 트립신, 파파인 등)과 용어의 어미에 -아제(ase)를 붙여 명명하는 상용명(말타아제, 락타아제, 리파아제, 아밀라아제 등)이 있다.

6-2. 효소의 화학적 특성과 효소반응

효소는 단백질로만 이루어진 단순단백질 효소와 단백질 외에 보결분자족을 가지고 있는 복합단백질 효소가 있다. 복합단백질 효소는 단백질 부분인 아포효소(apoenzyme)와 비단백질 부분인 조효소(coenzyme) 또는 보결분자족(prosthetic group)으로 구성되어 있다.

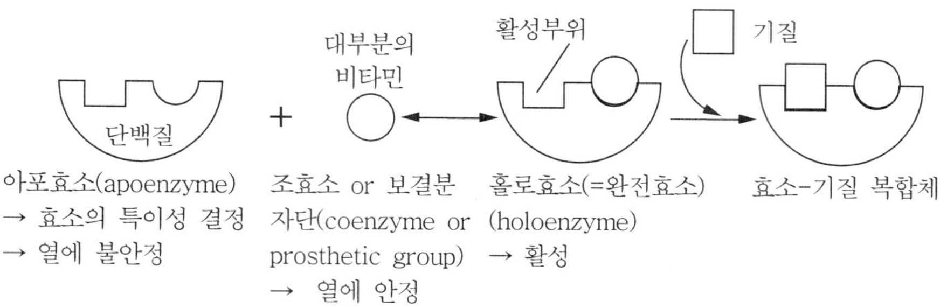

[그림 6-1] 복합단백질 효소

복합단백질 효소는 단백질 부분과 비단백질 부분이 결합하여야 비로소 완전한 효소 즉, 홀로효소(holoenzyme)가 되어 활성을 나타낸다. 효소의 특이성은 아포효소에 의하며 아포효소는 열에 불안정하나 조효소는 열에 안정하고 분자량이 작다. 우리 체내에서 중요한 역할을 하는 조효소의 일부는 비타민에서 만들어지므로 비타민의 섭취가 중요하다.

효소반응에서 효소가 작용하는 반응물질을 기질(substrate)이라 하고, 효소는 이 기질과 반응하여 효소-기질 복합체를 형성하는데, 이때 기질과 꼭 맞는 효소의 부위를 활성부위(active site)라고 한다. 효소와 기질은 열쇠와 자물쇠 같이 효소의 활성 부위와 기질의 형태가 일치하여야만 복합체를 형성한다.

6-3. 효소 반응의 특이성

효소는 한 가지 기질과 반응에만 작용하는 특이성을 가지고 있으며, 이를 기질 특이성이라고 한다. 이러한 기질특이성은 한 종류의 기질, 한 종류의 반응에만 작용하는 절대적 특이성, 같은 형태의 기능기를 갖는 기질에 대해 공통적으로 작용하는 상대적 특이성, 광학적 구조에 따라 달리 작용하는 광학적 특이성으로 나뉜다.

상대적 특이성은 기질의 종류에 따라 반응속도가 다르며 리파아제의 예를 들면 리파아제는 지방의 에스테르 결합을 우선 분해하고 다른 에스테르 결합은 서서히 분해한다.

광학적 특이성은 L형과 D형 중 어느 한쪽에만 작용하는 효소로 L-AA oxidase는 D형에는 작용하지 않고 L형에만 작용한다.

6-4. 효소 작용에 영향 인자

1. 온도

효소는 단백질이므로 효소의 활성은 온도와 깊은 관계가 있다. 일반적으로 효소는 대부분 30~40℃에서 최대의 활성을 가지며 이 온도를 최적온도라고 한다. 효소의 반응속도는 온도가 상승하면 반응속도도 증가하지만 일정온도 이상이 되면 변성이 일어나 활성이 상실된다.

일부 내열성 효소는 70~80℃에서도 활성을 나타내지만 대부분의 효소는 50℃ 이상에서 불활성화 된다. 따라서 과일 또는 채소를 가공할 때 효소를 불활성화 시키기 위해 블렌칭(blenching)과정을 거쳐 품질을 저하시키는 효소를 불활성화 시킨다. 데치기는 100℃에서 수 분 간 가열처리하므로 폴리페놀옥시다아제에 의한 갈변이나 아스코르브산 산화효소에 의한 비타민 C의 파괴 등을 방지할 수 있다.

2. pH

효소작용은 pH에 의해 영향을 받아 일정 pH의 범위에서 활성을 나타내며 최대 활성을 나타내는 pH를 최적 pH라고 한다. 효소의 종류에 따라 최적 pH가 다르지만 대부분의 효소는 pH 4.5~8.0이 최적 pH이다. 일반적으로 대부분의 효소는 강산이나 강알칼리에서는 변성으로 인해 불활성화 되지만 예외적인 효소가 있다. 펩신의 최적 pH는 pH 1~2이고, 아르기나아제 최적 pH는 pH 10으로 강산이나 강알칼리에서도 최대 활성을 나타내는 효소도 있다.

3. 효소의 농도

효소의 반응속도는 기질이 충분할 때 효소의 농도가 높아지면 반응속도가 비례적으로 증가하고 생성물도 직선적으로 증가한다. 반응 진행에 따라 반응생성물이 효소작용을 저해하기도 한다.

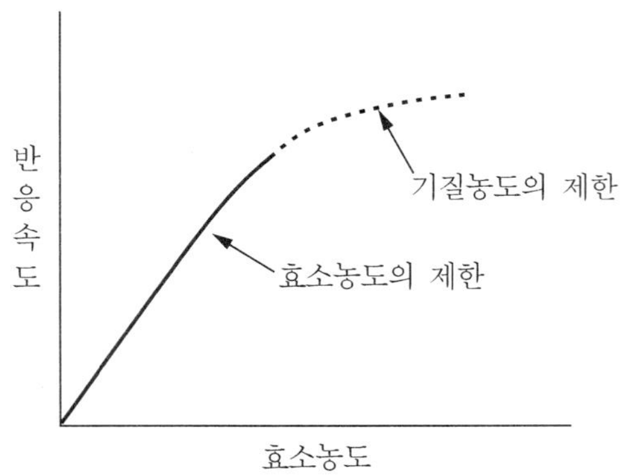

[그림 6-2] 효소의 농도와 반응속도

4. 기질의 농도

효소농도가 일정할 때 기질의 농도가 높아지면 반응속도가 직선적으로 증가하고, 기질농도가 높아지면 효소의 반응속도가 증가하여 최대속도에 도달하게 된다.

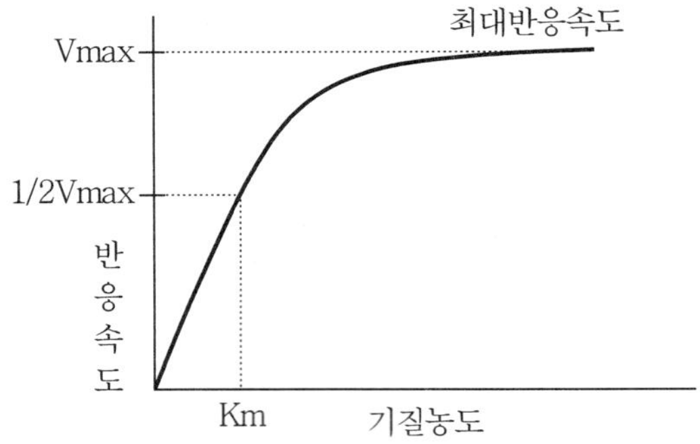

[그림 6-3] 기질의 농도와 반응속도

5. 촉진제

활성제(activator)라고도 하며 효소의 작용을 촉진시키는 물질을 말한다. 여러 금속이온은 효소작용을 촉진시키는 대표적인 촉진제이며 Na^+, K^+, Ca^{2+}, Fe^{2+}, Mg^{2+}, Zn^{2+}, Cu^{2+}, Mn^{2+}, Ni^{2+} 등이 있다. Cu^{2+}는 폴리페놀옥시다아제의 작용을 촉진시키고, Mg^{2+}은 카르복실라아제의 작용을 촉진시킨다.

6. 저해제

효소작용을 저해하는 물질을 저해제 또는 억제제(inhibitor)라고 한다. 효소는 단백질이므로 강산, 강알칼리, 요소, 유기용매 등에 의해 변성되어 활성을 잃게 된다. 또한 효소와 가역적이나 비가역적으로 결합하는 중금속이온(Ag^+, Hg^{2+}, Pb^{3+}), 황화물, 아비산, 모노요오드초산, 킬레이트시약 등에 의해서 활성이 저해된다.

제 7 장. 비타민(vitamin)

비타민은 체내 생화학적 반응에 조효소나 보조인자로 작용하는 유기화합물로 동·식물에 함유되어 있다. 비타민은 체내 세포를 구성하거나 에너지원으로 사용되지는 않지만, 정상적인 대사 작용이 일어나려면 반드시 필요한 물질이다. 비타민은 유기촉매로서 생명현상을 유지하기 위하여 일어나는 여러 가지 대사 작용에 필요한 물질로 신체 내에서 합성되지 않으므로 식품을 통하여 얻어야 하는 건강유지와 성장발육에 필수적인 물질이다. 비타민 중에서 효소와 관계있는 비타민 B_1, B_2, B_6, 니아신, 판토텐산 등은 조효소(coenzyme)의 구성 성분으로 효소의 작용과 밀접한 관계를 가지고 있다.

체내에서 비타민과 같은 효력을 내는 물질을 프로비타민(provitamin)이라 하며, 이와 반대로 화학구조가 비타민과 비슷하여 상호 결합하여 비타민의 효력을 없애거나, 비타민을 파괴시켜 효력을 상실하게 하는 물질을 안티비타민(antivitamin) 이라고 한다.

비타민은 발견된 순서에 따라 붙인 이름과, 화학구조가 밝혀져 붙인 화학명을 함께 사용한다. 비타민은 용해성에 따라 유지에 녹는 지용성 비타민(비타민 A, D, E, K)과 물에 녹는 수용성 비타민(비타민 B 복합체, 비타민 C)으로 구분한다.

7-1. 지용성 비타민

지용성 비타민에는 비타민 A, D, E, K, F 등이 있으며 물에는 녹지않고 지방이나 지용성 용매에 녹는 비타민을 말한다.

[표 7-1] 지용성 비타민의 기능

화학물질	비타민	생리작용	결핍증
retinol (axerophthol)	A	발육을 촉진하며, 상피세포를 보호하여 눈의 작용을 좋게 한다.	야맹증, 성장부진, 각막연화증, 안구건조증
calciferol	D	Ca, P의 대사를 조절하며, 골 조직의 형성에 작용	구루병, 골연화증, 골다공증
tocopherol	E	생식 기능을 정상으로 유지, 항산화작용	불임증, 근육위축증
phylloquinone	K	혈액 중의 프로트롬빈(prothrombin) 양을 정상으로 유지하며 혈액응고에 관여	혈액응고 지연, 출혈

1. 비타민 A

비타민 A(retinol)는 지용성 비타민으로 제일 처음 발견한 비타민으로 항야맹성 인자 또는 항안구건조성 인자라고 한다. 비타민 A는 성장을 촉진시키고, 피부 특히 점막조직의 상피세포의 보호 작용과 시각작용, 항암작용 등 중요한 가능을 한다. 비타민 A가 결핍되면 눈의 망막에 비타민 A가 공급되지 못하기 때문에 야맹증이 되고, 일반적으로는 상피세포가 건조하여 각질화 되는데 이것이 눈에 일어나면 건성안염이 생긴다.

비타민 A는 β-이오논(β-ionone)핵과 네 개의 공액 이중결합이 있는 곁사슬로 되어 있다. β-이오논핵을 가지고 있는 카로티노이드는 체내에서 비타민 A로 전환될 수 있어 프로비타민 A라고 하며 α-카로틴, β-카로틴, γ-카로틴과 크립토잔틴(cryptoxanthin) 등이 있다. 이 중에서 β-카로틴의 효력이 가장 크며, α-카로틴, γ-카로틴과 크립토잔틴(crypto-xanthin)의 2배의 효력을 가지고 있다.

비타민 A는 물에는 녹지 않으나 지방 및 유기용매에 잘 녹는 담황색의 결정으로서, 이중결합을 가지고 있으므로 공기 중의 산소, 빛, 열 등에 의해 산화 분해되기 쉽다. 그러나 산소가 없는 곳에서는 120℃ 정도로 가열하여도 분해되지 않는다. 산 · 알칼리에 대해서 비교적 안정하며, 천연식품 중의 비타민 A는 항산화 작용을 갖는 비타민 E, 비타민 C, SH화합물 등과 공존하고 있으므로 비교적 안정하다.

비타민 A는 주로 동물성 식품에 함유되어 있으며, 간, 장어, 유제품, 달걀 등에 들어있고, 프로비타민 A는 녹황색 채소와 귤, 토마토, 김 등 식물성 식품에 많이 들어 있다.

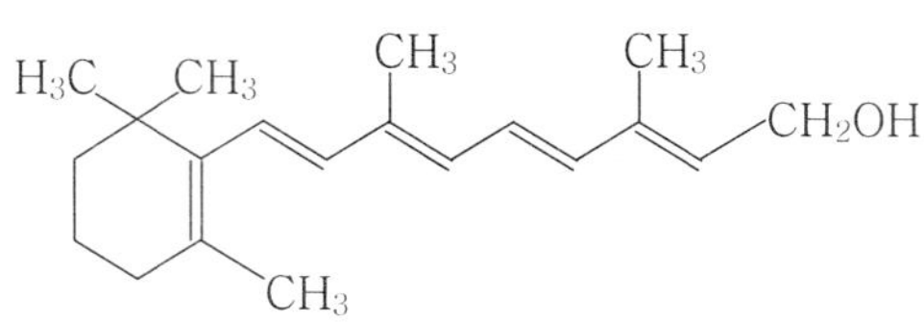

[그림 7-1] 비타민 A의 구조

2. 비타민 D

비타민 D(calciferol)는 뼈의 석회화(calcification)와 관계가 있으므로 칼시페롤(calciferol), 항구루병 인자라고 한다.

비타민 D에는 D_2(에르고칼시페롤, ergocalciferol)와 D_3(콜레칼시페롤, cholecalciferol)가 있다. 비타민 D_2는 생선간유 중에 소량 함유되어 있고 비타민 D_3는 동물성 식품에 널리 분포되어 있으나, 생선간유 중에 다량 포함되어 있으며, 등푸른 생선, 효모, 버섯, 강화우유 등에 들어있다.

비타민 D_2와 D_3의 전구물질은 각각 에르고스테롤(ergosterol)과 7-데히드로콜레스테롤(7-dehydrocholesterol)이다. 이들 전구물질은 자외선조사에 의해서 각각 D_2와 D_3를 생성한다.

비타민 D는 물에 잘 녹지 않고 지방에 녹는 무색의 결정이며, 비교적 안정하여 보통의 조리 조건에서 손실이 적다. 비타민 D는 칼슘과 인을 결합시켜 뼈에 침착시키는 작용이 크다. 따라서 비타민 D의 결핍은 구루병, 골다공증, 골연화증을 일으킨다.

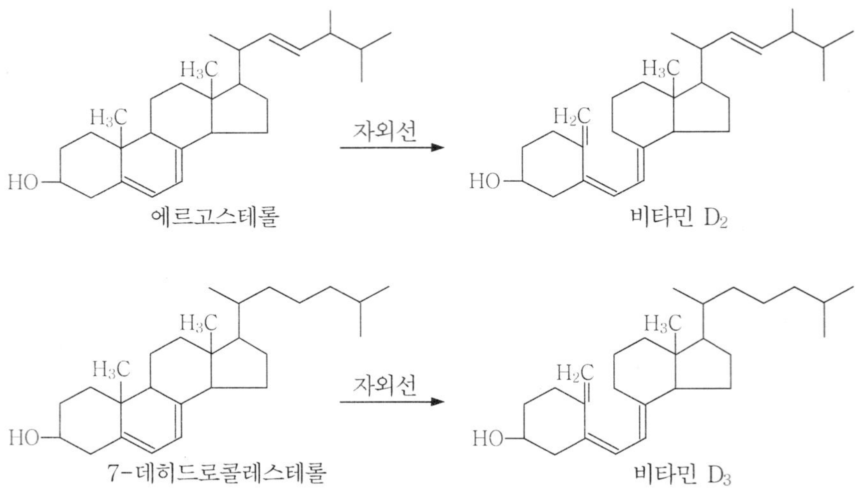

[그림 7-2] 비타민 D_2와 D_3의 구조

3. 비타민 E

비타민 E는 출산(tocos)과 관계가 있다고 하며 토코페롤(tocopherol)이라고 한다. 비타민 E는 항산화 작용이 있어서 식품 중의 비타민 A나 카로틴, 불포화지방산 등의 산화를 막아주고 세포의 노화를 방지한다. 비타민 E는 토콜(tocol)의 유도체로서 α, β, γ, δ형의 네 종류가 있으며, α-토코페롤의 인체 내에서의 생물학적 활성을 100%로 할 경우 그 효력은 β-토코페롤이 50%, γ-토코페롤이 26%, δ-토코페롤이 1% 정도이다. 그러나 항산화제로서의 활성은 δ-토코페롤이 가장 크다. 비타민 E는 주로 면실유, 땅콩기름, 콩기름, 올리브유, 들기름 등의 식물성 기름에 많이 함유되어 있으며, 대두와 잣 등에도 함유되어 있다. 비타민 E가 결핍되면 쥐에게 불임을 유발하므로 항불임성 인자라고 한다.

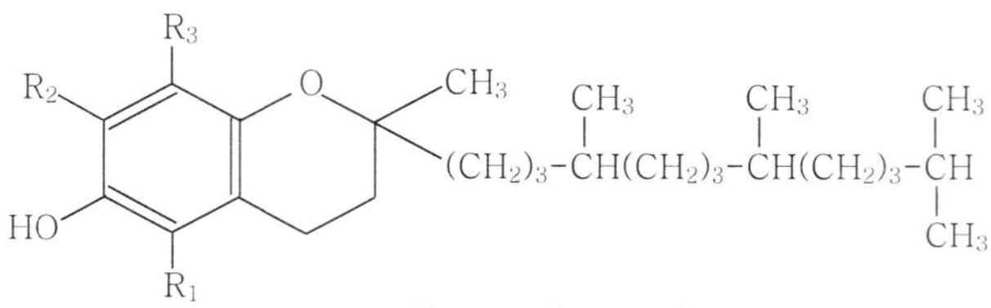

	R_1	R_2	R_3
α	$-CH_3$	$-CH_3$	$-CH_3$
β	$-CH_3$	-H	$-CH_3$
γ	-C	$-CH_3$	$-CH_3$
δ	-H	-H	$-CH_3$

[그림 7-3] 비타민 E의 구조

4. 비타민 K

비타민 K(phylloquinone)는 혈액응고와 관계있는 비타민으로 K란 혈액의 응고라는 독일어 koagilation에서 붙여진 이름이다.

비타민 K는 천연물에 존재하는 K_1(phylloquinone), 미생물이 합성하는 K_2(menaquinone), 인공적으로 합성된 K_3(menadione)로 분류한다. 비타민 K_1은 물에 녹지 않는 담황색 유상 물질로서 열에는 비교적 안정하나 광선이나 산, 알칼리 및 산화에는 불안정하다. 비타민 K_2는 담황색 결정으로 알칼리에 대해서는 비타민 K_1보다 안정하다.

비타민 K는 혈액응고에 관여하며, 이것이 결핍되면 혈액이 응고되지 않는다. 비타민 K의 결핍증은 조류에서 많이 볼 수 있고 포유동물에는 장내 세균에 의하여 합성되므로 결핍증이 잘 일어나지 않는다.

비타민 K는 시금치, 양배추 등 녹엽채소에 많고, 토마토, 간, 콩, 해조, 달걀 등에도 함유되어 있다.

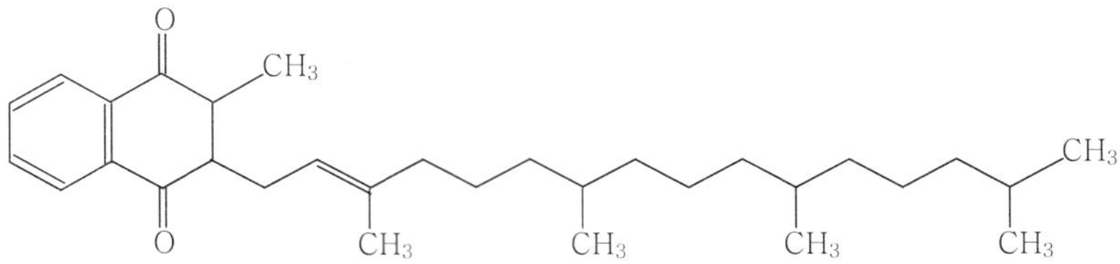

[그림 7-4] 비타민 K_1의 구조

7-2. 수용성 비타민

수용성 비타민에는 비타민 B군(B_1, B_2, B_6, B_{12}, 니아신, 판토텐산, 엽산, 비오틴 등)과 비타민 C, 비타민 P 등이 있으며 물에 용해되는 성질을 가지고 있다.

[표 7-2] 수용성 비타민의 기능

비타민	화학물질	생리작용	결핍증
B_1	Thiamine (aneurin)	탄수화물의 대사를 촉진하며 식욕 및 소화 기능을 자극하고 신경을 조절한다.	피로, 권태, 식욕부진, 각기, 신경염, 신경통
B_2	Riboflavin	발육을 촉진하며, 식욕을 증진, 입의 점막을 보호한다. 체내에서의 산화. 환원반응에 작용한다.	발육저해, 구강염, 설염, 구강염, 위장장해
B_6	Pyridoxine	단백질의 대사에 작용하며, 피부질환, 빈혈, 동상에 대해서도 효과가 있으며, 지방의 합성에도 관여한다.	피부염, 습진, 기관지염
B_{12}	Cyanocobalamin	혈액생성 및 성장촉진	악성빈혈, 간장질환
엽산	Folic acid	항빈혈작용을 가지며, 성장을 촉진한다.	빈혈
니코틴산	Niacin (니아신)	탄수화물의 대사를 증진하며, 펠라그라 피부염을 예방한다.	펠라그라(pellagra)
판토텐산	pantothenic acid	체조직의 기능을 정상으로 유지한다.	피부염
C	L-Ascorbic acid	체내에서의 산화환원에 관여하며, 세포간질의 생장을 촉진하는 단백질의 대사에도 작용한다.	괴혈병, 잇몸출혈, 상처치유 지연
L	Anthranilic acid	젖 분비를 촉진한다.	젖분비 저하
P	Rutin Hesperidin	혈관의 저항력을 강화하여 혈관의 삼투압을 정상 유지	자반병

1. 비타민 B_1

비타민 B_1(thiamine, aneurine)은 조효소인 티아민 피로포스페이트(thiamine pyrophosphate)를 구성하여 당질 대사에 관여한다. 신경과 뇌기능에서 중요한 역할을 하며, 항각기성 인자 또는 항신경성염 인자라고 한다. 비타민 B_1은 피리미딘(pyrimidine)핵과 티아졸(thiazole)핵이 메틸렌탄소에 의해 결합되어 있다.

비타민 B_1은 산성에서는 안정하지만 중성이나 알칼리성 용액에서는 불안정하다. 따라서 조리 중에 파괴되기 쉬우며, 일반적인 가열조리에서 20~30% 정도의 비타민 B_1이 파괴된다.

비타민 B_1 분해 효소인 티아미나아제(thiaminase, aneurinase)는 대합, 모시조개 등 패류와 잉어, 정어리 등 어류 및 고사리, 민물고기의 내장 등에 들어있으며 티아민을 파괴한다. 이 효소는 가열에 의해 불활성화 된다.

마늘의 매운맛 성분인 알린(alliin)이 알리나아제(allinase)에 의하여 알리신(allicin)이 되고 이것이 비타민 B_1과 결합하여 알리티아민(allithiamine ; thiamine allyl disulfide ; TAD)이 되면 티아미나제의 작용을 받지 않고 비타민 B_1의 흡수가 잘되므로 돼지고기와 마늘을 함께 섭취하면 비타민 B_1의 이용률을 높일 수 있다.

티아민은 당질 및 에너지대사와 밀접한 관계가 있고, 결핍되면 초기에는 식욕감퇴, 위장운동 감퇴, 부종, 권태감, 신경쇠약, 공포증 등이 생기고, 심해지면 각기병에 걸리며, 동물에서는 주로 다발성 신경염의 증상이 나타난다.

비타민 B_1을 많이 함유하고 있는 식품은 대두, 곡류의 배아와 겨층, 돼지고기, 우유, 분유, 어패류, 건조 효모 등이다.

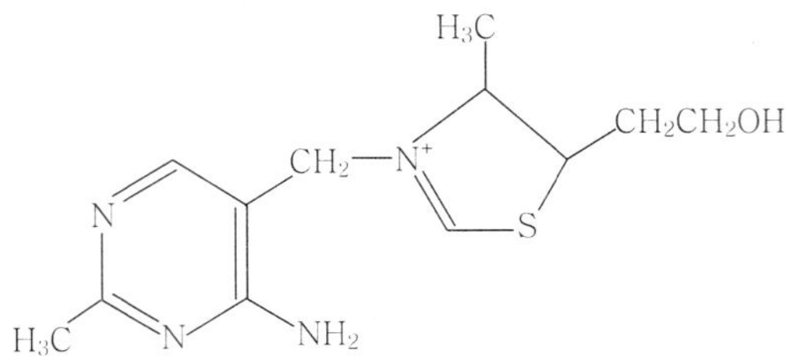

[그림 7-5] 비타민 B_1 의 구조

2. 비타민 B_2

비타민 B_2(riboflavin)는 생체 내에서 인산과 결합하여 조효소 FMN (flavin mononucleotide), FAD(flavin adenine dinucleotide)를 구성하여 당질, 단백질, 지질 대사의 산화 · 환원작용에 관여한다.

비타민 B_2는 미황색 결정으로 수용액은 독특한 녹황색 형광을 띤다. 산에는 안정하고 알칼리와 가시광선 및 자외선에 의해서 쉽게 분해된다. 구조는 당알코올인 리비톨(ribitol)이 이소알록사진(isoalloxazine) 고리에 결합되어 있다.

비타민 B_2를 산성 또는 중성에서 광선에 노출시키면 루미크롬(lumichrome)이라는 형광물질이 생성되고, 알칼리에서는 루미플라빈(lumiflavin)이 되어 비타민의 효력을 상실한다. 비타민 B_2를 광분해로부터 보호하려면 갈색 병에 보관하거나 착색필름으로 코팅하는 방법 등을 사용하여야 한다. 우유를 햇빛에 두 시간 동안 노출시키면 비타민 B_2의 약 50%가 파괴된다. 일반적인 조리와 가공 조건에서는 비교적 안정하다. 비타민 B_2가 결핍되면 구각염, 설염, 구내염, 지루성 피부염 등이 발생한다. 우유, 달걀, 효모, 간, 녹엽채소, 김 등 동식물계에 널리 분포되어 있다.

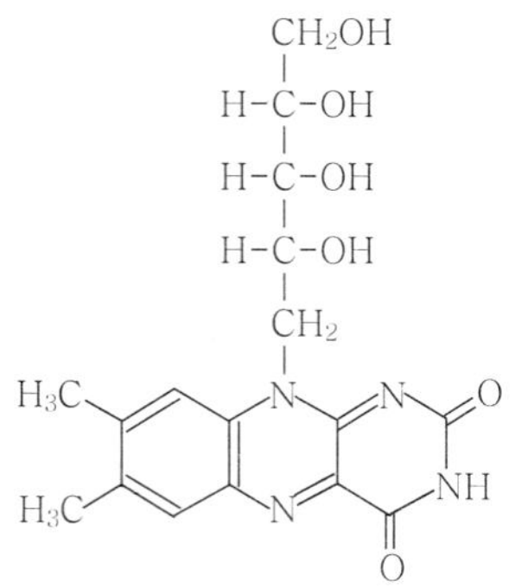

[그림 7-6] 비타민 B_2의 구조

3. 니아신

니아신(niacin)은 니코틴아미드(nicotinamide ; niacin amide)나 니코틴

산(nicotinic acid)을 포함하는 명칭으로, 조효소의 하나인 NAD(nicotinamide adenine dinucleotide)또는 NADP(nicotinamide adenine dinucleotide phosphate)를 구성하여 열량 영양소의 산화·환원 반응에 관여한다. 인체 내에서는 필수 아미노산인 트립토판으로부터 니아신이 60 : 1의 비율로 생성되므로 트립토판을 많이 함유하고 있는 육류는 니아신의 좋은 급원이다.

니아신은 무색의 침상결정으로서 열, 산, 알칼리, 광선, 산화 등에 대하여 안정하므로 조리나 가공에 의한 손실이 거의 없다.

결핍되면 개는 흑설병에 걸리게 되며, 사람은 펠라그라(pellagra)에 걸린다. 펠라그라의 증상은 발, 손, 목, 얼굴, 무릎 등에 피부염이 생길 뿐 만 아니라 구강의 동통, 혀의 적색화, 위장 장애, 설사 등을 일으키고 뇌신경 계통에 이상을 가져온다. 피부염은 처음에는 햇볕에 탄 것 같이 되나, 차츰 갈색화되고 거칠어져서 비늘이 생기는데, 이와 같은 증상이 인체의 양쪽에 대칭적으로 나타난다. 따라서 니아신을 항펠라그라성 인자라고 한다.

니아신을 많이 함유하고 있는 식품은 효모, 밀배아, 간장, 육류, 어류, 땅콩류 등이다.

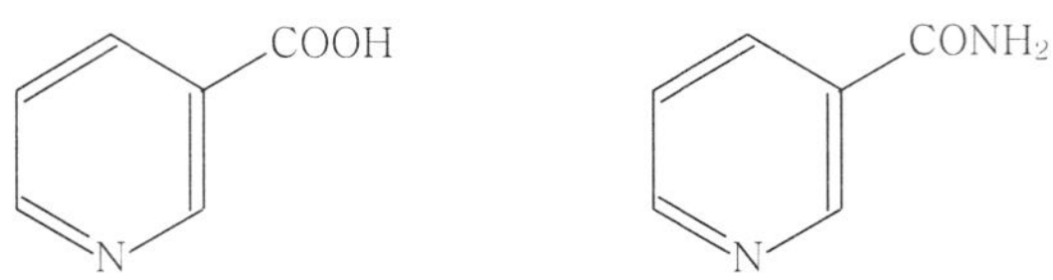

[그림 7-7] 니아신의 구조

4. 비타민 B_6

천연에 존재하는 비타민 B_6(pyridoxine, adermine)에는 피리독신(pyoridoxine), 피리독살(pyridoxal), 피리독사민(pyridoxamine)의 세 가지가 있으며, 이들은 체내에서 상호 전환될 수 있어서 비타민 B_6로서의 효능은 같다. 항피부병 인자라고도 한다. 비타민 B_6는 조효소 PLP(pyridoxal-5-phosphate)의 형태로 아미노산 대사에 관여하며, 조혈작용, 신경전달물질 합성에 관여한다. 아미노산대사에서의 중요성으로 단백질 섭취량이 증가하면 비타민 B_6의 필요량도 증가한다.

이들은 어느 것이나 무색의 결정으로서 열, 산, 알칼리에는 안정하나, 중성 또는 알칼리성에서 빛을 받으면 분해하며, 산화에 약하다.

비타민 B_6가 결핍되면 두드러기, 구각염, 설염, 피부염 등 비타민 B_2의 결핍증과 유사한 증상이 나타나고 흰쥐의 경우에는 피부염과 펠라그라와 같은 증상이 심해진다.

비타민 B_6를 많이 함유하는 식품으로서는 간, 효모, 쌀겨, 소맥 배아, 곡류, 육류, 어육 등이 있으며 일상 식품에 널리 분포되어 있으므로 결핍증은 거의 나타나지 않는다.

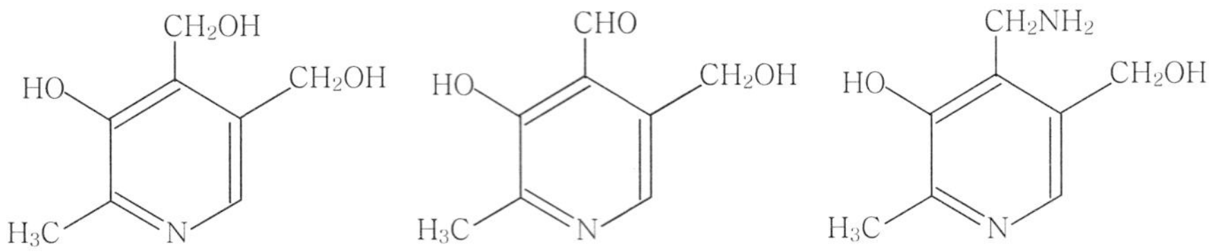

[그림 7-8] 비타민 B_6의 구조

5. 판토텐산

판토텐산(pantothenic acid)은 베타-알라닌(β-alanine)과 판토익산(pantoic acid)가 결합한 구조로 'everywhere'를 의미하는 명칭처럼 자연계에 널리 분포되어 있다. 판토텐산은 지질 및 당질 대사에 중요한 역할을 하는 조효소 A(coenzyme A)의 구성성분으로 에너지 대사, 헤모글로빈, 지방산, 호르몬 합성 및 분해에 관여한다. 일반적인 조리조건에서는 안정하며 동식물성 식품에 널리 분포되어 있다. 사람의 결핍증에 관해서는 잘 알려져 있지 않다. 이것은 판토텐산이 장내 세균에 의하여 합성되고, 식품에 널리 분포되어 있으므로 결핍증이 잘 일어나지 않기 때문이다.

판토텐산은 식품 일반에 널리 분포되어 있는데, 특히 쇠간에 많고, 난류, 콩류, 효모 등에 많이 함유되어 있다.

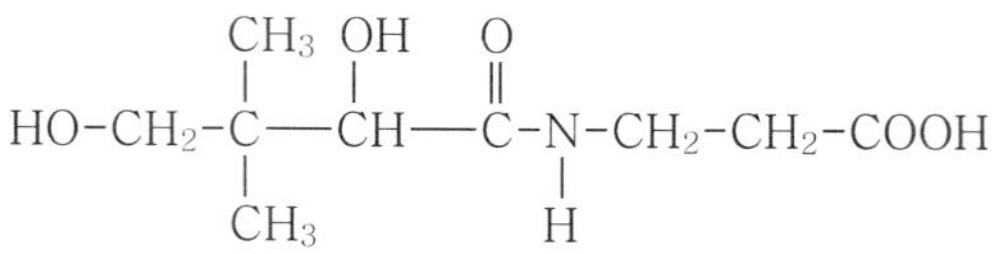

[그림 7-9] 판토텐산의 구조

6. 엽산

엽산(folic acid, folacin)은 아미노산과 핵산합성 및 적혈구 합성반응에 조효소로 관여한다. 산, 자외선, 산화에 불안정한 황색 또는 등황색의 결정으로 알칼리성에서는 열에는 안정하나 광선에 의해서는 분해된다. 따라서 엽산은 조리, 가공, 저장할 때 쉽게 분해된다.

엽산은 조혈 작용에 필요하며, 그 결핍은 비정상적 크기의 미숙한 적혈구가 증가되어 발생하는 거대적아구성빈혈의 원인이 된다. 엽산은 동식물과 미생물에 함유되어 있고, 특히 간, 효모, 녹엽 채소, 소맥 배아, 귤, 닭고기, 햄 등에 많이 들어 있다. 일반 식품에 널리 분포되어 있으며, 장내 세균에 의하여 합성되므로 결핍증은 잘 일어나지 않는다.

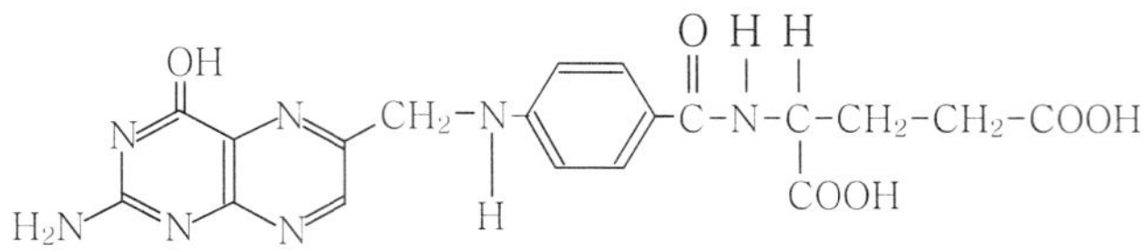

[그림 7-10] 엽산의 구조

7. 비타민 B_{12}

비타민 B_{12}(cobalamine)는 분자 중앙에 Co를 갖고 있어 코발라민이라고 하며 구조는 대단히 복잡하여 비타민 중 가장 복잡하다. 암적색의 결정이고 물에 잘 녹는다. 비타민 B_{12}는 항악성빈혈 인자라고도 불리며 적혈구의 생성에 관여한다. 성장 촉진 및 핵산 합성, 단백질 대사 등에도 관여하며, 결핍되면 성장 지연, 신경 증상(망상, 환각, 불안정 등)과 악성 빈혈 등의 증세가 나타난다. 비타민 B_{12}는 동물의 간장에 가장 많이 들어 있으며, 육류,

육제품, 난류 등의 동물성 식품에 많이 함유되어 있고 식물성 식품에 그 함유량이 적다. 비타민 B_{12}는 장내 세균에 의하여 합성되므로 사람에게는 결핍증이 잘 나타나지 않는다.

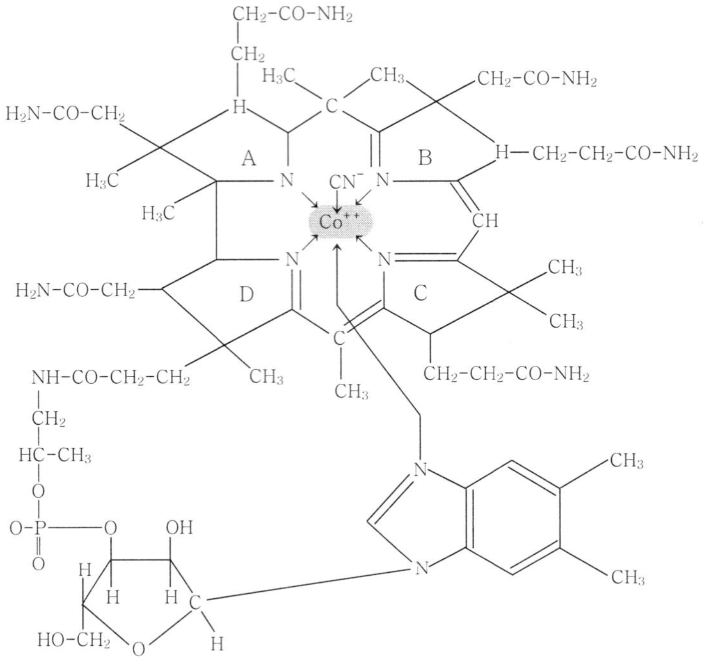

[그림 7-11] 비타민 B_{12}의 구조

8. 비오틴

비오틴(biotin)은 비타민 H라고도 하며, 카르복실라아제(carboxylase)의 구성성분으로 지방산 합성과 탄수화물 대사에 관여한다. 백색의 침상 결정으로 열, 산, 광선에는 안정하나 알칼리와 산화제에 불안정하다.

난백의 당단백질인 아비딘(avidin)과 쉽게 결합하여 불활성으로 되어 흡수·이용되지 못하지만, 난백을 가열하면 아비딘이 변성되어 비오틴이 분리되므로 흡수·이용할 수 있다. 결핍되면 쥐에게는 피부염, 탈모증, 식욕부진 등의 증상이 나타나지만, 사람에게는 비오틴의 결핍증이 거의 일어나지 않는다. 비오틴은 동식물성 식품에 널리 분포되어 있으며 쇠간, 달걀, 콩, 닭고기, 우유, 귤, 시금치 등에 많이 함유되어 있다.

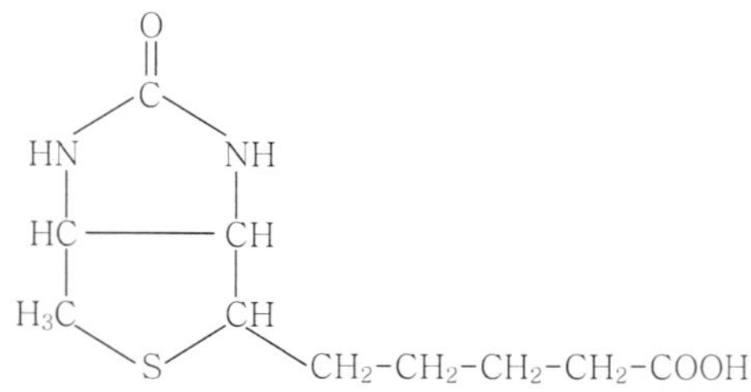

[그림 7-12] 비오틴의 구조

9. 비타민 C

비타민 C(ascorbic acid)는 항산화 작용으로 비타민 A, 비타민 E, 필수 지방산 등의 산화를 방지하며, 철과 칼슘의 흡수를 돕고, 엽산의 활성화 과정에 관여한다. 비타민 C는 식품 중에 환원형(L-ascorbic acid)과 산화형(dehydro L-ascorbic acid)의 두 가지로 존재하며 산화형은 환원형에 비하여 그 효력이 1/2밖에 되지 않는다. 무색 결정으로 물에 녹기 쉽고 수용액은 신맛과 산성을 갖는다. 약한 산화제에 의하여 데히드로아스코르브산(dehydro ascorbic acid)이 되고, 황화수소나 시스틴과 같은 환원제에 의하여 환원형으로 다시 환원되며, 이와 같은 가역적인 산화 · 환원은 생리적으로 중요한 의미를 갖는다.

비타민 C는 수용액 상태에서는 산에는 안정하나 열, 산소에는 불안정해 파괴되기 쉽다.

식물의 조직 중에는 비타민 C의 산화 효소인 아스코르브산 옥시다아제(ascorbic acid oxidase)가 들어있는데 생체조직 내에서는 그 작용이 억제되지만 조직이 일단 파괴되면 곧 작용하여 비타민 C를 산화 · 분해한다. 비타민 C 산화효소는 가지, 오이, 호박, 콩, 당근 등에 들어 있으며 100℃에서 1분간 가열로 불활성화 된다.

비타민 C는 체내의 산화 · 환원 반응 및 아미노산대사와 콜라겐 합성에 관여하며, 부신피질 호르몬, 인슐린 등의 호르몬 분비 작용에도 관여한다. 결핍 증상으로는 괴혈병, 세균 감염에 대한 저항력 감소, 해독 기능 저하, 콜라겐 합성 저하, 피부 색소의 침착 등이다. 일반적으로 신선한 채소와 과일에 많이 함유되어 있으며, 동물성 식품과 곡류에는 비타민 C가 거의 없다. 껍질째 먹는 콩에 많고, 콩이 발아할 때는 비타민 C가 합성된다.

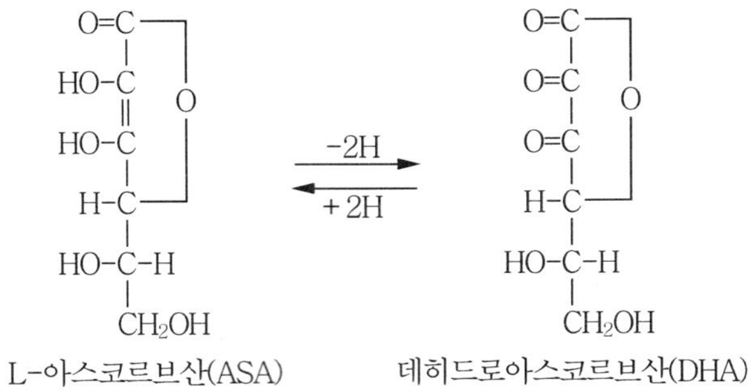

[그림 7-13] 비타민 C의 구조(환원형과 산화형)

10. 비타민 P

모세관의 삼투성을 정상적으로 유지시켜 주는 비타민으로, 감귤류에 들어있는 헤스페리딘과 메밀에 들어있는 루틴 등이 이에 속한다. 비타민 C와 함

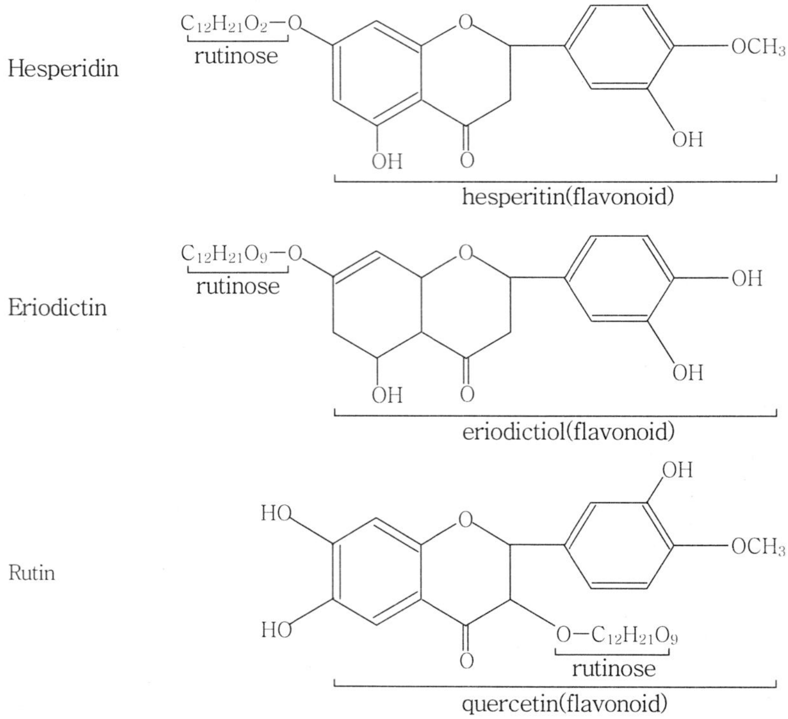

[그림 7-14] 비타민 P의 구조

게 모세혈관을 강하게 하는 작용이 있어 부족 시 혈관의 저항력이 약화되고 피하출혈이나 자반병이 생기게 된다. 담홍색 수용성 색소로서 플라보노이드 색소에 속한다.

7-3. 식품의 조리 · 가공과 비타민의 변화

식품의 조리와 가공 시 지용성 비타민은 기름과 같이 조리하거나 섭취할 때 체내에 흡수와 이용률이 높아진다. 수용성 비타민은 물에 용해되므로 조리과정에서 손실이 크며, 대부분의 수용성 비타민은 산에는 안정하나 알칼리에는 약하다.

비타민 A는 공기 중의 산소 및 광선, 열 등에 산화, 분해되기 쉬우나 산소가 없는 곳에서는 120℃ 정도로 가열하여도 분해되지 않는다. 산, 알칼리에 비교적 안정하나 튀김 시에 약간의 손실이 일어날 수 있고, 서서히 건조시키는 과정에서 카로틴의 일부가 손실될 수 있다. 비타민 D는 가열, 공기 중의 산화에 대단히 안정하며, 비타민 E는 산과 열에 비교적 안정하지만 자외선, 산화 등에 약하며 항산화작용이 있어 비타민 A나 카로틴, 불포화지방산 등의 산화를 억제한다.

비타민 B_1은 수용성으로 물을 사용하는 조리 등에서 손실되며, 수용액에서는 pH에 따라 열에 대한 안정성이 다르다. 산성 용액에서는 안정하지만, 알칼리성에서는 불안정하다. 비타민 B_2는 산, 열에는 안정하나 알칼리성에는 불안정하며 광분해가 일어난다. 비타민 C는 산성에서는 비교적 안정하나 알칼리성에서는 불안정하며 온도가 높을수록, 가열시간이 길수록 안정성이 떨어진다. 조리에 의한 비타민의 손실률은 조리법, 재료, 첨가율, 조리시간 등에 따라 차이가 있으나 비타민 A 20%, 비타민 B_1 30%, 비타민 B_2 20%, 비타민 C 50% 정도이다.

제8장. 무기질(minerals)

무기질은 식품의 유기물질이 연소하고 남은 회분으로 생체 내에서 에너지원으로 작용하지는 않으나 생체의 구성성분으로 존재하며 여러 가지 생리적 기능을 가진다. 하루 필요량을 기준으로 다량 무기질과 미량 무기질로 나뉘며, 영양학적으로 중요한 무기질은 20여종이다. 무기질은 식품 중에 무기화합물이나 이온 형태로 존재하며, 헤모글로빈의 철이나 클로로필의 마그네슘과 같이 유기화합물의 구성성분으로도 존재한다.

8-1. 무기질의 기능

무기질은 식품이나 생체 내에서 여러 가지 중요한 기능을 하고 있다. 중요한 생리작용으로 무기질은 생체 내에서 pH 및 삼투압을 조절하여 생체내의 물리, 화학적 작용을 정상적으로 유지하는데 큰 역할을 한다. 혈액의 pH가 항상 pH 7.3~7.5로서 일정하게 유지되는 것은 혈액 중의 단백질 및 무기질이 완충작용(buffer action)을 하기 때문이다. 완충작용에 관여하는 무기질은 나트륨, 칼륨, 인 등이다.

무기질은 식품 및 생체의 중요한 구성성분이 된다. 칼슘은 골격의 구성성분이 되는 동시에 그 기능을 완전하게 한다. 인은 유기화합물과 결합하여 핵단백질 및 인지질의 구성성분이 된다. 황은 머리털, 손톱 및 피부의 구성성분이 되며, 혈액에는 철, 구리, 나트륨, 인, 염소 등의 무기질이 함유되어 있다. 또한 많은 종류의 무기질은 효소와 관련이 있으며, 생체 내 여러 반응의 촉매적 역할을 담당하고 있다. 즉, 철, 구리, 아연, 요오드, 황, 인 등의 무기질은 효소의 구성성분이 되는 동시에 칼륨, 나트륨, 구리, 마그네슘, 인, 아연, 코발트 등의 무기질은 효소계의 촉매로서 작용한다.

8-2. 산성 식품과 알칼리성 식품

식품에 들어 있는 무기질은 알칼리 생성원소와 산 생성원소로 나눌 수 있고, 알칼리 생성원소와 산 생성원소를 가지는 비율에 따라 알칼리성 식품과 산성 식품으로 나눈다.

무기질은 체내에서 양이온과 음이온으로 존재하는데 금속은 양이온, 비금속은 음이온으로 된다. 식품에 들어있는 무기질 중에서 나트륨(Na), 마그네슘(Mg), 칼슘(Ca), 철(Fe), 구리(Cu), 망간(Mn) 등은 각각 Na^+, K^+, Ca^{2+}, Mg^{2+}, Fe^{2+}, Cu^{2+}, Mn^{2+}, Co^{2+}, Zn^{2+}을 만들어 양이온이 되므로 알칼리 생성원소라고 하며, 과일류, 채소류, 해조류, 고구마, 대두, 우유 등에 많이 함유되어 있다. 인(P), 황(S), 염소(Cl), 요오드(I) 등은 Cl^-, Br^-, I^-, SO_4^{2-}, PO_4^{3-}을 만들어 음이온이 되므로 산 생성원소라고 부른다. 곡류, 육류, 어류, 달걀, 버터, 치즈, 두류(강낭콩, 녹두, 대두 제외) 등에 많이 함유되어 있다.

식품의 산성 및 알칼리성의 정도를 각각 산도(acidity) 및 알칼리도(alkalinity)라 하고, 식품 100g을 연소시켜 얻은 회분의 수용액을 중화하는데 소비되는 0.1N-NaOH 또는 0.1N-HCl의 mL수로 나타낸다. 식품의 산도 및 알칼리도는 표 8-1과 같다.

[표 8-1] 식품의 산도와 알칼리도

산 성 식 품			알칼리성 식품		
식 품 명		산 도	식 품 명		알칼리도
곡 류	정백미 소맥분	4.3 3.4	야채류	시금치 양배추	15.6 4.9
어패류	참 치 도 미 조 개	15.3 8.6 7.5	과실류	밀 감 감	3.6 2.7
육 류	계 육 돈 육	10.4 6.2	감자류	감 자 고구마	5.4 4.3
계 란	난 황	19.2	계 란	난 백	3.2
유제품	치 즈	4.3	유제품	우 유	0.2
두 류	완두콩	2.5	두 유	대 두 팥	10.2 7.3

8-3. 무기질의 종류

1. 다량 무기질

다량 무기질은 하루에 100mg 이상 필요로 하는 무기질로 칼슘, 인, 나트류, 염소, 마그네슘, 황이 다량 무기질이다. 다량 무기질은 신체의 구성성분이며 체액의 산, 염기 평형 및 삼투압 유지에 관여한다.

1) 칼슘(calcium ; Ca)

칼슘은 인체를 구성하는 무기질 중에서 가장 많은 양을 차지하고 있다.

칼슘은 골격과 치아의 구성성분으로 골격과 치아를 단단하게 하고, 여러 효소를 활성화시키며, 혈액 응고반응을 촉진한다. 신경의 흥분 억제와, 자극에 대한 감수성을 억제 또는 진정시키며 심장 근육의 수축을 촉진시키고, 근육의 수축 이완작용에 관여한다. 칼슘이 부족하면 신경과민 및 골다공증이 생기며, 어린이는 성장 정지, 골격과 치아의 발달도 저하된다. 칼슘의 흡수는 식품 중에 들어 있는 다른 성분과 칼슘의 형태 및 기타 여러 조건 등에 따라 흡수 정도가 다르다. 칼슘은 산성에서는 가용성이지만 알칼리성에서 불용성으로 된다.

칼슘의 흡수는 주로 소장에서 이루어지며 유당, 비타민 D, 단백질, 아미노산 등은 흡수를 촉진하고, 수산(oxalic acid), 피트산(phytic acid), 인산, 식이섬유, 지방 등은 칼슘의 흡수를 방해한다. 곡류나 두류에 함유된 피트산과 채소에 들어 있는 수산은 칼슘과 결합하여 불용성인 염을 형성하므로 칼슘의 흡수를 방해한다. 식품 중의 칼슘과 인의 비율이 1:1 또는 1:1.5일 때 흡수율이 가장 높다. 칼슘이 적고 인이 많은 식품을 먹으면 칼슘은 과잉의 인과 더불어 배설되고, 반대로 칼슘이 많고 인이 적은 식품을 먹으면 역시 과잉의 칼슘과 더불어 인이 배설된다. 일반적으로 동물성 식품의 칼슘은 식물성 식품의 칼슘보다 흡수율이 높으며, 보통의 식사에서 흡수율은 30~40%이다. 우유와 유제품, 멸치, 뼈째 먹는 생선 등은 칼슘의 좋은 급원식품이다. 녹엽채소는 칼슘 함량은 높으나 수산을 많이 함유하고 있어서 칼슘의 좋은 급원은 아니다.

2) 인(phosphorus ; P)

인은 칼슘과 함께 골격과 치아를 형성하며, 핵단백질, 효소, 인지질, 단백질, 조효소 등의 구성성분이다. 세포의 구성성분이며, 에너지 대사, 신경자극의 전달기능, 체액의 완충작용, 효소의 작용조절과 삼투압 및 pH 조절 등 생리작용에 관여한다.

인산의 형태로 곡류, 어패류, 육류 등에 풍부하게 함유되어 있다. 비타민

D는 인의 흡수를 촉진하고, 마그네슘, 철, 칼슘은 인의 흡수를 방해한다. 식품 중의 칼슘과 인의 비율이 1:1 정도 되는 것이 인의 흡수에 바람직하다. 인은 일반 식품에 널리 분포되어 있으며 급원식품은 난황, 새우, 멸치, 우유, 육류, 채소류 등이다.

[표 8-2] 다량무기질의 기능 및 결핍증

무기질	생리작용	결핍증상	함유식품
칼슘 (Ca)	골격・치아의 형성 혈액 응고촉진 pH의 조절 삼투압의 유지 근육의 수축작용 신경흥분성의 억제	골격, 치아 발육불량 골연화증 구루병 골다공증 내출혈	주로$Ca_3(PO_4)_2$, $CaCO_3$ 형태로 99%가 골격, 치아에 존재 생선, 우유, 해조류
인 (P)	골격, 치아의 형성 에너지대사 체액의 완충작용 인지질, 핵단백질의 구성성분	골격, 치아의 발육불량 성장정지 골연화증 구루병	생선, 우유, 계란, 육류, 야채류 인산염・인산 ester상태 75%가 뼈에 존재
마그네슘 (Mg)	골격, 치아의 형성 신경, 근육의 흥분억제 당대사효소의 조효소 구성성분	신경계의 자격감수성항진, 강직성 경련, 부정맥 혈관확장(과잉섭취 증상), 칼슘의 배설 촉진 골연화	대부분 $Mg_3(PO_4)_2$로 골격에 존재 엽록소(Mg) 곡류, 감자류
칼륨 (K)	pH조절 삼투압 유지 근육의 수축 신경의 전달작용	근육의 이완, 발육불량	체단백질의 질적 구성 저하, 탈모, 손톱, 발톱의 발육 불량 세포내액 중 염화물 KCl, 인산염, K_2HPO_4, 탄산염(K_2CO_3)으로 존재 곡류, 야채
나트륨 (Na)	pH의 조절 삼투압의 유지 근육의 수축	소화불량, 체내 성분 유지불량, 식욕부진, 경련(과잉섭취 증상), 삼투압 높아지며, 부종	세포 외액에 염화물(NaCl), 인산염(Na_2HPO_4), 탄산(Na_2CO_3, $NaHCO_3$)으로 존재 널리 동식물계에 분포
염소 (Cl)	삼투압의 유지 pH의 조절 위액의 산성유지	위액의 산도저하 식욕부진	NaCl로서 식품에 첨가
황 (S)	함황아미노산, 비타민 B_1의 구성 원소		단백질 중의 함황아미노산, 동물의 각 조직

3) 칼륨(potassium ; K)

칼륨은 식물성 식품에 풍부하며, 나트륨과 함께 체액의 산·알칼리 평형과 세포의 삼투압을 조절하며, 근육의 수축 및 신경의 자극 전달에 관여하고, 특히 신경의 흥분을 억제한다. 칼륨이 결핍되면 세포의 기능이 나빠지고 발육부진, 근육이완, 심장 및 소화기능이 약화된다. 칼륨은 일반식품에 널리 분포되어 있으며, 시금치, 양배추, 감자, 바나나, 우유, 체리, 포도 등에 다량 함유되어 있다.

4) 나트륨(sodium ; Na)과 염소(chlorine ; Cl)

나트륨은 체내에 약 50g 함유되어 있으며, 칼륨과 대조적으로 주로 세포 외액에 존재한다. 나트륨도 칼륨과 같이 체액의 산·알칼리 평형 및 삼투압을 조절, 신경자극 전달 등에 관여하며 염소는 나트륨과 칼륨의 생리작용을 보조해준다. 나트륨과 염소는 주로 소금에서 섭취되며, 체액에 염분이 부족하면 수분을 몸 밖으로 방출하여 그 농도를 유지하고, 또 너무 많으면 갈증을 일으켜서 수분을 보충하게 된다. 조개류, 육류, 토마토 주스는 나트륨 함량이 높고, 가공식품인 어육가공품, 피클, 김치, 젓갈류, 가공 치즈 등도 나트륨 함량이 높아 섭취에 유의해야 한다.

5) 황(sulfur ; S)

황은 인체에 약 100~120g가량 함유되어 있으며, 주로 메티오닌, 시스테인, 시스틴 등의 함황아미노산 및 단백질의 구성성분이고, 그 밖에 비타민 B_1, 비오틴, 담즙산, 황지질, 황산 등의 구성원소로 존재한다. 황이 부족하면 단백질 구성에 영향을 미치며, 특히 털, 손톱, 발톱과 같이 황을 많이 필요로 하는 부분의 발육이 늦어진다. 그러나 황은 일반 식품의 단백질 중에 널리 분포되어 있으므로 그 결핍 현상은 잘 나타나지 않는다. 황의 좋은 급원은 동물의 결합조직, 육류, 우유, 달걀, 콩류, 파, 마늘, 양파 등이다.

6) 마그네슘(magnesium ; Mg)

마그네슘은 인체에 약 25g가량 함유되어 있으며, 뼈, 근육 속에 많고 혈액, 뇌신경, 체액에도 들어있다. 마그네슘은 골격과 치아의 중요한 구성 성분이며, 신경의 흥분을 억제하고 효소의 구성성분이다. 마그네슘이 결핍되면 신경의 흥분과 영양 장애 등이 나타난다. 마그네슘은 엽록소의 구성성분으로 일반 녹엽식물에 상당량이 함유되어 있어 부족현상을 일으키는 경우는 거의 없다. 쇠고기, 고등어, 바나나, 체리, 팥, 오렌지 등이 마그네슘의 좋은 급원이다.

2. 미량 무기질

하루에 10mg 이하를 필요로 하는 무기질을 미량 무기질이라 하며 철, 구리, 아연, 요오드, 망간, 셀레늄, 코발트, 불소 등이 미량 무기질에 속한다. 미량 무기질은 효소, 색소, 비타민, 혈색소, 근육색소, 단백질 등의 구성성분으로 식품의 색과 여러 가지 반응에 관여한다.

1) 철(iron ; Fe)

인체에는 철분이 약 3~4g 가량 함유되어 있는데, 그 중 60~70%가 헤모글로빈에, 3~5%가 근육의 미오글로빈에 들어 있으며 나머지는 카탈라아제(catalase), 퍼록시다아제(peroxidase), 시토크롬(cytochrome) 등의 효소 성분이 되고 철단백질인 페리틴(ferritin)을 형성한다.

헴색소인 헤모글로빈은 철을 가진 단백질로서 산소 운반에 중요한 역할을 하며 카탈라아제, 퍼록시다아제, 시토크롬 등은 체내의 산화, 환원 반응에 관여하는 효소들이다.

동물의 체내에서 산소와 탄산가스를 운반하는 혈액 중의 헤모글로빈은 골수에서 만들어지고, 그 수명이 40~100일이므로 계속해서 만들어져야 하기 때문에 철이 부족하면 헤모글로빈의 생성이 적어지므로 빈혈을 일으킨다. 특히, 여자는 생리적으로 많은 철을 손실하므로 더 많은 양을 섭취해야 하며, 임신부는 태아에게 많은 양을 소모시켜야 하므로 철의 섭취량이 부족하면 빈혈을 일으킨다.

철은 Fe^{3+}보다 Fe^{2+}상태일 때 흡수가 더 잘된다. 비타민 C는 Fe^{3+}을 Fe^{2+}로 환원시켜 주므로 비타민 C를 많이 함유한 식품은 철의 흡수율을 높인다. 식품 속의 피트산이나 인산이 존재하면 철과 결합하여 불용성 염을 형성하여 철의 흡수를 저해하므로 이들을 많이 함유하고 있는 곡류와 두류는 철의 이용률이 낮다. 동물성 식품은 흡수가 잘되는 햄철을 함유하고 있어 좋은 급원이 될 수 있다. 철의 함유량이 많은 식품은 육류, 가금류, 간,

난황 등이다.

2) 요오드(iodine ; I)

요오드는 갑상선 호르몬인 티록신(thyroxine)의 주성분이며, 갑상선에 요오드가 부족되면 갑상선종을 일으켜서 갑상선의 기능이 저하된다. 요오드는 간유, 대구, 굴, 해조류 등에 많고 무, 당근, 상추, 토마토 등에도 많이 들어 있다.

[표 8-3] 미량 무기질의 기능 및 함유식품

무기질	생리작용	결핍증상	함유식품
철 (Fe)	hemoglobinm, myoglobin cytochrome, catalase peroxidase의 구성성분 호흡촉매작용 조효소의 성분	저혈색소성 빈혈	채소류, 근육, 간장, 조개류, 비장(Ferritin), 해조류
구리 (Cu)	헤모글로빈의 생성에 Fe과 더불어 관여, hemocyanin구성성분, polyphenol oxidase, ascorbinase의 구성성분	저혈색소성 빈혈	채소류, 조개류, 계란, 어육, 동물의 간장
코발트 (Co)	비타민 B_{12}의 구성성분	빈혈 비타민 B_{12} 결핍증	채소류 동물의 간장
요오드 (I)	갑상선호르몬(thyroxine)성분, 기초대사촉진	갑상선부종 왜아증	해산물 특히 해조류
불소 (F)	골격, 치아의 경화, 우치예방	충치유발	해산물 특히 해조류
아연 (Zn)	췌장호르몬 인슐린의 성분 동물탄산탈수소효소의 성분	성장지연 탈모증상	곡류
망간 (Mn)	발육에 관여	성장장애 체중감소	채소, 두류

3) 구리(copper ; Cu)

구리는 체내 각종 효소의 성분으로 존재한다. 아스코르브산 산화효소(ascorbic acid oxidase), 폴리페놀 옥시다아제(polyphenol oxidase)등의 효소와 하등동물의 혈색소인 헤모시아닌(hemocyanin)의 구성성분이다.

구리는 철이 헤모글로빈을 형성할 때 촉매작용을 하므로 구리가 부족 되면 철이 많더라도 조혈작용이 방해되어 빈혈이 된다. 구리의 급원 식품으로는 동물의 간, 굴, 조개, 곡류의 배아, 콩류, 감자, 포도, 바나나, 버섯 등이다.

4) 망간(manganess ; Mn)

식물의 성장에도 필요하고, 동물에 있어서도 미량이나마 없어서는 안 되는 무기질이다. 망간은 조혈, 효소, 생식작용에 필요하며 녹엽채소, 굴, 밀의 배아, 콩류, 견과류에 많이 들어 있다.

5) 아연(zinc ; Zn)

췌장 호르몬인 인슐린(insulin)의 구성 성분으로 조개, 굴, 간, 육류 등 동물성 식품에 많이 들어있다. 곡류와 두류는 아연의 함량이 적고, 피트산을 함유하고 있어 아연의 흡수를 저해한다.

6) 코발트(cobalt ; Co)

비타민 B_{12}의 구성원소이며 적혈구 생성에 관여한다. 채소류, 동물의 간, 곡류 등에 들어있으며 결핍증으로는 악성빈혈, 비타민 B_{12}의 결핍 등이 있다.

7) 불소(fluorine ; F)

뼈와 치아의 법랑질에 미량으로 존재하며, 결핍되면 충치에 걸리기 쉽다. 1ppm 정도의 불소를 함유한 음료수를 섭취하면 충치를 막을 수 있다.

불소는 해조류, 어류, 육류, 달걀, 우유 등 함유되어 있으며, 주로 불소가 첨가된 식수로부터 섭취하는 경우가 많다.

8) 셀레늄(selenium : Se)

글루타티온 과산화효소의 구성성분으로 체내에서 항산화작용을 하고 비타민 E의 활성을 높이는 역할을 한다. 육류, 견과류, 곡류, 해산물, 우유 및 유제품 등에 많이 들어 있다.

8-4. 식품의 조리 · 가공과 무기질의 변화

무기질은 식품을 조리, 가공할 때 본질적인 화학변화는 없으나, pH에 의한 염류와 이온의 가역 반응과 효소에 의한 유기태와 무기태의 가역반응이 약간 일어난다. 무기질은 조리 과정 중 씻거나 물에 담그거나 가열하는 동안 약간 손실되는데, 씻거나 데치는 과정 중 10~20% 정도가 유실되며 그 중 나트륨과 칼슘이 비교적 많은 편이다. 특히, 영양학적인 면에서 칼슘의 용출은 주의해야 하는데 조리시간에 따라 다르다. 가열시간이 길수록 용출이 많이 되며 소금물로 가열할 때에는 더 많이 용출된다. 다시마 속의 요오드는 물에 담그기만 해도 20% 정도 용출되는데 이것을 가열하면 60%가 용출된다. 무기질은 물에 녹기 쉽지만, 안정하므로 삶은 물도 조리, 가공에 이용하는 것이 좋다.

Cu^{2+}, Fe^{3+} 등은 식물색소를 고정하여 변색을 방지하는 효과가 있어 완두로 통조림을 만들 때 황산구리 용액을 약간 넣기도 한다. 또한 무기질은 단백질의 응고를 촉진한다. Ca^{2+}, Mg^{2+}, Al^{3+} 등은 단백질의 응고를 도우며 이 때 원자가가 클수록 응고 효과가 더 크다.

무기질의 손실량은 식품의 종류, 조리방법, 무기질의 종류와 조리기구 등에 따라 차이가 있으며, 전체적으로 구울 때 변화가 없고, 삶거나 찔 때는 10~50%까지 식품의 종류에 따라 손실량에 차이가 있다.

제9장. 식품의 색

식품의 색소는 식품 고유의 특징을 나타내고 식품으로서의 가치를 판단하는 기준이 될 뿐만 아니라 식품의 신선도(wholesomeness)와 수용도(acceptance)를 결정하는 중요한 요소가 된다. 천연식품의 색은 밝고 선명한데 비하여 변질된 식품은 어둡고 탁한 경향이 있다. 이러한 변색은 가공식품이나 오래된 저장식품의 색소가 파괴되었거나 식품 내 각 성분의 상호작용에 의해 새로운 색소들이 형성되었음을 의미하므로 색은 식품의 품질을 우선적으로 평가할 수 있는 기준이 된다.

식품의 특성을 나타내는 중요한 색소로는 식물성 식품에 존재하는 클로로필, 카로틴로이드, 플라보노이드계색소와 동물성 식품 중 혈색소인 헤모글로빈과 근육색소인 미오글로빈이 있다.

색소는 수송, 저장, 가공과정에서 산소, 광선, 열, 효소, 미생물 등의 영향으로 쉽게 변색되므로 이에 관한 성질을 이해하는 것이 중요하다.

9-1. 발색이론과 자연색소의 분류

1. 발색이론

유색물질의 발색 원인에 대해서는 여러 가지 설이 있으나, 그 중 가장 유력한 색소원설에 의하면 색을 내려면 '발색단'이나 '조색단'이라는 원자단이 존재해야 한다. 발색단이란 발색의 기본이 되는 카르보닐기(carbonyl group, −C=O−), 아조기(azo group, −N=N−), 에틸렌기(ethylene group, −C=C−), 니트로기(nitro group, $-NO_2$), 니트로소기(nitroso group, −NO), 티오카르보닐기(thiocarbonyl group, =C=S) 등의 원자단을 말하며, 발색단을 갖는 물질을 색소원(chromogen)이라 한다. 발색단 하나만으로 색을 내는 것도 있으나, 대부분의 경우에는 몇 가지의 발색단이 서로 어울려지거나 무색의 색소원에 히드록실기(hydroxyl group, −OH), 아미노기(amino group, $-NH_2$) 같은 조색단이 결합하여 색을 낸다.

2. 자연 색소의 분류

천연색소는 그 출처에 따라 식물성 색과 동물성 색으로 크게 나누고 식물성 색소는 지용성색소와 수용성 색소로 나뉜다.

1) 식물성 색소

식물성 식품의 색소는 물에 녹지 않는 지용성 색소들과 수용성 색소들로 분류한다.

① 지용성 색소(식물의 엽록체에 존재)

- 클로로필(chlorophyll)(녹색 채소와 과일)
- 카로티노이드(carotenoids)(등황색, 녹색채소와 과일)

② 수용성 색소(식물의 액포에 존재)

- 플라보노이드(flavonoids) 중 저분자 타닌(tannins)에 속하는 루코안토시아닌(leucoanthocyanins)과 카테킨(catechins)은 보통 무색투명의 교질상태로 존재하나, 쉽게 산화하여 갈색 또는 흑갈색의 불용성 물질로 변하므로 불용성 색소에 포함시킬 수 있다.
- 안토시아닌(anthocyanins), 안토크산틴(anthoxanthins)(백색, 자색 채소와 과일)

2) 동물성 색소

동물성 식품의 색소에는 동물의 혈액에 존재하는 헤모글로빈(hemoglobin)과 근육에 존재하는 미오글로빈(myoglobin)이 있다. 그 외에도 우유나 난황에 존재하는 카로티노이드 색소들이 있다.

3. 화학구조에 의한 분류

식물의 색은 다음과 같이 화학구조에 따라 분류할 수 있다.

1) 테트라피롤(tetrapyrrole) 화합물

4개의 피롤핵이 서로 메틴기(methine group, −CH=)에 의해 결합하고 이중결합이 모두 공액구조인 포르피린 고리(porphyrin ring)를 갖는 클로로필, 헤모글로빈, 미오글로빈 등이 있다.

2) 이소프레노이드(isoprenoid)

이소프렌(isoprene, $CH_2=C(CH_3)-CH=CH_2$)의 중합체로만 골격을 갖

는 카로티노이드가 이에 속하며 공액 이중결합을 갖는 발색단을 갖는다.

3) 벤조피란 유도체

$C_6-C_3-C_6$의 구조를 갖는 플라보노이드가 여기에 속한다.

4) 기타

갈변반응에서 생성된 멜라노이딘(melanoidins), 캐러멜(caramels) 등이 있다.

9-2. 식물성 식품의 색

1. 클로로필

클로로필(chlorophyll)은 식물체의 잎과 줄기에 널리 분포하는 녹색의 색소로, 카로티노이드와 함께 단백질 또는 지단백질과 결합한 상태로 엽록체에 존재하며 식물의 광합성에 중요한 역할을 한다. 또한 클로로필이 있는 곳에 비타민 C도 존재하므로 클로로필이 많은 식품은 비타민 C가 많아 영양적으로 매우 우수하다.

1) 클로로필의 구조

클로로필은 그림 9-1과 같이 4개의 피롤핵이 메틴기(-CH=)에 의해 서로 결합한 포르피린 고리의 중심에 마그네슘(Mg)을 가지고 있으며, 피톨(phytol, $C_{20}H_{39}OH$)과 에스테르를 형성하고 있기 때문에 불용성이다.

고등식물에는 청록색의 클로로필 a와 황록색의 클로로필 b가 있으며 a와 b의 존재비율은 2~3 : 1이다.

2) 산에 의한 변화

클로로필을 산으로 처리하면 클로로필의 포르피린 고리에 결합된 마그네슘이 수소 이온과 치환되어 갈색의 페오피틴(pheophytin)이 생성된다. 이 페오피틴에 계속해서 산이 작용하면 클로로필에 존재하는 피톨이 떨어져 나가 갈색의 페오포르비드(pheophorbide)가 형성된다. 또한 처음부터 강산으

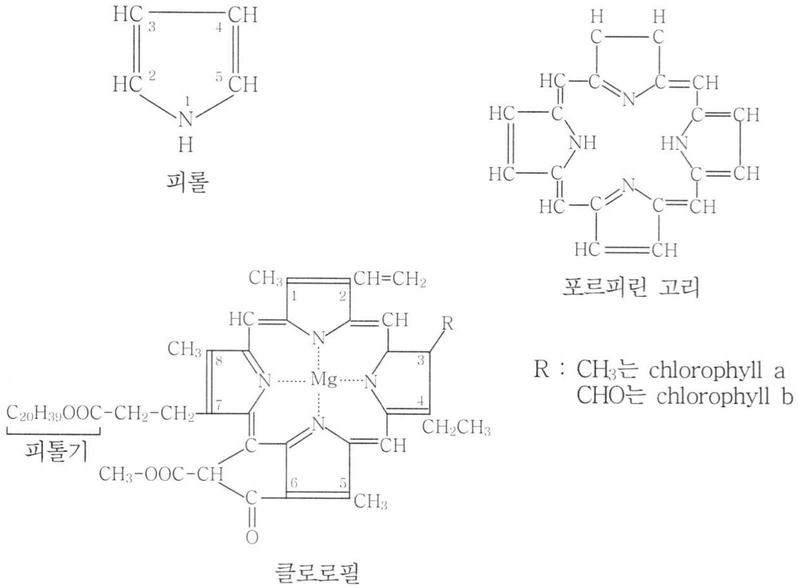

[그림 9-1] 클로로필의 구조

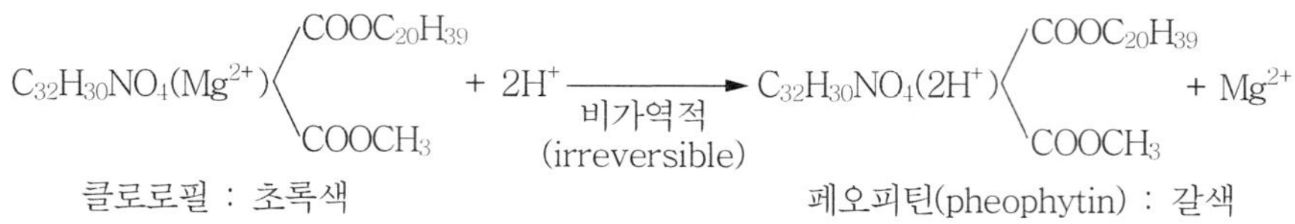

[그림 9-2] 클로로필의 산에 의한 변화

로 처리하면 마그네슘과 피톨이 동시에 떨어져 나가 페오포르비드가 형성된다(그림 9-2).

이러한 변화는 조리과정 중에 많이 볼 수 있는데, 녹색 채소를 천천히 오래 삶을 때 갈색으로 변하는 것은 클로로필을 안정화시키고 있던 단백질과의 결합이 끊어져 클로로필이 유리되어 조직 중의 유기산과 반응하여 페오피틴이나 페오포르비드를 생성하기 때문이다. 이러한 변색을 억제하기 위해서는 물이 끓으려 할 때 녹색 채소를 넣고 처음 2~3분간은 뚜껑을 열어 휘발성 산을 신속히 증발시키고, 고온 단시간 동안 가열하여 클로로필과 산의 접촉시간을 짧게 해야 한다. 따라서 녹색 채소를 양념할 때 식초는 마지막에 넣어야 변색을 최소화할 수 있다.

녹색 채소로 만든 김치나 오이지를 오래 저장하면 갈색을 띠는 것은 발효에 의해 생성된 초산이나 젖산에 의한 것이며, 푸른 잎을 방치하면 점점 갈색을 띠는 것은 식물 속에 있던 유기산이 각각 클로로필에 작용하여 페오리틴이나 페오포르비드를 생성하기 때문이다.

3) 알칼리에 의한 변화

클로로필의 마그네슘(Mg)은 알칼리에서 안정하나 피톨은 알칼리에서 가열시 떨어져 나가 짙은 청록색의 수용성 클로로필리드(chlorophyllide)가 형성되고 계속해서 메탄올이 떨어져 역시 짙은 청록색의 클로로필린(chlorophylline)이 형성된다. 이때 알칼리의 농도가 높으면 클로로필린은 칼륨(K)이나 나트륨(Na)의 염의 형태로 존재하는데 이들은 짙은 청록색을 띠며 물에 잘 녹아 가용성 클로로필이라 불린다(그림 9-3).

녹색 채소를 삶을 때 중탄산나트륨($NaHCO_3$)과 같은 알칼리를 가하면 녹색은 보존되지만 비타민 C와 같은 알칼리에 불안정한 비타민들이 파괴되고 조직이 물러진다. 색을 보전하고 조직이 물러지는 것을 방지하려면 탄산마그네슘($MgCO_3$)과 초산칼슘($Ca(CH_3COO)_2$)의 혼합물을 소량 넣는 것이 좋다.

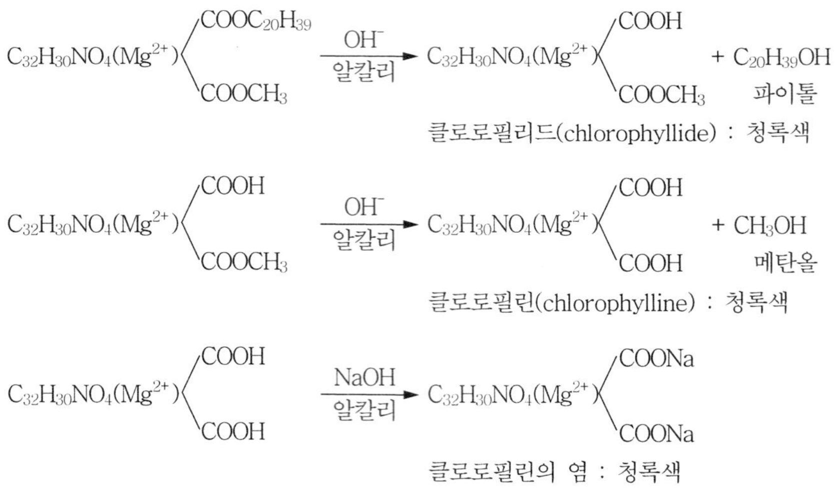

[그림 9-3] 클로로필의 알칼리에 의한 변화

4) 클로로필라아제에 의한 변화

식물조직에 널리 분포되어 있는 클로로필라아제(chlorophyllase)는 식물조직이 파괴될 때 유리된다. 이때 이 효소가 클로로필에 작용하면 피톨을 분리시켜 짙은 청록색의 수용성 클로로필리드를 생성하며 계속해서 알칼리가 존재하면 클로로필리드는 다시 짙은 청록색의 클로로필린을 생성한다. 그러나 산이 존재하면 갈색의 페오포르비드가 된다(그림 9-4).

녹색 채소의 데치기(blanching)는 클로로필라아제를 비롯한 성분 변화를 주는 효소들(갈변효소, 펙틴 분해효소, 비타민 C 산화효소)을 파괴할 수 있으며, 동시에 녹색이 선명해지는 효과가 있다. 이때 주의해야 할 점은 뚜껑을 열고 많은 양의 물로 고온 단시간 동안 데쳐야 클로로필과 비타민 C의 파괴를 최소화할 수 있다.

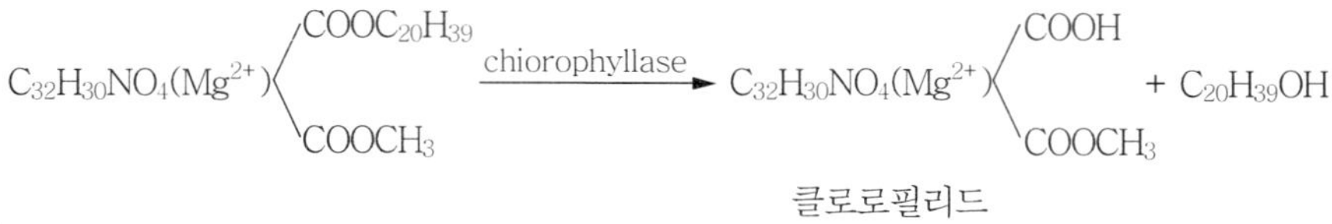

[그림 9-4] 클로로필의 클로로필라아제에 의한 변화

4) 금속 이온에 의한 변화

클로로필은 구리(Cu)나 철(Fe) 등의 이온 또는 이들의 염과 함께 가열하면 클로로필 분자 중의 마그네슘(Mg)과 치환되어 선명한 청록색의 구리-클로로필 또는 선명한 갈색의 철-클로로필을 형성한다. 그러나 이들은 물에 녹지 않으므로 강한 알칼리(NaOH)로 가수분해하여 구리-클로로필린의 나트륨염 또는 철-클로로필린의 나트륨염이 되면 물에 잘 녹으며 색깔도 안정한 식품 착색제를 만들 수 있다(그림 9-5).

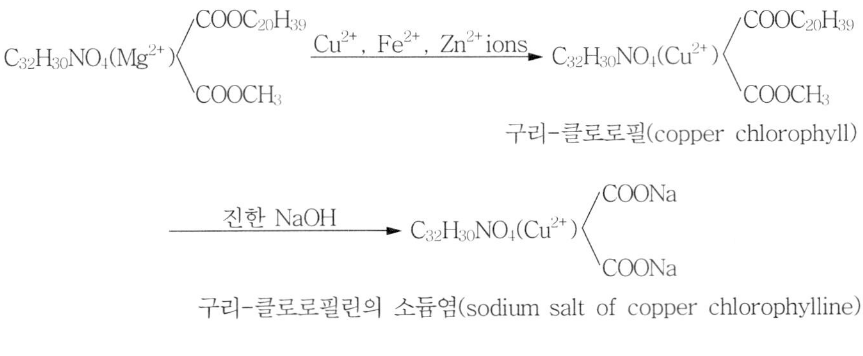

[그림 9-5] 클로로필의 금속이온에 의한 변화

또한 녹색 채소가 산에 의해 갈색의 페오피틴으로 변한 경우에도 구리 염을 첨가시키면 분자 내의 수소 이온이 구리 이온으로 치환되어 구리-클로로필이 되므로 짙은 청록색으로 만들 수 있다. 이러한 구리의 클로로필 안정화 효과를 이용하여 완두콩 통조림 제조할 때 소량의 $CuSO_4$를 넣어 가열 살균하면 변색을 방지할 수 있다.

5) 가열에 의한 변화

녹색채소를 천천히 오래 삶으면 갈색으로 변하게 된다. 이는 식물조직 내에서 클로로필을 안정화하고 있던 단백질과의 결합이 끊어져 클로로필이 유리되어 조직 중의 유리산과 반응하면서 페오피틴을 생성하기 때문이다. 한편 채소를 가열 할 때 많은 물에 넣어 가열하면 적은 양의 물에서 가열 할 때보다는 유기산 희석되는 효과가 있으므로 클로로필이 더 잘 유지된다.

[표 9-1] 클로로필의 변화

조건	반응	변색	예
산	엽록소 중 Mg^{2+}이 H^+이온과 치환되어 pheophytin이나 pheophorbide 형성	갈색	김치, 오이김치 $\xrightarrow[\text{발효}]{\text{산성}}$ 야채갈변(초산, 젖산생성)
알칼리	엽록소를 알칼리 처리하면 phytyl ester, methyl ester결합이 가수분해되어 수용서의 chlorophyllide, chlorophylline 형성	청록색	안정화 : 채소 $\xrightarrow[\text{알칼리성}]{\text{가열}}$ 청녹변(중조, 초목회) 수용성 비타민의 파괴
효소	엽록소에 chlorophyllase가 작용하여 phytol 분리로 chlorophyllide 형성	청록색	불용성chlorophyll $\xrightarrow{\text{효소}}$ 수용성 chlorophyllide로 변해 채소조직 내 엽록소 함량 감소
금속	엽록소는 Fe, Cu, Zn 금속과의 가열로 Mg^{2+}과 치환되어 Cu, Fe, Zn-chlorophyll 형성	청록색	오이지 $\xrightarrow{Cu^{2+}}$ Cu-chlorophyll (놋그릇 닦은 수세미사용) 완두콩통조림, 곤포차제조 시 황산동 첨가(물 1L에 0.5g)
가열	장시간 가열로 야채조직이 파괴되어 휘발성 유기산이 유리되면서 pheophytin 형성	갈색 (장시간) 청록색 (단시간)	장시간 : 엽록소(청록색) $\xrightarrow[\text{장시간가열}]{\text{강한가열 또는}}$ $\longrightarrow$ phephytin(휘발설 유기산 용출) $\longrightarrow$ 뚜껑을 열어 휘산시키면 효과적임. 단시간 : 엽록소 $\xrightarrow{\text{가열}}$ 녹색(선명) (효소파괴, 채소조직 내 공기제거)

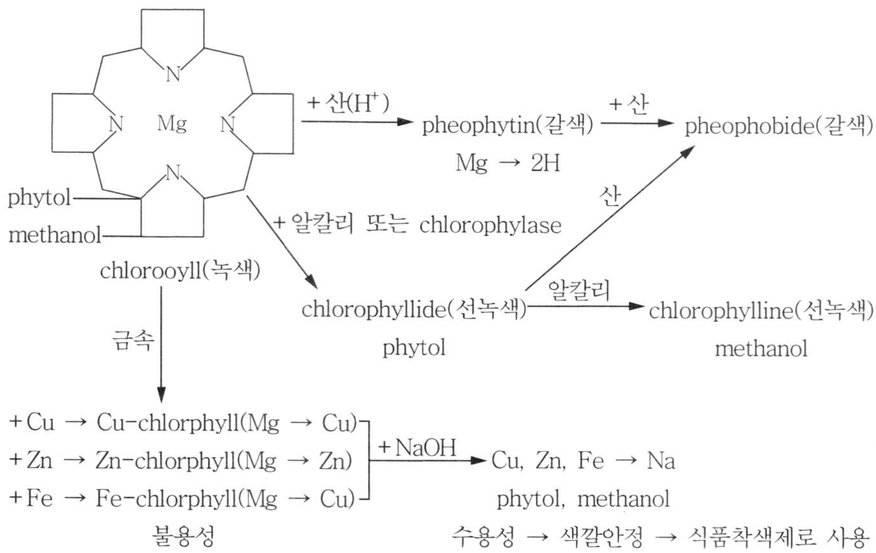

[그림 9-6] 클로로필의 변화

2. 카로티노이드(carotinoid)

카로티노이드란 황색, 주황색, 적색등의 색깔을 가지며, 물에 녹지 않으나 지방 또는 유기 용매에 잘 녹고 구조가 서로 비슷한 한 무리의 색소를 말한다. 식물성 식품의 카로티노이드는 식물체에서 합성되어 클로로필과 함께 잎의 엽록체 속에 존재하며 동물성 식품의 카로티노이드는 먹이에서 유래된 것이다.

카로티노이드는 8개의 이소프렌(isoprene, $CH_2=C(CH_3)-CH=CH_2$) 단위가 결합하여 형성된 테트라테르펜(tetraterpene)을 기본구조로 가지고 있어 매우 많은 시스-트랜스(*cis*-trans)의 기하 이성질체가 있을 수 있으나 천연에 존재하는 카로티노이드는 대부분 트랜스형이다.

1) 구조에 따른 분류

카로티노이드는 이오논(ionone) 핵과 여러 개의 이중결합을 가지고 있다. 카로틴(carotenes)과 잔토필(xanthophylls)로 크게 분류하는데, 카로틴은 이소프렌의 중합체인 탄화수소이고 잔토필은 히드록실기(-OH), 카로보닐기(-CO-) 등을 갖는 카로틴의 산화 유도체이다.

카로티노이드는 그림 9-7과 같이 기본구조의 양끝이 α-이오논 핵 또는

β-이오논 핵과 같이 고리 모양으로 되어 있는 경우와 슈도이오논(pseudoionone) 핵과 같이 사슬 모양으로 되어 있는 경우가 있으며, 이러한 양끝의 구조에 따라 색과 화학적 성질이 달라진다.

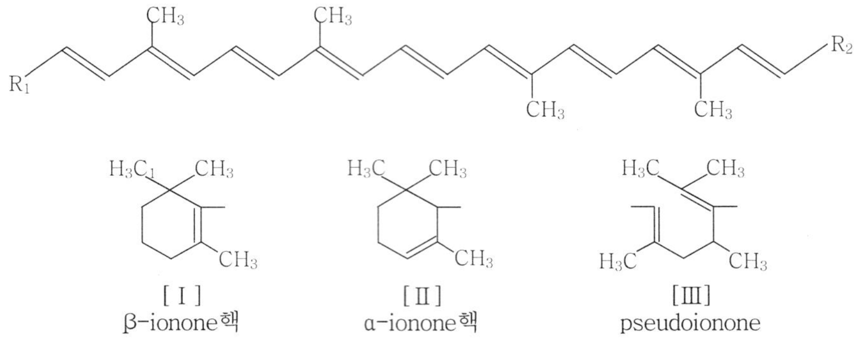

[그림 9-7] 카로티노이드의 기본구조와 이오논 핵

① 카로틴

카로틴은 석유 에테르에는 녹으나 알코올에는 잘 녹지 않으며 α-카로틴, β-카로틴, γ-카로틴, 리코펜(lycopene) 등이 있다. 이 중에서 α-카로틴, β-카로틴, γ-카로틴은 β-이오논 핵을 가지고 있어서 체내에서 분해되어 비타민 A로 전환될 수 있으므로 식품의 색소뿐만 아니라 영양소로도 작용한다(표 9-2).

- α-카로틴 : 고추, 당근에 함유, α, β-이오논핵을 가지며, β-이오논핵을 가진 비타민 A 한 분자 형성한다.
- β-카로틴 : 채소류에 널리분포, 공기 중에서 쉽게 산화되어, β-이오논핵을 가진 비타민 A 두 분자 형성한다.
- γ-카로틴 : 채소류(당근), 과일(감귤류)에 함유, 비타민 A 한 분자를 형성한다.
- 리코펜 : 토마토의 빨간색소 이다.

② 잔토필(xanthophyll)

잔토필은 알코올에는 녹으나 석유 에테르에는 녹지 않으며 수산기, 카르복실기 등을 갖는 카로틴의 산화 유도체(oxygenated carotenes)이다(표 9-2).

[표 9-2] 카로티로이드계 색소

종류	carotene류	xanthophyll류
정의	isoprene($H_2C=\overset{CH_3}{\overset{\vert}{C}}-CH=CH_2$)의 축합체로 C·H 원자만으로 된 것	Carotene의 산화유도체로 -OH 등을 갖는 것
용해도	석유에텔에 녹으나 etanol에 불용	석유에텔에 녹지 않으나, etanol에 가용

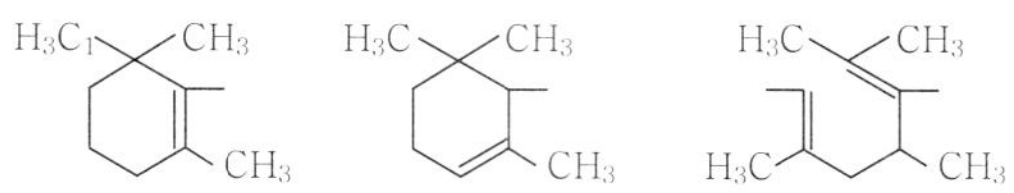

[I] β-ionone핵 [II] α-ionone핵 [III] Pseudoionone

$C_{40}H_{56}$	R_1	R_2		A 효과
α-carotene	I	II	당근, 차	+
β-carotene	I	I	당근, 고구마	+ +
γ-carotene	III	II	당근, 살구	+
lycopene	III	III	토마토, 수박, 감	-

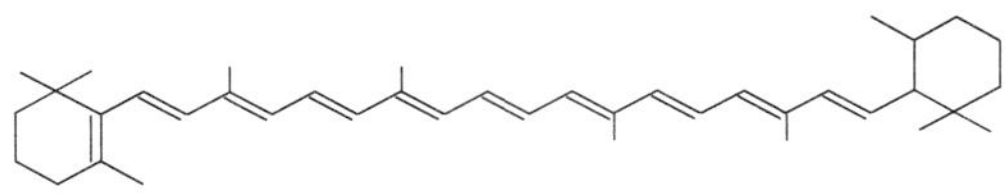

α-carotene(등황색)

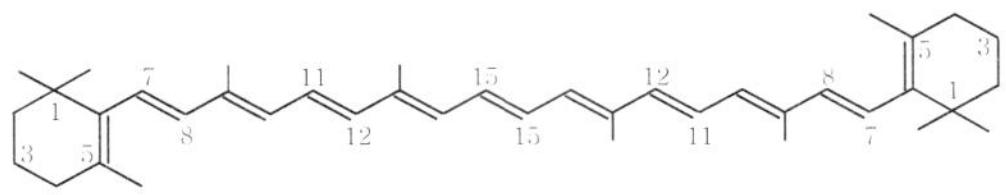

β-carotene(등황색)

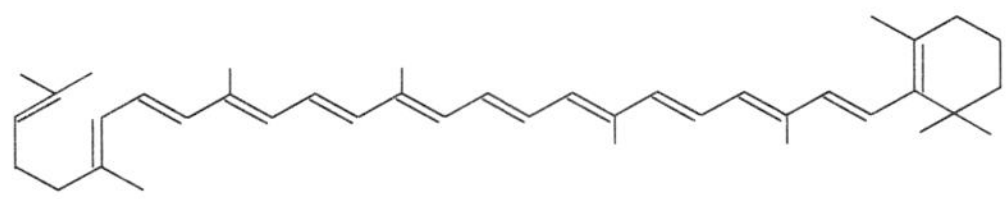

γ-carotene(등황색)

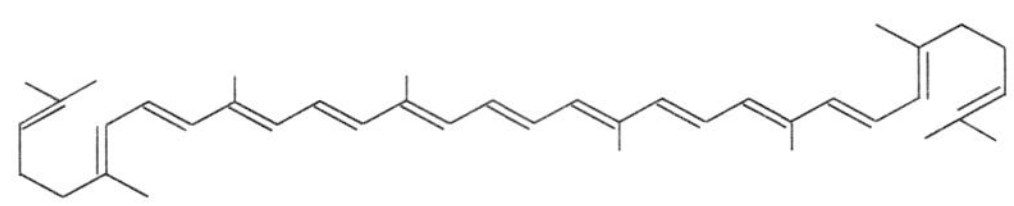

lycopene(적색)

황등색계

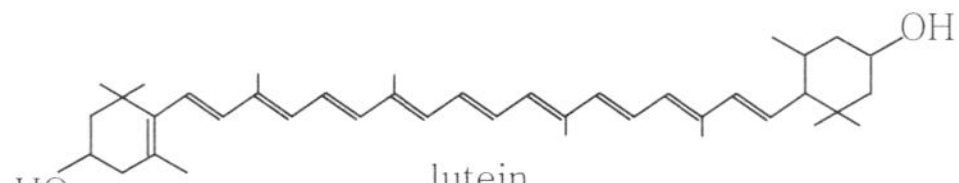

lutein
옥수수, 녹차, 계란, 오렌지, 호박

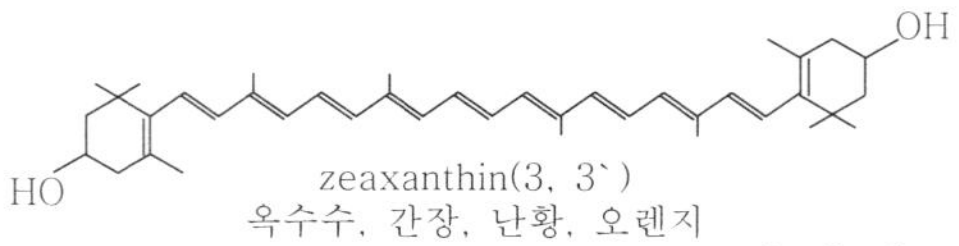

zeaxanthin(3, 3`)
옥수수, 간장, 난황, 오렌지

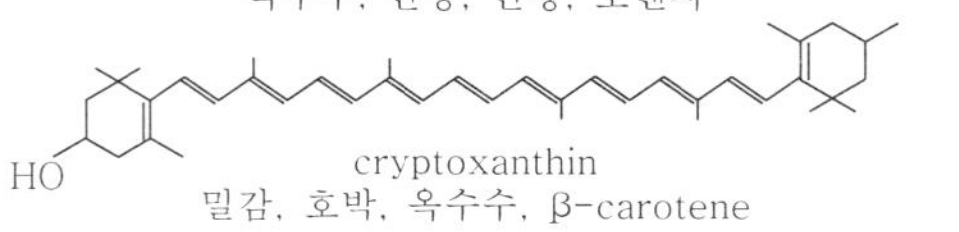

cryptoxanthin
밀감, 호박, 옥수수, β-carotene

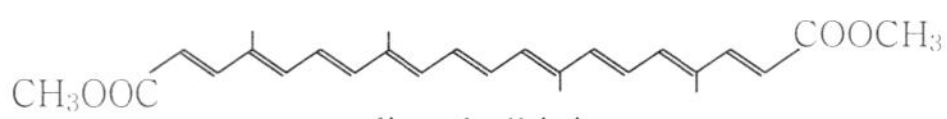

dimethylbixin
딸기류

적색계

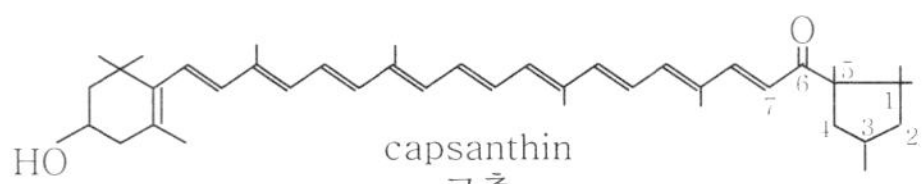

capsanthin
고추

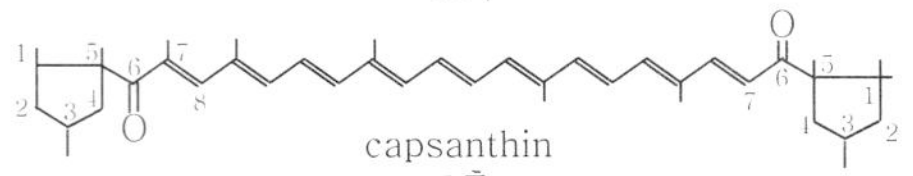

capsanthin
고추

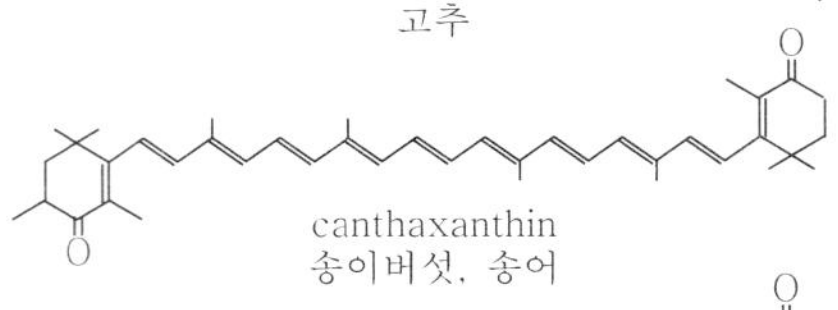

canthaxanthin
송이버섯, 송어

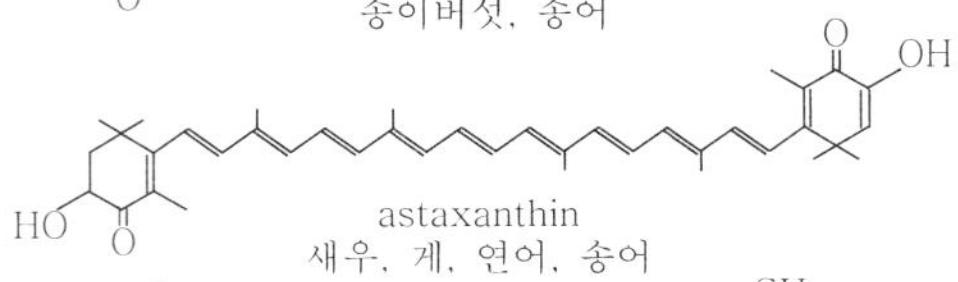

astaxanthin
새우, 게, 연어, 송어

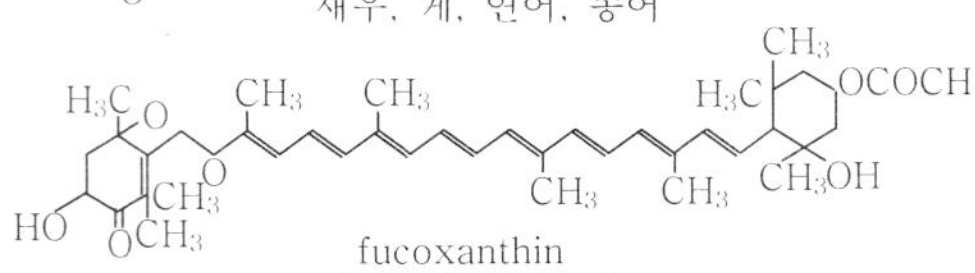

fucoxanthin
다시마, 미역(갈조류)

- 캡산틴(capsanthin) : 고추, 파프리카에 함유, 비타민 A가 될 수 없다.
- 크립토잔틴(cryptoxanthin) : 오렌지, 감, 딸기, 앵두, 옥수수에 함유,

프로비타민 A이다.

- 루테인(lutein) : 노란색 밀, 고추, 난황에 함유, 일부 해조류의 녹색 잎에 존재하는 색소이다.

2) 카로티노이드의 변화

카로티노이드는 물에 녹지 않으나 기름에 녹고 열에 비교적 안정하며 조리에 사용되는 약산과 약알칼리에는 파괴되지 않으므로 조리과정 중에 성분의 손실이 거의 없다. 그러나 불포화도가 높아 공기 중의 산소나 산화효소인 리폭시다아제(lipoxidase), 리포퍼르옥시다아제(lipoperoxidase), 퍼르옥시다아제(peroxidase) 등에 의해 쉽게 산화되어 퇴색되며, 햇빛에 의해 이러한 산화과정이 촉진된다.

카로티노이드의 공기 중의 산소나 산화효소에 의한 변색을 방지하려면 가열에 의한 효소의 불활성화, 탈기나 가스치환에 의한 산소와의 접촉 방지, 항산화제를 이용한 산화방지, 건조 전의 고분자 물질에 의한 피막화 등을 실시해야 하며, 햇빛 차단을 위해 포장이나 용기의 선택에도 주의해야 한다.

3. 플라보노이드(flavonoid)

플라보노이드는 수용성으로 식물세포의 액포 중에 유리상태나 배당체로 존재하며 담황색에서 황색의 색을 띤다.

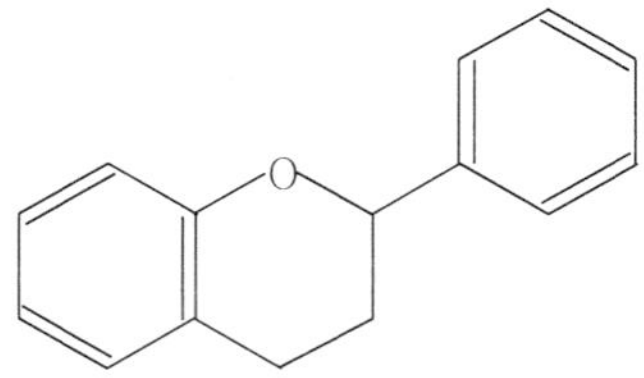

[그림 9-8] 플라반(2-phenyl benzopyran)의 구조

넓은 의미의 플라보노이드는 안토잔틴(anthoxanthine), 안토시아닌(anthocyanin), 카테킨(catechin), 루코안토시아닌(leucoanthocyanin) 등이 포함되나 좁은 의미에서는 안토잔틴만을 의미한다. 이들은 그림 9-8과 같

이 2개의 벤젠(benzene) 핵이 3개의 탄소로 연결된 $C_6-C_3-C_6$의 플라반(flavane)을 기본구조로 갖는다. 이중 카테킨와 루코안토시아닌은 본래의 색이 없고 산화되어 흑갈색으로 변하며 탄닌으로 분류된다.

1) 안토잔틴

안토잔틴은 식물체에서 유리상태로 존재하는 일은 거의 없고 대부분 당류인 람노오스(rhamnose), 포도당(glucose), 루티노오스(rutinose) 등과 결합된 배당체(glycoside)로 존재한다. 안토잔틴은 구조에 따라 플라본(flavone), 플라보놀(flavonol), 플라바논(flavanone), 플라바노놀(flavanonol), 이소플라본(isoflavone) 등의 다섯 종류가 존재하며 식품 중의 중요한 안토잔틴은 표 9-3과 같다.

① 성질

- pH에 의한 변화 : 약산성에서는 무색이고 안정하며, 알칼리에서는 황색을 띠며 불안정하다.
- 가수분해 : 알칼리에서는 비당부분(aglycone)의 고리구조가 열려 칼콘(chalcone)이 생성되어 황색 또는 갈색을 띠거나 배당체들이 가수분해 되어 짙은 황색을 띤다.
- 경수작용 : 양배추, 양파, 감자, 고구마, 콩 등을 가열조리 시 물에 존재하는 알칼리염에 의해 황색이 선명하게 나타난다.

$$\text{밥, 양파, 양배추} \xrightarrow{\text{가열}} \text{황색}$$

- 금속염 : 금속과 쉽게 결합하여 착화합물을 만들어 변색된다. 즉, 알루미늄(Al)과는 황색, 납(Pb)과는 백색이나 황색, 크롬(Cr)과는 적갈색, 철(Fe)과는 적색, 적갈색, 녹색의 화합물을 형성한다.
- 산화 : polyphenol화합물의 갈변과 같이 쉽게 산화되어 갈변된다.

[표 9-3] 식품 중의 중요한 안토잔틴

분류	배당체명	aglycone	존재
Flavone계	apiin (apigenin -7 apiogluside) 무색	apigenin(5, 7, 4′-trihydroxyflavone) (담황색) 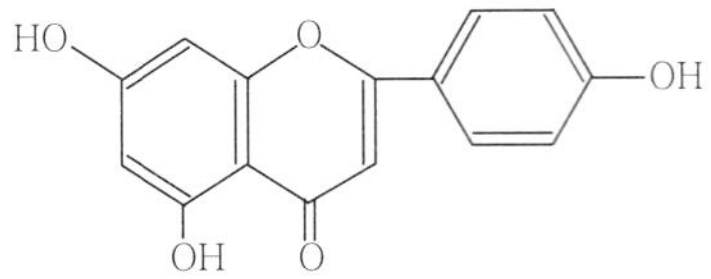	Apigenin은 옥수수의 담황색, Al^{3+}이온으로 황색, Fe이온으로 갈색. Apigenin은 파아슬리의 잎, 무색으로 Al^{3+}이온으로 황색, Fe이온으로 갈색.
	tricin	tritin(5, 7, 4′-trihydroxy-3′, 5-dimethoxy flavone) (담황색) 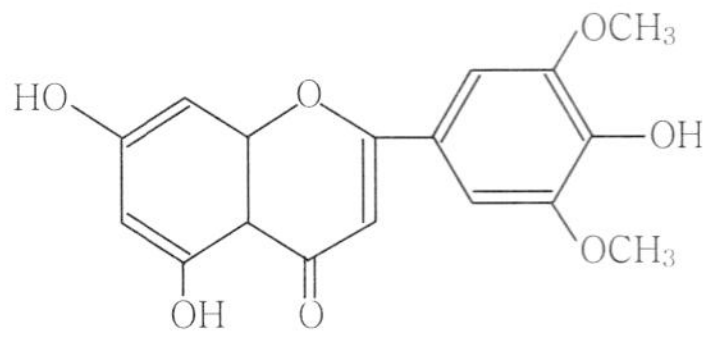	소맥의 외피, 아스파라가스잎 밀가루 $\xrightarrow{\text{중조}}$ 빵(황변)
Isoflavone계	daidzin (daizein-7-glucoside) (무색)	daidzein(7, 4′-dihydroxy isoflvone) (황색) 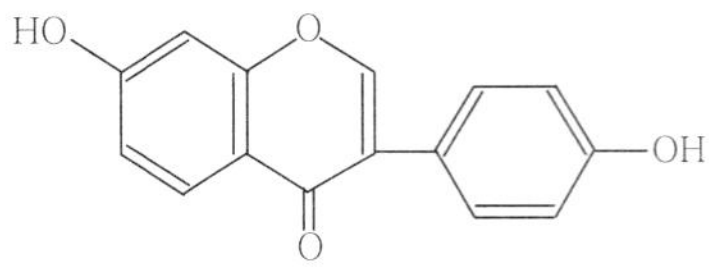	Daidzein은 콩의 황색이며, daizin은 콩의 무색으로(alkali로 황색)
Flavanol계	rutin (quercetin-3-rhamno glucoside) (무색)	quercetin (5, 7, 3′, 4′-tetrahydroxy flavonol) (황색) 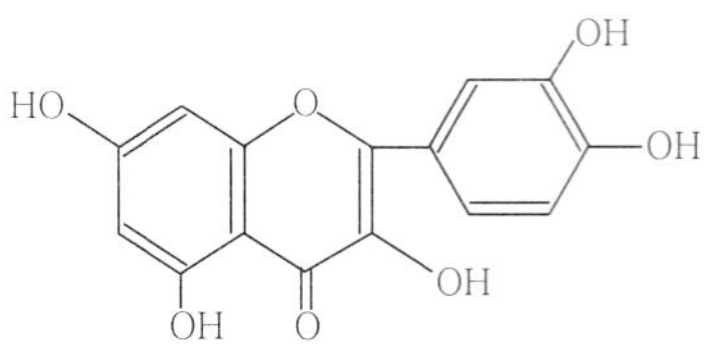	Quercetin은 양파의 외피, 황갈색. Rutin은 메밀, 토마토의 무색(알칼리로 황색) Al^{2+}이온으로 황갈색, Sn이온으로 등색, Fe이온으로 암녹색(rutin 변색)비타민 P효과
Flavanone	hesperidin (hesperitin -7-rhamno glucoside) (무색 쓴맛)	hesperitin (4′-methoxy-5, 7, 3′-trihydroxyflavonol) (무색) 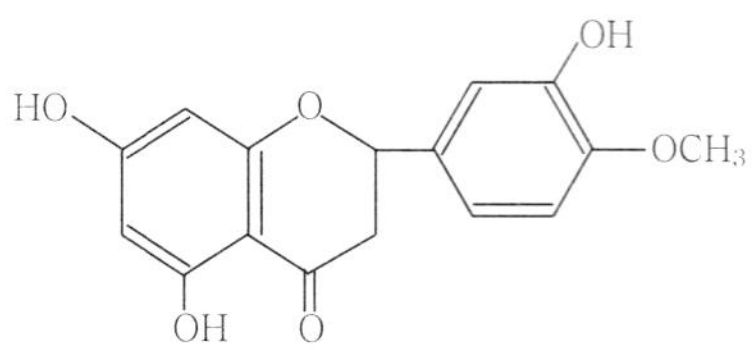	감귤류의 과피로 통조림 제조 시 백탁원인물질.무색이며 알칼리로 황색(hespperidin) $\xrightarrow[\text{산성}]{\text{알칼리성(pH11～12)}}$ hesperidin chalcone chromone의 고리가 개열되어 갈색 Mg, HCl으로 자색. Vitamin C의 효과 증대. 모세관의 증강작용(vitamin p).

[표 9-3] 계속

분류	배당체명	aglycone	존재
Flavanone	naringine (무색 쓴맛)	naringenin(5, 7, 4′-trihydroxy flavonone)고미성분 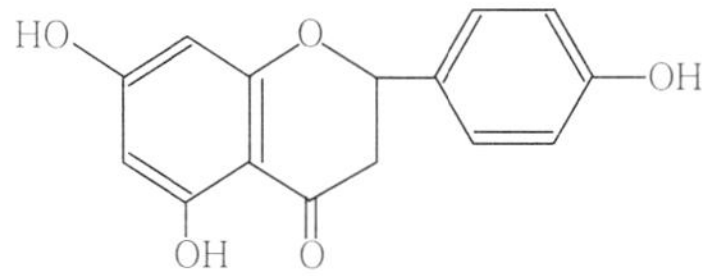	Naringenin은 수용성으로 고미성분, naringin은 감귤류, 포도 무색, 알칼리로 황색, $FeCl_3$로 적자색
	eriodictin (eriodicyol-7-rhamno-side(무색)	eriodictyol(5, 7, 3′, 4′-tetrahydroxy flavanone) (무색) 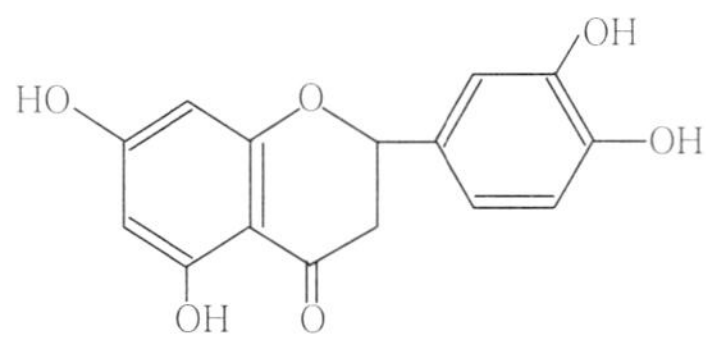	감귤의 파괴로 비타민 P의 작용

2) 안토시아닌

안토시아닌은 플라보노이드 중의 하나이며 꽃이나 과일의 적색, 청색, 자색등의 수용성 색소를 총칭하는 한 무리의 색소로 식물체의 액포 내에 존재한다. 꽃의 색깔이라 하여 화청소(花靑素)라 불리는 안토시아닌은 매우 불안정하여 가공이나 저장 중에 색깔이 쉽게 퇴색되어 식품의 품질을 저하시킨다.

① 구조에 따른 분류

안토시아닌도 안토잔틴과 마찬가지로 대부분이 당류(포도당, 람노오스, 갈락토오스)와 결합한 배당체로 존재하는데, 비당부분을 안토시아니딘(anthocyanidin)이라 하며 안토시아닌과 안토시아니딘을 일반적으로 안토시안이라 부른다.

안토시아닌(배당체) $\xrightarrow{\text{산, 알칼리, 효소}}$ 안토시아니딘(비당부분) + 당류

안토시아닌 + 안토시아니딘 $\longrightarrow$ 안토시안(화청소)

안토시아니딘은 $C_6-C_3-C_6$의 플라빌리움(flavylium) 화합물로 그림 9-9와 같은 구조를 가지며 1번의 산소가 3가로 되어 있다. 즉, 산소가 갖는 2개의 비공유 전자쌍 중의 한 쌍에서 전자 하나가 2번 탄소와 공유결합을 하

여 +로 하전된 옥소늄(oxonium) 화합물을 이룬다.

또한 안토시아니딘은 B고리의 메톡실기($-OCH_3$)의 존재 유무와 히드록실기($-OH$)의 수에 따라 구조적으로 표 9-4와 같이 분류된다.

[표 9-4] 안토시아닌의 구조에 따른 분류

계통	R_1	R_2	R_3	안토시아닌	색	소재
pelargonidin	H	OH	H	callistephin	적 색	딸기
				fragarin	적 색	양딸기
				pelargonin	적 색	석류, 나팔꽃, 다알리아
cyanidin	OH	OH	H	shisonin	적 색	소엽(차조기의 잎), 장미
				cyanin	적 색	소엽(차조기의 잎), 장미
				chrysanthemin	암적색	검은콩의 껍질, 오디
				keracyanin	농적색	버찌
delphinidin	OH	OH	OH	nasunin	청자색	가지
				perillamin	적 색	소엽(차조기의 잎)
				hyasin	청 색	가지
malvinidin	OCH_3	OH	OCH	oenin	적자색	포도껍질
				negletin	적 색	고구마껍질

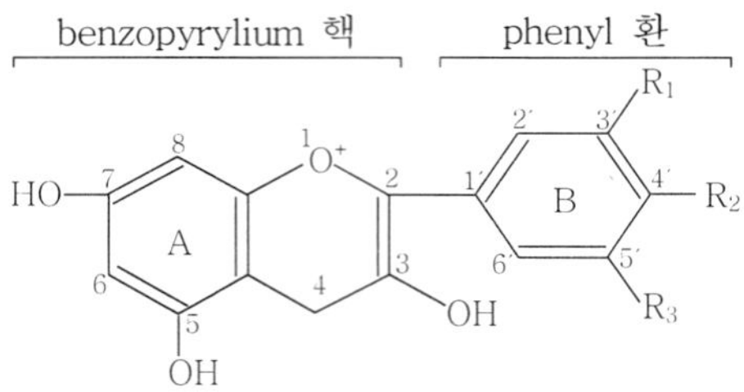

flavylium
(2-phenyl-3, 5, 7-trihydroxy benzopyrylium)

[그림 9-9] 안토시아니딘의 기본 구조

② 색과 분포

식품 중의 안토시아닌는 주로 과일과 채소류 중에 존재하며 이들의 색은 표 9-4와 같이 조금씩 차이가 난다. 이 차이는 안토시아닌을 구성하는 안토시아니딘의 구조에 따라 색이 달라지기 때문이다. 펠라고니딘계(pelargonidin)는 페닐기에 OH기가 1개 결합되어 빨간색이고 시아니딘(cyanidin)

계는 페닐기에 OH기가 2개 결합되어 적청색이며, 델피니딘계(delphinidin)는 페닐기에 OH기가 3개 결합되어 청색을 띤다. 즉, 페닐기에 결합된 히드록실기(-OH)의 수가 증가하면 청색이 진해지고 메톡실기(-OCH_3)의수가 증가하면 적색이 강해지는 경향이 있다.

③ 색소에 영향을 미치는 요인들

- pH에 따른 변화

양이온 (적색) ←산성— 안토시아닌 (양성물질, 자색) —알칼리성→ 음이온 (청색)

안토시아닌을 함유하는 과일이나 채소를 가공 조리할 때 산을 가하여 pH를 낮추면 아름다운 적색이 보존된다. 실제로 적색의 양배추로 샐러드를 만들 때 식초를 조금 넣은 물에 담근다.

- 금속에 의한 변화

안토시아닌 + 철(Fe) ⟶ 고운 청색

안토시아닌 + 주석(Sn) ⟶ 회색, 자색

안토시아닌 + 아연(Zn) ⟶ 녹색

실제로 가지절임(가지를 단무지처럼 쌀겨 된장 속에 절임)할 때 그 속에 쇳조각을 넣어두면 갈변이 방지되고 가지는 고운 청색을 띤다.

- 산소와 효소에 의한 변화

산소가 없는 상태에서는 안토시아닌이나 안토시아니딘의 안정성이 증가하나 산화되면 갈변한다. 실제로 과즙 또는 과일, 오래된 포도주는 산화되어 갈변하고 가지절임을 할 때 나수닌(nasunin)이라는 안토시아닌에 속하는 색소가 폴리페놀옥시다아제(polyphenoloxidase)에 의해 산화되어 o-퀴논(o-quinone)이라는 갈색의 중합체를 형성한다.

3) 탄닌(tannin)

탄닌은 식물의 갈변 원인이 되는 무색의 폴리페놀 성분의 총칭이다. 이들은 원래 무색이지만 공기나 금속 이온 또는 산화효소에 의해 짙은 갈색, 흑색 또는 홍색으로 변화되는 불안정한 물질로 식품 색깔에 중요한 역할을 하며 떫은맛과 쓴맛을 낸다. 대표적인 탄닌으로는 카테킨류(카테킨과 그 유도체들), 루코안토시아닌, 클로로겐산(chlorogenic acid) 등이 있으며, 이들 중 카테킨류와 루코안토시아닌은 플라보노이드와 같은 C_6−C_3− C_6의 구조를 가진다.

탄닌은 공기 중에 쉽게 산화, 중합되어 흑갈색의 불용성 중합체를 형성하여 떫은맛이 소멸된다.

또한 단백질과 결합하여 침전을 일으키는데 실제로 맥주의 원료인 홉(hop)이나 보리 속의 루코안토시아닌은 보리의 글로불린 단백질과 결합하여 불용성의 침전을 만들어 맥주 혼탁의 원인이 된다.

탄닌는 각종 금속과 반응하여 착화합물을 만드는데 주석(Sn) 또는 아연(Zn)과는 옅은 회색, Fe^{3+}과는 암갈색이나 짙은 청색의 화합물을 형성한다.

① 카테킨류

카테킨(catechin), 갈로카테킨(gallocatechin), 카테킨 갈레이트(catechin gallate), 갈로카테킨 갈레이드(gallocatechin gallate) 등과 이들 각각의 광학 이성질체인 에피카테킨(epicatechin), 에피갈로카테(epigallocatechin), 에피카테킨 갈레이드(epicatechin gallate), 에피갈로카테킨 갈레이드(epigallocatechin gallate) 등이 모두 카테킨 류에 속하며 이들의 구조는 그림 9−10과 같다.

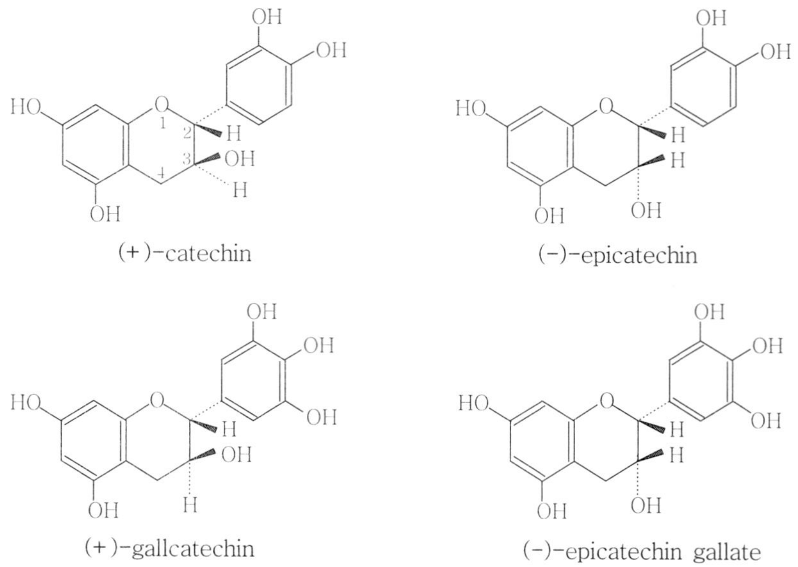

[그림 9−10] 카테킨류의 구조

사과, 감, 포도, 배, 복숭아 등의 과일과 연뿌리 등에는 카테킨이 대부분이고 갈로카테킨이 소량 존재하는데 이들은 떫은맛보다 쓴맛이 강하다. 이에 비해 찻잎에는 에피갈로카테킨 갈레이트의 함량이 높고 그 외에 카테킨 갈레이트와 갈로카테킨 갈레이트가 존재하는데 이들은 모두 떫은맛을 낸다.

카테킨류는 무색이지만 폴리페놀옥시다아제에 의해 쉽게 산화, 중합하여 홍차의 테아플라빈(theaflavin)이라는 불용성의 적색 색소로 변하여 떫은맛이 사라진다(그림 9-11).

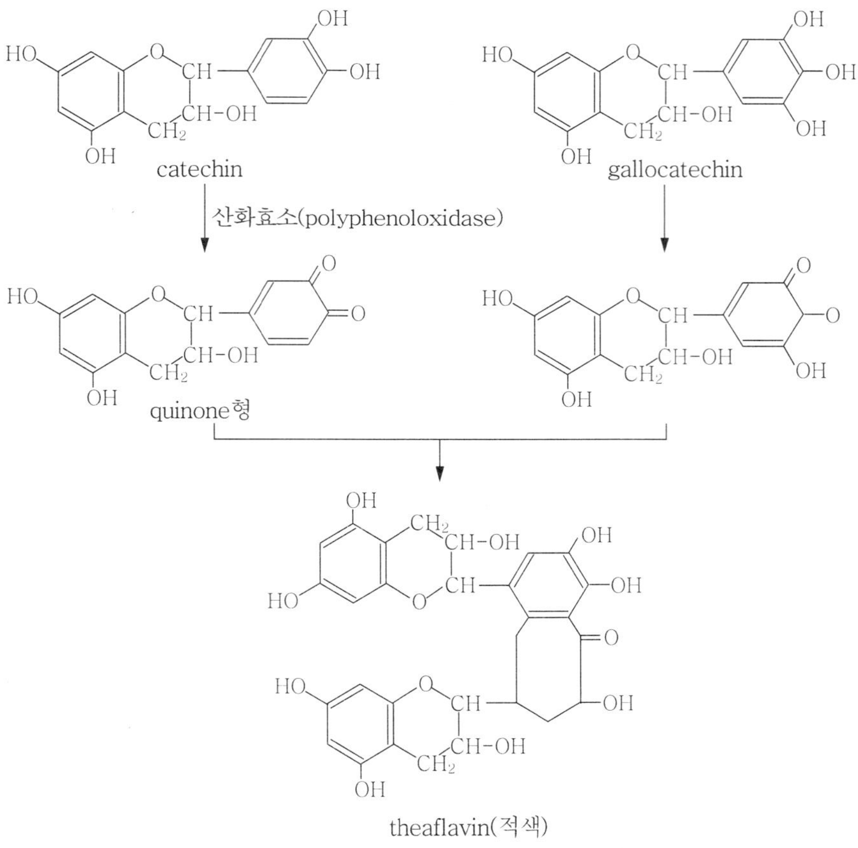

[그림 9-11] 홍차 발효에 있어서 카테킨류의 산화과정

② 루코안토시아닌

그림 9-12와 같은 플라반-3,4-디올(flavane-3,4-diol)구조를 가진 루코안토시아닌는 배, 사과, 복숭아, 포도, 버찌, 살구 등의 과일류와 두류, 차

등에 존재한다. 무색이지만 강산성에서 가열하면 적색의 안토시아닌을 생성하며 자동산화 되기 쉬우며 카테킨류 보다 쉽게 중합된다.

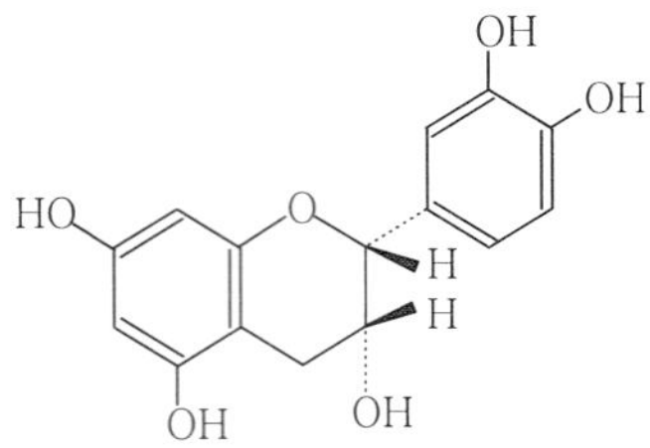

[그림 9-12] 루코안토시아닌 구조

9-3. 동물성 식품의 색

동물성 식품에는 해모글로빈(혈색소)과 미오글로빈(육색소) 그리고 일부 카로티노이드에 속하는 색소들이 존재한다.

1. 미오글로빈

헤모글로빈(hemoglobin)이 체내에서 산소의 운반체로 작용하는데 비해 미오글로빈(myoglobin)은 조직 내에서 산소의 저장체로 작용한다. 또한 미오글로빈은 육류와 그 가공품의 주된 색소이며 그 품질에 많은 영향을 준다.

1) 미오글로빈의 구조

미오글로빈은 글로빈 폴리펩타이드 사슬 1개와 햄 1분자가 결합된 것이고 헤모글로빈은 글로빈 사슬 4개와 햄 4분자가 결합한 것이다. 미오글로빈은 헤모글로빈과 같이 헴(heme, ferroprotoporphyrin, Fe^{2+})의 중심에 있는 철(Fe)과 글로빈(globin) 단백질의 히스티딘(histidine)의 이미다졸(imidazole) 고리의 질소 원자와 결합하여 형성된 색소이며 헤모글로빈은 적색인데 비해 미오글로빈은 적자색을 띤다(그림 9-13, 그림 9-14).

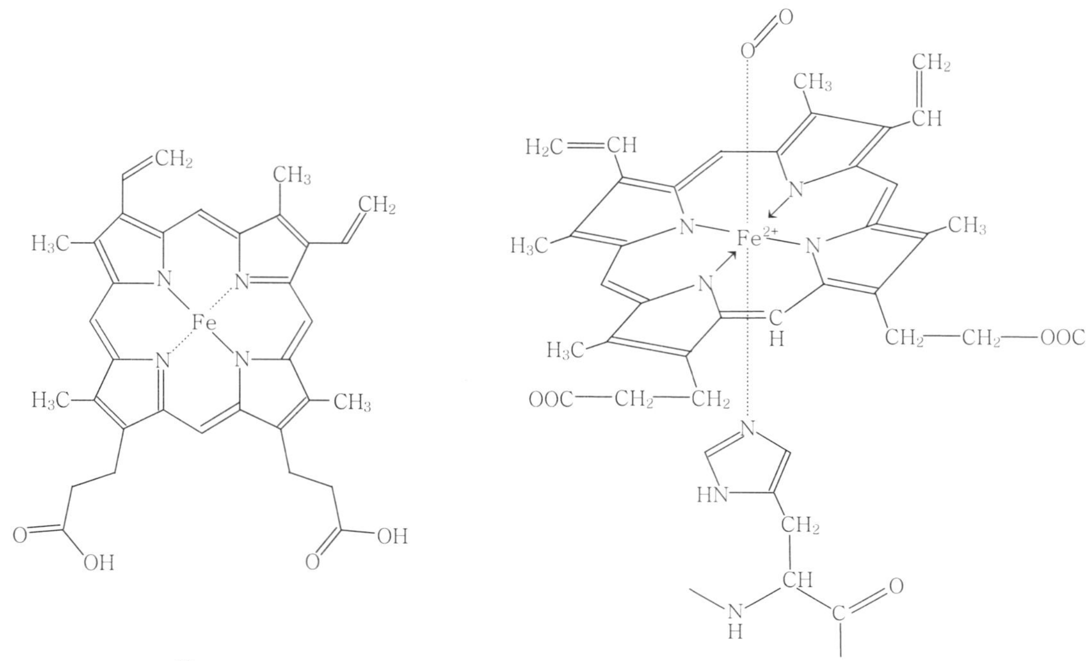

헴 globin

[그림 9-13] 헴과 미오글로빈의 구조

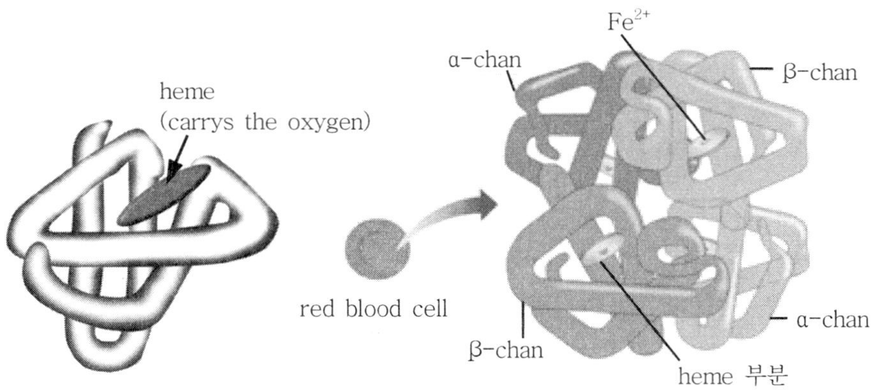

Myoglobin Hemoglobin

[그림 9-14] 미오글로빈과 헤모글로빈

2) 미오글로빈의 변화

미오글로빈의 산화, 가열, 육류 가공, 저장시의 변화는 그림 9-15와 같다.

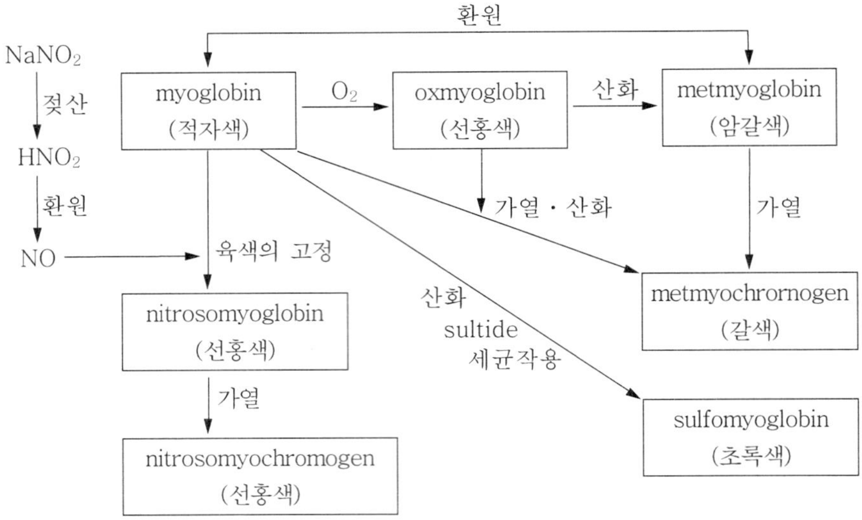

[그림 9-15] 미오글로빈의 변화

① 산화에 의한 변화

신선한 생육은 Fe^{2+}를 함유하는 환원형의 미오글로빈(Mb)에 의해 적자색을 띠나 고기의 표면이 공기와 접촉하면 분자상의 산소가 결합하여 선홍색의 옥시미오글로빈(oxymyoglobin, Mb O_2)이 된다. 이 반응은 미오글로빈의 Fe가 변하지 않고 Fe^{2+} 그대로 존재하므로 산소화(oxygenation)라고 한다. 옥시미오글로빈은 비교적 안정된 색소지만 육류를 저장하는 동안 천천히 자동산화 되어 결국 Fe^{2+}가 Fe^{3+}으로 산화(oxydation)된 적갈색의 메트미오글로블린(metmyoglobin)을 형성한다. 이때 Fe^{2+}의 헴이 Fe^{3+}의 헤마틴(hematin)으로의 변화를 메트(met)화라고 한다.

이상의 변화들은 모두 가역적이므로 공기가 통하지 않는 곳에 메트미오글로빈으로 된 갈색의 육류를 넣어 두면 환원작용에 의해 다시 적자색의 미오글로빈이 된다.

② 가열에 의한 변화

메트미오글로빈 생성은 자동산화뿐만 아니라 가열에 의한 변화에 의해서도 일어나는데 육류를 가열할 때 적자색의 미오글로빈은 선홍색인 옥시미오글로빈을 거쳐 적갈색의 메트미오글로빈으로 되고 가열을 계속 하면 메트미오글로빈의 글로빈은 변성되어 분리되며 갈색 내지 회색의 헤마틴이 유리된다.

유리된 헤마틴(ferroprotoporphyrin, Fe^{3+})은 Cl^-와 결합하여 헤민(hemin, ferroprotoporphyrin chloride, Fe^{3+})이 되고, 헤마틴이나 헤민은 계속 산화되어 갈색, 회색 또는 무색의 각종 산화된 포르피린 유도체로 된다.

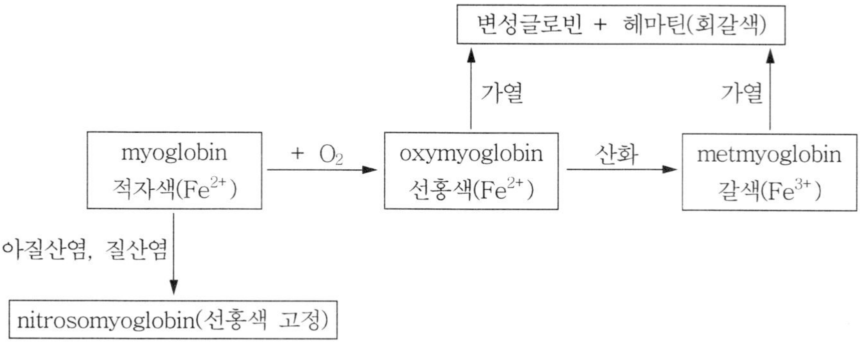

[그림 9-16] 미오글로빈의 가열에 의한 변화

③ 육류 가공시의 변화

햄이나 소시지 제조 시 살균을 위해 가열 처리를 하는데, 이때 육색의 갈변을 방지하기 위해 발색제를 첨가한다.

발색제로는 질산칼륨(KNO_3), 질산나트륨($NaNO_3$), 아질산나트륨($NaNO_2$) 등이 쓰인다.

- 질산염 : 미생물의 환원 작용에 의해 아질산염으로 환원된다.
- 아질산염 : 발색에 직접 관계한다. 고기의 해당작용의 결과 생성된 젖산이 아질산칼륨과 반응하여 아질산을 형성한다. 아질산에서 생성된 일산화질소는 환원형 미오글로빈과 결합하여 선명한 적색의 니트로소미오글로빈을 형성한다. 이것이 염절임 육색이다.

환원형 미오글로빈 + NO ⟶ 니트로소미오글로빈(No-Mb)
(아질산에서 생성) (선명한 적색)

$\xrightarrow{\text{가열}}$ 변성글로빈 니트로소미오크로모겐(선명한 적색)

④ 육류 저장 중의 변화

육류나 육가공품은 저장 중 세균의 작용으로 생성된 콜레미오글로빈(cholemyoglobin), 설프미오글로빈(sulfmyoglobin), 베르도미오글로빈(verdomyoglobin) 등에 의해 녹색으로 변하는 경우가 있다. 이들 녹색의 색소를 계속 가열하면 무색, 갈색, 회색 등의 산화된 포르피린 유도체가 된다.

2. 헤모글로빈

육류나 육가공품에 존재하는 혈액은 부패를 일으키는 미생물이나 병원성 미생물의 성장에 필요한 좋은 영양공급원이 될 뿐만 아니라 혈액에 존재하는 헤모글로빈이 공기 중에서 쉽게 산화되어 갈변되므로 완전히 제거되는 것이 좋다. 따라서 혈액이 제거된 육류나 육가공품에는 헤모글로빈의 함량이 매우 적으나 육류의 색에 있어서는 무시할 수 없는 존재이다.

헤모글로빈헴(ferroprotoporphyrin, Fe^{2+})과 글로빈 단백질의 히스티딘의 이미다졸 고리의 질소원자와 결합되고 있는 것으로 그 구조(151쪽 그림 9-13)와 결합양식(151쪽 그림 9-14)은 미오글로빈의 경우와 같다. 그러나 헤모글로빈은 미오글로빈과 거의 비슷한 구조와 크기를 지닌 구성단위(subunit) 4개가 두 개의 쌍을 형성해 이 두 쌍이 서로 결합한 4차 구조를 이루고 있다는 것이 차이점이다. 그러므로 미오글로빈은 1분자의 산소와 결합할 수 있지만 헤모글로빈은 4분자의 산소와 결합 할 수 있다.

헤모글로빈의 미오글로빈과 화학적 성질이 유사하기 때문에 헤모글로빈의 변화도 미오글로빈의 변화와 같다.

3. 카로티노이드

일부의 동물성 식품에도 카로티노이드가 존재하는데, 이들은 동물에 의해 합성된 것이 아니라 대부분 동물의 먹이인 식물성 물질이 흡수되어 동물의 조직이나 기관에 축적된 것이다.

1) 난황, 우유의 카로티노이드

유지방 중에는 카로티노이드가 카로틴과 잔토필의 두 종류로 존재하며 이들은 버터나 치즈의 색에 영향을 미친다. 즉, 소가 녹초를 섭취하는 여름에는 유제품의 색이 진하고 겨울에는 색이 연하며, 시판되는 버터는 β-카로틴과 타르색소를 사용하여 색을 부여한 것이다.

난황의 황색은 전부 사료에서 유래된 카로티노이드로 대부분 루테인(lutein)이고 제아잔틴(zeaxonthin), 크립토잔틴(cryptoxanthin) 등이 존재한다. 따라서 난황의 색을 진하게 하려면 루테인이 많은 녹초를 사료로 주는 것이 좋다.

2) 갑각류의 카로티노이드

새우나 게의 껍질에는 원래 적색의 카로티노이드인 아스타잔틴(astaxanthin)이 단백질과 약하게 결합하여 회록색 또는 청록색을 나타낸다. 이것을 가열하면 단백질이 변성-분리되고 유리형의 아스타잔틴이 된 후 산화되어 적색의 아스타신(astacin)으로 변한다.

칸사잔틴(canthaxanthin)은 송어, 새우 등에 분포하는데, 이것은 구조적으로 비타민 A가 될 수 없다.

3) 어패류의 카로티노이드

물고기 표피의 색은 종류에 따라 적색, 오렌지색, 갈색, 청록색, 흑색 등의 여러 색을 띠는데, 이중 적색의 잔토필은 담즙 색소, 흑색은 멜라닌에 의한 것이다.

도미의 표피, 연어나 숭어의 근육 등의 적색은 아스타잔틴에 의한 것이고 조개류의 근육의 적색은 카로틴과 루테인에 의한 것이다. 그 외 연어나 숭어의 녹색 형광은 살멘산(salmenic acid), 생선의 광채는 함질소 염기인 구아닌(guanine)에 의한 것이다.

9-4. 식품의 갈변

식품의 저장·조리·가공할 때, 식품의 색이 갈색으로 변하는 현상을 갈변이라 한다. 대부분의 갈변반응은 식품의 외관과 풍미를 나쁘게 하며 비타민과 아미노산의 손실을 가져오지만 경우에 따라서는 바람직한 방향으로 진행되는 경우도 있다. 즉, 간장이나 된장에서의 갈변반응은 필수적이며 홍차,

커피, 맥주, 빵, 비스킷 등에서도 갈변반응은 색뿐 아니라 향미에도 영향을 주어 식품의 품질을 향상시킨다.

식품의 갈변반응은 여러 종류가 있으나 효소가 직접 관여하는 효소적 갈변과 효소 없이 일어나는 비효소적 갈변의 두 가지로 분류된다.

1. 효소적 갈변

효소적 갈변은 사과, 배, 복숭아, 바나나, 밤, 감자, 가지, 양송이 등 많은 종류의 과일이나 채소들의 껍질을 벗기거나 파쇄 할 때 일어난다. 일반적으로 산소, 효소, 기질 세가지 요소 존재 시에 효소적 갈변반응을 일으키는데, 폴리페놀을 함유하는 신선한 식물체가 손상을 받으면 공존하는 폴리페놀옥시다아제(polyphenol oxidase)에 의해 산화되어 갈색의 멜라닌(melanin)으로 전환되는 갈변반응이 일어난다. 또한, 이와 본질적으로 같은 티로신이 티로시나아제(tyrosinase, monophenol oxidase)에 의해 산화되어 갈색의 멜라닌으로 전환 되는 갈변반응이 일어난다. 이들 두 갈변반응에 관여하는 효소를 페놀옥시다아제(phenol oxidase) 또는 페놀라아제(phenolase)라 총칭한다.

1) 폴리페놀옥시다아제에 의한 갈변

폴리페놀옥시다아제는 구리(Cu)를 함유하는 금속효소로 그림 9-17과 같이 폴리페놀류를 산소의 존재 하에서 퀴논 화합물로 산화시키고, 생성된 퀴논은 계속해서 산화되고 중합 또는 축합되어 갈색의 멜라닌을 형성한다.

폴리페놀옥시다아제가 작용하는 기질에는 갈산(gallic acid), 카페산(caffeic acid), 클로로겐산, 카테킨류, 에피카테킨, 피로카테킨(pyrocatechin), 카테콜(catechol), 케르세틴(quercetin), 피로갈롤(pyrogallol), 헤스페리딘(hesperidin), 루틴(rutin), 알부틴(arbutin), 퀴놀(quinol) 등이 있으며, 이들 기질 및 효소의 함량과 분포는 식물의 종류나 품종에 따라 다르므로 이에 대한 갈변 정도도 식품의 종류에 따라 다르다.

사과나 배를 깎아서 공기 중에 놓아두면 갈변하는데, 이것은 클로로겐산, 피로카테킨 등의 폴리페놀류가 폴리페놀옥시다아제에 의해 퀴논으로 산화되고 이것이 연이어 산화되고 중합 또는 축합되어 갈색의 멜라닌을 형성한다. 폴리페놀옥시다아제의 활성은 구리(Cu)나 철(Fe) 이온에 의해 촉진되고 염소(Cl) 이온에 의해 억제되므로 사과나 배의 갈변은 금속 용기를 피하고 묽은 소금물에 담그면 방지할 수 있다.

폴리페놀류의 효소적 갈변은 일반적으로 바람직하지 못하지만 녹차가 발효되어 홍차가 될 때 녹차에 존재하는 카테킨, 갈로카테킨 같은 탄닌이 산화, 중합하여 홍차의 적색 색소인 테아플라빈이 생성되므로 품질을 향상시키는 경우도 있다.

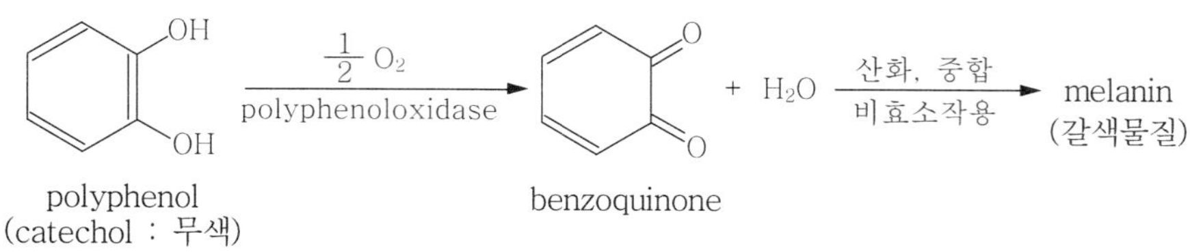

[그림 9-17] 폴리페놀옥시다아제에 의한 갈변반응

2) 티로시나아제에 의한 갈변

티로시나아제는 모노페놀옥시다아제(monophenol oxidase)로 그 성질 및 작용은 폴리페놀옥시다아제와 거의 비슷하여 구리(Cu)를 함유하고 있으며, 구리 이온에 의해 활성화되고, 염소(Cl)이온에 의해 활성이 억제되는 산화효소이다.

티로시나아제에 의한 갈변반응은 그림 9-18과 같다. 즉, 티로시나아제의 작용에는 티로신으로부터 DOPA(dihydroxyphenyl alanine) 퀴논이 생성된다. DOPA 퀴논은 더욱 산화되어 적색의 DOPA 크롬을 생성하며 이것이 중합하여 갈색의 멜라닌을 형성한다.

티로시나아제에 의한 갈변은 과일, 채소 중 특히 감자의 갈변과 밀접한 관계가 있는데, 티로시나아제는 수용성이므로 깎은 감자를 물속에 담그면 티로시나아제가 용출되어 감자의 갈변을 막을 수 있다.

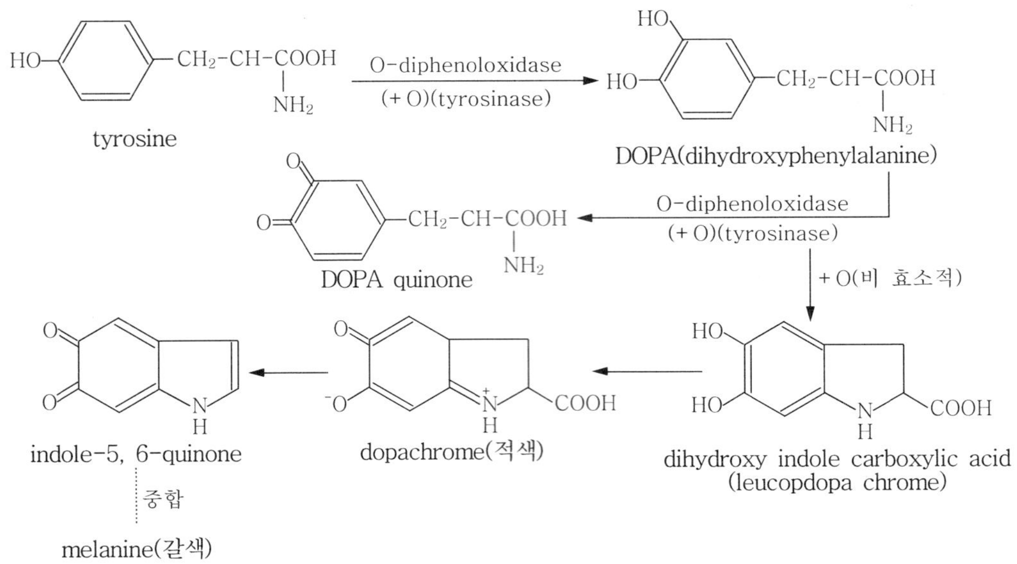

[그림 9-18] 티로시나아제에 의한 갈변반응

3) 효소적 갈변의 억제

효소적 갈변요소인 효소, 기질, 산소중 하나만이라도 제거하면, 갈변을 억제할 수 있는데 여러 방법들 중 효소의 불활성화와 효소의 최적 조건의 변동에 의한 억제방법이 원칙적으로 이용된다(표 9-5).

[표 9-5] 효소적 갈변의 억제 방법

요인	방 법	기 작
효소	pH	폴리페놀옥시다아제의 최적 pH 범위를 벗어나도록 유기산 등 첨가로 pH 저하시킴
	가 열	단백질(효소)의 변성으로 작용소실
	냉동냉장	최적온도를 벗어나게 냉장/냉동을 함
산소	공기차단	물, 설탕물, 소금물에 담그기
	산소대체	탄산가스, 질소 등으로 산소 대체
기질	아황산가스, 아황산염	기질을 미리 환원시켜 산화방지
	SH화합물	시스테인, 글루타티온 등 환원제로 미리 환원
	비타민C, 주석이온	기질을 미리 환원 (주석이온은 식품에는 많이 쓰지 않음)

2. 비효소적 갈변

비효소적 갈변은 그 반응기작에 따라 마이얄 반응(Mailard reaction), 캐러멜화 반응(caramelization), 아스코르브산의 산화반응(ascorbic acid oxidation) 등 세 가지로 분류되며, 식품은 여러 가지 성분을 모두 갖고 있어 한 가지 반응이 단독으로 일어나기보다는 혼합되어 일어난다.

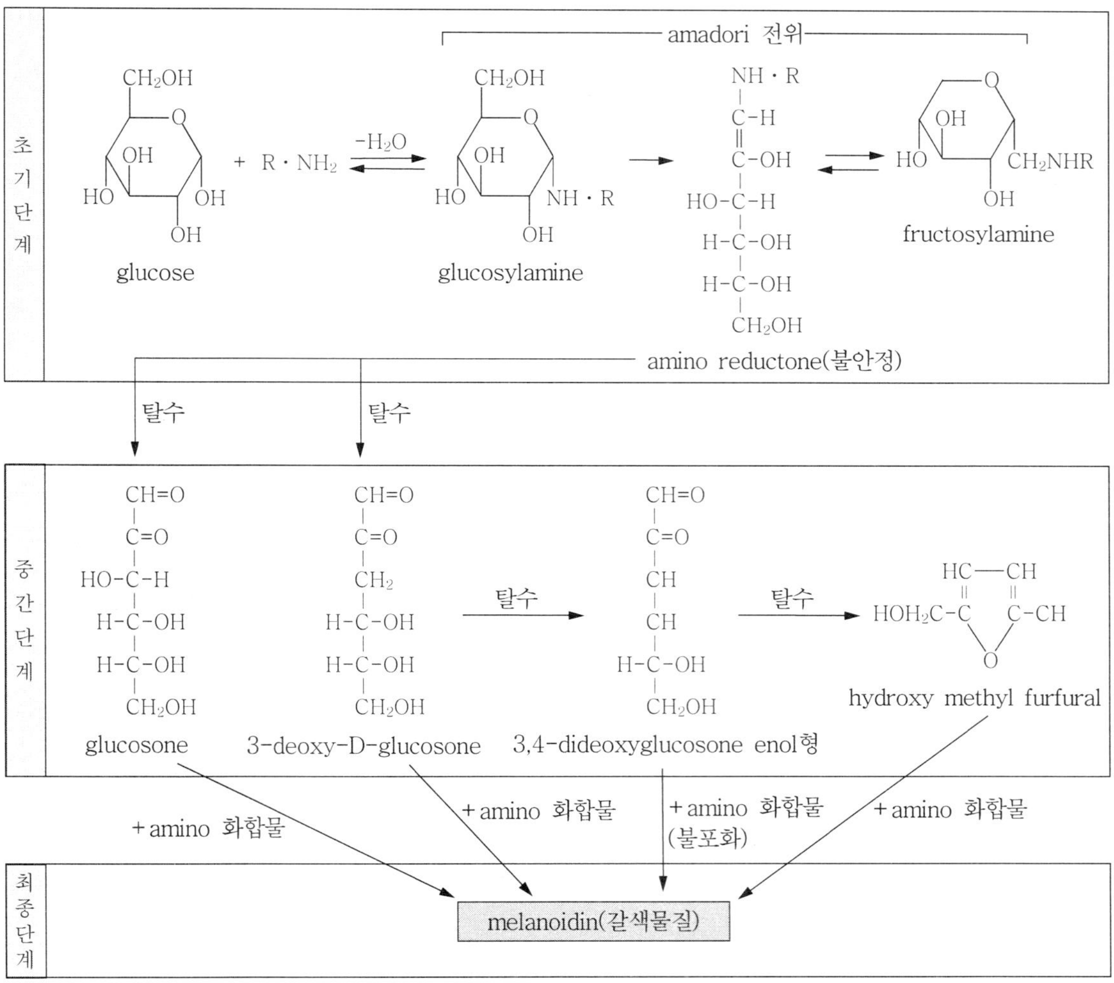

[그림 9-19] 포도당과 아미노산의 반응에 의한 아미노-카보닐반응

1) 마이얄 반응

유리 알데히드(aldehyde)기나 케토(keto)기와 같은 카르보닐기를 가진 당류는 아미노산, 아민, 펩티드, 단백질과 같이 아미노기를 가진 질소 화합물과 공존할 때 쉽게 반응하여 갈색의 멜라노이딘(melanoidine) 색소를 형성한다. 이와 같은 환원당과 아미노 화합물들에 의한 갈변반응은 1912년 Mailliard, M.C.에 의해 처음 발표되었기 때문에 마이얄 반응, 혹은 아미노카르보닐기반응(amino-carbonyl reaction) 이라고도 한다(그림 9-19).

일반적으로 대부분의 식품은 카르보닐 화합물과 아미노 화합물을 다소간 함유하고 있으므로 거의 모든 식품에서 이러한 반응이 일어날 가능성이 많다. 이 반응의 결과로 품질의 저하, 리신과 같은 영양소의 파괴를 가져오나 커피, 홍차, 식빵, 된장, 간장, 위스키 등에서는 식품의 빛깔, 풍미, 방향 등을 얻을 수 있다.

① 반응기작

- 초기 단계 : 환원당과 아미노화합물이 축합반응에 의해 질소배당체(D-glycosylamine)를 형성하고 형성된 질소배당체가 아마도리(amaclori) 전위를 일으켜 아마도리 전위 생성물을 형성한다.
  - 당 + 아미노산 축합반응
  - 아마도리 전위반응(aldose → ketose), 색변화 없음
- 중간 단계 : 아마도리 전위 생성물들이 산화, 탈수, 분해가 일어나 오손(osone), 데옥시오손(deoxyosone), 불포화된 3,4-디데옥시오손(unsaturated 3,4-dideoxyosone), 리덕톤(reductone) 및 환상 히드록시메틸푸르푸랄(hydroxy methyl furfural ; HMF) 등의 화합물들이 생성된다.

  중간 단계에서 생성된 리덕톤의 일부는 환상물질을 형성하나 일부는 탄소사슬이 절단되어 메틸글리옥살, 아세트알데히드, 글리옥살, 디히드록시아세톤 등의 저분자 휘발성 분해 생성물을 형성하는데 이중 일부는 메일러드 반응 최초 단계의 여러 반응에 참여한다.
  - 아마도리 전위 생성물 분해
  - 당의 산화, 각종 환상물질 형성
  - osone류, 리덕톤류, 히드록시메틸 푸푸랄 생성

– 당분해 → 글리코알데히드, 다이아세틸 등 형성

- 최종 단계 :
  – 스트렉커(streclcer) 반응으로 여러 알데히드 생성(그림 9-20)
  – 중간 단계의 생성물 상호간의 알돌축합반응으로 분자량 증가
  – 아미노 화합물들의 계속적인 축합으로 불포화도가 크고 갈색을 띤 멜라노이딘 색소형성

스트렉커 반응	중간 단계에서 생성된 α-디카르보닐과 α-아미노산간의 산화적 분해반응으로 α-아미노산은 탈탄산(decarboxylation), 탈아미노(deamination)반응을 거쳐 탄소수가 하나 적은 알데히드와 이산화탄소가 생성된다. 이때 생성되는 알데히드는 향기 성분이 되며 아미노 리덕톤(amino reductone)은 계속 여러 반응에 참여하여 갈변에 관여한다.
알돌형 축합반응	중간 단계에서 리덕톤의 분해에 의해 생성된 카르보닐 화합물들 중 α-위치에 수소를 가진 화합물들은 알돌형 축합반응을 일으키며 점점 큰 분자량의 화합물을 생성한다.
멜라노이딘 형성반응	5-히드록시메틸-2-푸르푸랄, 리덕톤, 알돌형 축합반응 생성물들, 스트렉커 반응 생성물들은 서로 쉽게 축합, 중합되고, 여기에 아미노 화합물들의 계속적인 축합으로 불포화도가 매우 큰 형광성 갈색을 지는 중합체인 멜라노이딘이 형성된다.

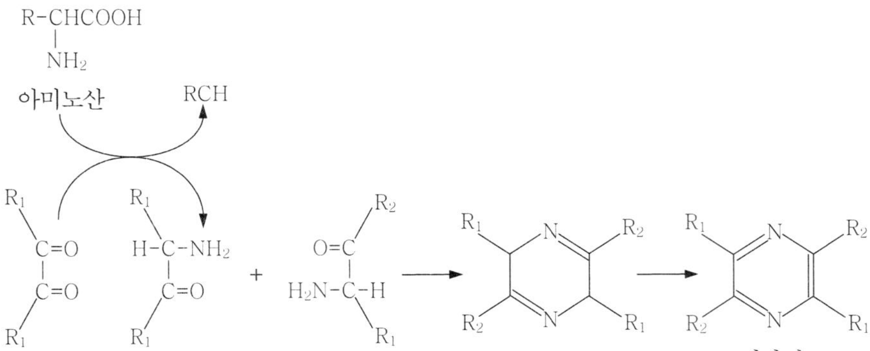

피라진

아미노산	알데하이드	냄 새
루 신	$(CH_3)_2CHCH_2CHO$	치즈 같은 자극취
페닐알라닌	$C_6H_5CH_2CHO$	꽃 향
메싸이오닌	$CH_3SCH_2CH_2CHO$	된장, 간장 같은 향

[그림 9-20] 스트렉커분해에 의해 생성되는 알데히드와 냄새

② 반응에 영향을 주는 요인

- 온도 : 마이얄 반응 속도에 가장 큰 영향을 주는 요인으로 온도 10℃ 상승시 3~5배 촉진된다(온도계수 Q_{10}=3~5).
- pH : 일반적으로 마이얄반응은 pH 6.5~8.5 > pH 3~5 > pH 1~2 순으로 일어나며 이보다 더 알칼리에서는 반응이 커지지만 실제 식품 경우에는 드물다.
- 당의 종류 : pentose(오탄당) > hexose(육탄당) > sucrose(이당류) 순으로 갈변속도가 더 크다고 알려져 있다.
- 아미노산 : 펩타이드 > 아마노산 > 단백질 순으로 반응성이 높다. 아미노산인 경우 염기성 > 중성 > 산성아미노산 순으로 라이신 등과 같은 염기성 아미노산의 반응성이 높다.
- 자외선, 산소, 금속 : 자외선과 산소는 많을수록 갈변반응성이 증가하고 Fe, Cu 등은 갈변을 촉진한다.
- 수분활성 : 수분활성(water activity ; Aw) 0.6~0.85에서 가장 반응성이 높고 0.25 이하에서는 반응이 일어나지 않는다.

2) 아스코르브산 산화 반응

아스코르브산(ascorbic acid)은 강한 환원력을 갖고 있어 항산화제 또는 갈변 방지제로 채소, 과일, 과즙 등의 가공식품의 갈변 방지를 위해 사용된다. 그러나 아스코르브산이 일단 비가역적으로 산화되면 산화 생성물들은 계속 산화-중합하여 갈색 물질을 형성하거나 아미노 화합물 또는 유기산류와 반응하여 갈색 물질을 형성하므로 아스코르브산 함량이 많은 감귤류 가공품에서는 이러한 갈변이 문제가 된다.

pH가 낮을수록 아스코르브산의 산화에 의한 갈변이 잘 일어나며 그림 9-21과 같이 산소의 유무에 관계없이 환원당에 의한 갈변보다도 쉽게 일어난다.

산소 존재 시 반응과정은 아스코르브산은 가역적으로 자동산화 되어 자체 중합, 축합반응을 일으키거나 마이얄 반응을 통해 갈색 물질을 형성한다. 한편, 산소가 없는 경우에는 자동으로 분해, 중합되어 갈색 물질을 형성한다.

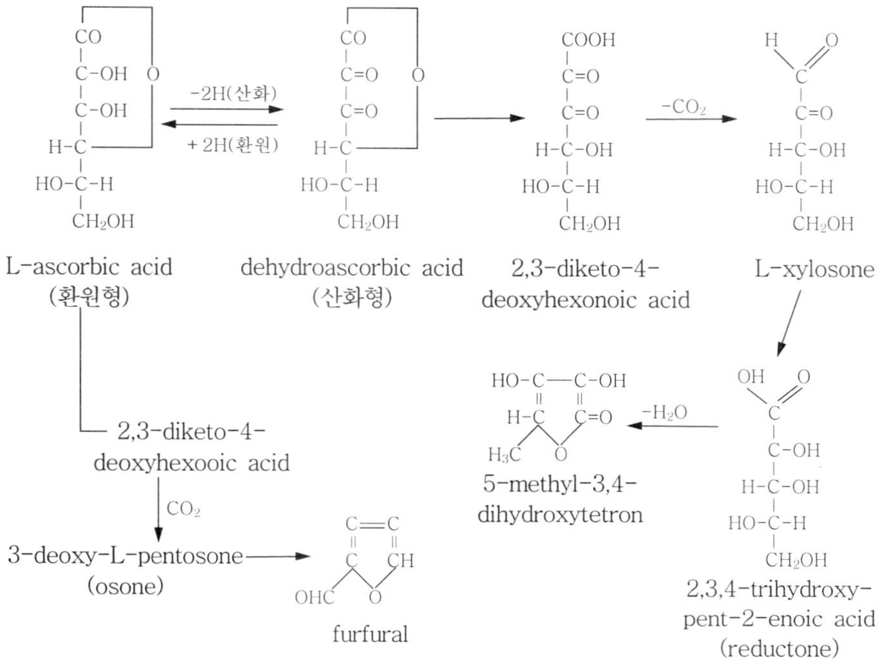

[그림 9-21] 아스코르브산(ascrobic acid)의 산화반응

3) 캐러멜화 반응

캐러멜화(caramelization)는 당류만을 고온(180~200℃)으로 가열하였을 때 산화-탈수 및 분해반응에 의한 생성물들이 서로 중합·축합되어 갈색의 캐러멜 색소를 형성하고, 휘발성 가열 분해 산물의 생성으로 식품의 색과 향미에 영향을 준다. 캐러멜화에 의한 갈변반응은 자연 발생적으로는 일어나지 않으며 당이 많은 식품들을 가열하는 가공과정 중에 흔히 발생하는데, 설탕이나 물엿을 주원료로 하는 과자, 빵, 비스킷, 캔디 등의 갈변화가 바로 그 예이다. 실제로 캐러멜은 장류, 청량음료, 양주, 양식, 합성 청주, 과자류 등에 착색에 착색제로 시용된다. 캐러멜화의 최적 pH는 6.5~8.2이다.

제 10장. 식품의 맛

우리가 섭취하고 있는 모든 식품은 고유한 맛 특성을 가지고 있으며 식품의 맛 자체가 영양과 직접적인 관계가 있는 것은 아니지만 좋은 맛은 식욕을 증진시킬 뿐만 아니라 소화흡수에도 긍정적인 영향을 주므로 식품의 품질을 결정하는 중요한 요소가 된다.

10-1. 미각

식품의 맛은 여러 종류의 정미 성분이 혼합된 종합적인 것으로 맛의 종류를 정확하게 분류하기 어렵다.

Henning이 1916년 처음으로 식품의 맛을 단맛(sweat), 신맛(sour), 짠맛(saline), 쓴맛(bitter)의 4가지로 분류하고, 이것을 4원미(four basic taste)라 하여, 맛의 사면체를 만들고 이 외의 모든 맛을 이 사면체에 포함된 공간중의 한 점에 배치할 수 있다고 하였다(그림 10-1). 그러나 최근에 와서 모든 맛을 4원미로 설명하기 곤란하다고 인식하였는데, 그 예로 혼합 또는 보조적인 맛인 매운맛(hot taste), 맛난맛(감칠맛, palatable taste), 떫은맛(astringent taste), 교질맛(colloidal taste), 금속맛(metallic taste), 알칼리맛(alkali taste), 아린맛(acrid taste) 등을 들 수 있다. 이들은 생리적으로 감각을 받는 양상이 4원미와 달라 떫은맛은 점막의 수렴감이 혼합된 것이고 메운맛은 통감과 온도감각의 복합감각이다.

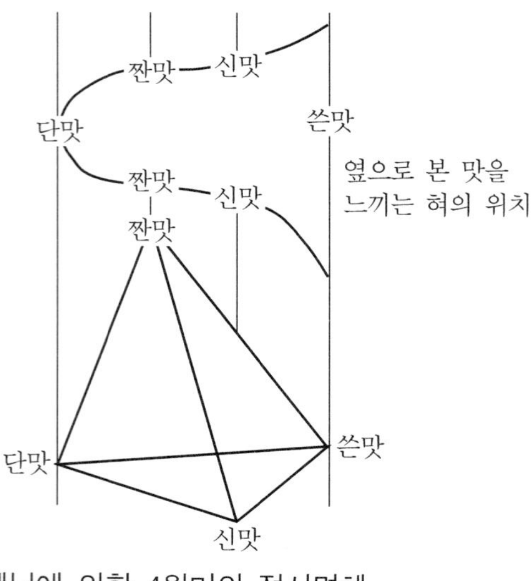

네가지의 기본적인 맛 사이의 관계를 표시한 헤닝의 정육면체(tetrahedron)의 모형과 실제로 네가지 맛을 느끼는 혀의 위치가 우연히 일치하는 것을 보여준다.

[그림 10-1] 헤닝에 의한 4원미의 정사면체

1. 미각 기관

미각은 혀뿐만 아니라 입천장, 입술, 빰의 안쪽 등 입 안의 모든 부분과 인두, 후두, 후두개까지 포함하는 넓은 부위에서 인식되지만 맛 성분이 맛 수용체에 의해 감지되는 기본 맛은 혀에서만 느껴지게 된다. 미각기관(the organs of taste)으로서 혀 표면에는 유두(taste bud)가 존재하는데 유두는 그 생김새에 따라 윤상유두, 엽상유두, 사상유두, 버섯상유두의 네가지가 있다. 유두의 밑 부부에는 여러 가지 미뢰가 분포하며 미뢰는 타원형으로 50개 정도의 맛세포와 지지세포로 구성되어 있다. 외부에서 미뢰로 들어가는 입구를 미공(taste pare)이라고 하며, 맛세포의 위쪽 끝에는 미세융모가 있어 이곳의 세포막에 기본 맛을 인식하는 맛 수용체가 분포되어 있고, 맛세포의 밑에 존재하는 신경섬유는 신경절을 통해 중추신경에 연결되어 맛이 전달된다. 이와 같은 미각기관의 구조는 그림 10-2와 같다.

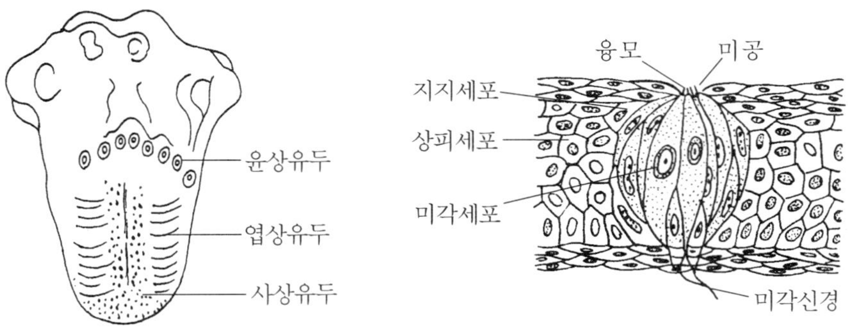

[그림 10-2] 유두의 단면과 미뢰의 구조

2. 미각의 인식기작

식품의 맛은 혀의 표면에 있는 미뢰에 연결된 미각신경이 화학적인 자극을 받아 일어나는 감각이다. 침이나 음식물의 즙액에 녹아있는 정미물질이 미공을 통과하여 미뢰로 들어와 맛세포의 수용체와 결합하여 화학적인 자극적인 자극이 일어나면, 이 자극이 미뢰의 내부에 분포외어 있는 미각신경에 의해 대뇌의 미각중추에 전달됨으로써 기억되었던 어떤 맛으로 인식되게 된다.

맛을 내는 물질을 한계 값은 평형상수와 최대 반응에 따라 좌우되며, 맛 물질과 동물 종에 따라 달라진다.

3. 맛의 분류

식품의 맛은 관점에 따라 여러 가지로 나눌 수 있으나, 가장 기본적인 맛은 단맛, 짠맛, 신맛, 쓴맛 등의 네 가지로 나뉜다. 그 밖에 매운맛, 떫은맛, 감칠맛과 아린맛, 금속맛, 교질맛 등이 있다.

4. 맛의 역가

맛을 확실히 인식할 수 있는 최저 농도(minimum detectable concentration)를 그 성분을 역가(threshold value)라 하고 또는 절대역가(absolute threshold)라고 하며, 어떤 특정한 맛을 뚜렷하게 인식할 수 있는 자극의 크기를 인식역가(recognition threshold)라 한다. 역가는 몰(mole) 농도나 백분율(%)로 표시 한다(표 10-1).

[표 10-1] 기본 정미 성분의 역치

맛의 종류	정미물질	혀의 부위		
		혀끝	혀둘레	혀뿌리
짠맛	염화나트륨	0.25	0.24~0.25	0.28
신맛	염 산	0.01	0.006~0.007	0.016
단맛	슈크로오스	0.49	0.72~0.76	0.76
쓴맛	퀴닌술퍼나이트	0.00029	0.00020	0.00005

미각은 사람의 연령, 흡연의 유무, 건강 및 심리적 상태, 피로의 정도 등에 따라 다르고 맛을 가진 물질의 온도와 그 물질이 존재하는 기질 등에 의해서도 영향을 받으며, 사람의 미각 수용기에 의존하여 결정되는 것이므로 연구자에 따라 다소 차이를 보이지만 일반적으로 맛의 역가는 쓴맛이 가장 낮고 단맛 성분이 가장 높다.

또한, 그림 10-3과 같이 혀의 앞부분에서는 단맛을, 뒷부분에서는 쓴맛을, 앞 양쪽 가장자리에서는 짠맛을, 앞쪽 가장자리에서는 신맛을 강하게 느끼며 중앙부분에서는 맛을 별로 느낄 수 없다. 특히 혀 뒷부분은 앞부분에 비해 쓴맛의 감수성이 약 5배가 되므로 쓴맛을 삼킬 때 혀의 뒷부분에서 강하게 느껴진다. 이와 같이 혀의 부위에 따라 느껴지는 맛 성분의 역가도 다르다.

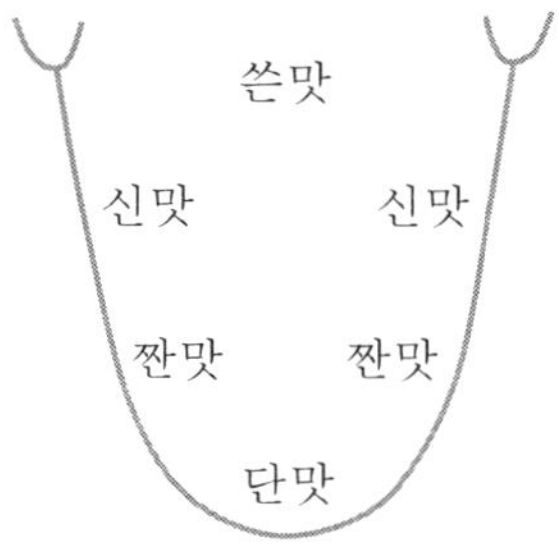

[그림 10-3] 맛을 예민하게 느끼는 혀의 부위

5. 미각의 변화

1) 온도

맛에 대한 온도의 영향은 일정하지 않으며, 연구자들의 실험결과도 일정하지 않다. 일반적으로 혀의 미각은 10~40℃일 때 잘 느끼고, 특히 30℃ 정도에서 가장 예민해지며, 이온도에서 멀어지면 미각이 둔해진다. 맛을 가

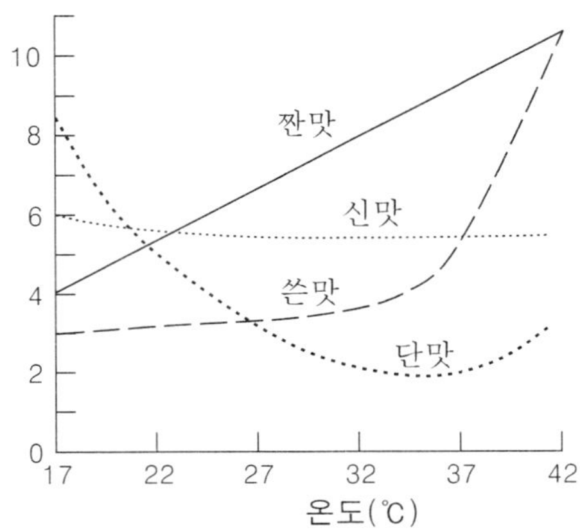

[그림 10-4] 역가의 온도에 변화에 대한 반응

장 잘 느낄 수 있는 단맛의 온도는 20~50℃이고, 짠맛의 온도는 30~40℃이며, 신맛과 쓴맛의 온도는 각각 25~50℃, 40~50℃ 이다. 일반적으로 온도의 증가에 따라 단맛은 증가하고, 짠맛과 쓴맛은 감소하며 신맛은 온도 변화에 차이를 보이지 않는다(그림10-4).

2) 용매와 기질

정미물질이 용해되어 있는 용매나 기질에 따라 맛과 그 역가에 차이는 유지, 젤상, 거품 및 커스터드상, 수용액 순으로 나타내는데, 일반적으로 맛성분이 전분젤이나 한천젤리 같은 젤, 그리고 유지 중에 존재할 때는 역가가 매우 높아 맛에 대해 덜 예민하게 느낀다.

3) 나이와 성별

나이에 따른 미각에 대한 예민도의 감퇴는 50대 후반기 또는 60대 이후부터 현저 하게 나타나며, 성별에 있어서는 여자가 단맛과 짠맛에서 남자보다 감도가 높고, 신맛에서는 감도가 떨어졌지만, 쓴맛은 성별에 따라 차이가 없다고 한다.

4) 기타

4가지 기본 맛의 감도가 식후 1시간에는 크게 둔화되었다가 3~4시간 후에는 증가되었는데 식사에 의한 감도의 감소는 식사의 열량과 크게 관계가 있다고 할 수 있다. 흡연에 있어서 단맛, 짠맛, 신맛에 대한 역가는 흡연자와 비흡연자 사이에 차이가 없었지만 쓴맛에 대한 역가는 흡연자가 현저하게 높았다. 3일 정도 잠을 안 잔 경우, 신맛에 대한 역가는 현저하게 증가한 반면 단맛과 짠맛에 대한 역가에는 큰 영향이 없었다.

그 외 미각의 변화에 영향을 주는 요소로서 신체적 · 정신적 건강상태, 식습관, 음주상황 등이 있다.

6. 미각의 생리현상

미각의 생리현상을 표 10-2에 나타내었다.

[표 10-2] 미각의 생리현상

종 류	특 징	예
맛의 대비 효과	주된 맛을 내는 물질에 다른 물질이 섞임으로써 미각이 증가되는 것을 맛의 강화현상 또는 대비 효과라고 한다. 일반적으로 단맛, 감칠맛에 대해서는 짠맛이, 짠맛에는 신맛이 강화현상을 나타내는 경우가 많다.	-15%설탕용액+0.01%소금, 15%설탕용액+0.0001% 퀴닌설페이트 → 단맛 증가 -팥죽: 설탕+소금→ 단맛 증가 -동치미 : 소금물+유기산(구연산, 젖산) → 짠맛 증가 -MSG +소금물 → 감칠맛 증가
맛의 억제 효과	서로 다른 맛 성분이 몇 가지 혼합되었을 경우 주된 맛이 성분의 맛이 다른 맛에 의해 약화되는 현상이다.	-커피에 설탕을 넣으면 쓴맛이 단맛에 의해 억제됨. → 커피+설탕 → 쓴맛 억제 -신맛이 강한 과일에 설탕을 섞으면 신맛이 억제됨. → 신과일+설탕 → 신맛 억제
맛의 상승 효과	같은 종류의 맛을 가지는 2종류의 맛 성분을 서로 섞으면 각각 갖고 있는 맛보다 훨씬 강하게 느껴지는 현상이다.	-MSG 에 핵산조미료성분을 혼합하였을 경우 감칠맛 증가 → MSG+핵산조미료 → 감칠맛 증가 -설탕용액+사카린→ 단맛 증가
맛의 상쇄 효과	2가지 맛 성분을 혼합함으로써 각각의 고유한 맛을 나타내지 못하고 약해지거나 없어지는 현상이다.	-간장이나 된장의 소금함량이 높지만 감칠맛과 상쇄되어 짠맛이 강하지 않음 -김치맛은 짠맛과 신맛이 상쇄 -청량음료의 맛은 단맛과 신맛이 상쇄
맛의 변조 효과	한 가지 맛을 느낀 직후에 다른 맛을 정상적으로 느끼지 못하는 현상이다.	-설탕을 맛본 직후 물을 마시면 순수한 물일지라도 쓴맛이나 신맛을 느낌. -오징어를 먹은 후에 식초나 밀감을 먹으면 쓴맛 느낌. -쓴 약을 먹은 직후에 물을 마시면 달게 느낌.
맛의 피로 효과	같은 맛을 계속 맛보면 그 맛이 변하거나 미각이 둔해져서 맛이 약할 때는 거의 느끼지 못하고 진하면 싫증이 나는 현상이다.	-황산마그네슘이 처음에는 쓰게 느껴지나 조금 지나면 단맛이 약간 느껴진다.
미 맹	어떤 물질의 맛에 대하여 대부분의 사람과 다르게 맛을 느끼지 못하는 사람이 있다. 이러한 미맹은 쓴맛을 느끼지 못할 뿐 다른 정미성분에 대해서는 정상이므로 일상생활에는 지장이 없으며, 유전적인 것으로 알려져 있다.	-페닐티오카바미드는 대부분의 사람에게 쓴맛을 주나, 일부 사람들은 그 맛을 인식하지 못하지 못하여 무미로 느낀다.

10-2. 맛 성분의 종류

1. 단맛

단맛(sweat taste)은 식생활과 매우 밀접한 관계를 가지고 있으며, 단맛에 대한 욕구는 매우 강하다. 단맛을 가지는 화합물은 자연계에 존재하는 천연 감미료와 인공 감미료로 나눌 수 있다. 천연 감미료는 당류, 당알코올, 아미노산 및 펩티드, 일부 방향족 화합물과 황화합물 등이며 인공 감미료는 아스파탐, 사카린 등이다. 단맛과 단맛을 내는 물질 간의 상관관계를 알아내려고 노력한 결과, 이에 대한 몇 가지 학설이 제시되고 있다. 에르스텔리(Oerstheyl)와 메이어(Meyer,1919)는 히드록실기(−OH), 아미노기(α−type의 $-NH_2$), 알데히드기(−CHO), 니트로기($-NO_2$), 술폰산기(sulfon acid group, $-SO_2H$), 술폰아마이드기(sulfonamide group, $-NO_2NH_2$), 니트릴기(nitrile group, −CN), 옥심기(oxime group, −CH=NOH) 등의 감미기(dulcigen)와 −H, $-CH_3$, $-C_2H_5$, $-C_3H_7$, $-CH_2OH$, $-CH_2CH_2OH$ 등의 조미단이 있어야 단맛을 나타낸다고 하였다.

[표 10-3] 단맛 성분의 상대 감미도

	종 류	감 미 도
당 류	슈크로오스(sucrose)	100
	프락토오스(fructose)	100~173
	전화당(invert sugar)	120
	글루코오스(glucose)	50~74
	람노오스(rhamnose)	60
	글루코사민(glucosamine)	50
	말토오스(maltose)	50~60
	자일로오스(xylose)	40
	갈락토오스(glactose)	27~32
	락토오스(lactose)	16~28
당 알코올	자일리톨(xylitol)	75
	글리세롤(glycerol)	48
	솔비톨(sorbitol)	48~70
	에리쓰리톨(erythritol)	45
	이노시톨(inositol)	45
	만니톨(mannitol)	45
	둘시톨(dulcitol)	41
방향족 화합물	페릴라르틴(perillartine)	200,000~500,000
	글리시리진(glycyrihizin)	290~500
	스테비오사이드(stevioside)	20,000~30,000
	필로둘신(phyllodulcin)	20,000~30,000
인 공 감미료	사카린(saccharin)	20,000~70,000
	Na-사이클로헥실 설파메이트 (Na-cyclohexyl-sulfamate)	3,000~4,000
	아스파탐(aspartame)	15,000~20,000
	둘신(dulcin)	7,000~35,000

단맛 성분의 상대감미도(relative sweetness)를 비교하기 위해 10% 설탕용액의 단맛을 100으로 하여 표준을 삼는데 그 이유는 설탕이 가장 많이 사용되는 감미료인 동시에 순수한 상태로 얻기 쉽고, 다른 당류와는 달리 α, β형의 이성체가 존재하지 않아 단맛이 변하지 않기 때문이다. 각종 단맛 성분의 상대감미도는 표 10-3과 같다. 단맛을 내는 화합물은 천연감미료와 인공(합성) 감미료로 분류할 수 있다.

1) 천연감미료

천연감미료는 포도당, 과당, 맥아당, 젖당, 설탕 등의 당류와 에틸렌글리콜, 글리세롤, 에리스리톨, 만니톨, 솔비톨 등과 같은 당알코올류와 방향족 화합물 아미노산류가 대표적이며, 천연감미료의 종류와 성질은 표 10-4와 같다.

[표 10-4] 천연감미료의 종류와 성질

<table>
<tr><th colspan="2">종 류</th><th>감미도</th><th>성 질</th></tr>
<tr><td rowspan="5">당류</td><td>글루코오스
(glucose)</td><td>50~74</td><td>α형이 β형보다 1.5배 더 달다. 결정은 α형이지만 수용액으로 되면 β형이 되고, 온도상승으로 β형이 증가되어 단맛이 감소된 분말형태로 사용하거나 찬물에 녹여 사용하면 감미가 증가한다.</td></tr>
<tr><td>프락토오스
(fructose)</td><td>100~173</td><td>천연당류 중 단맛이 가장 크고 상쾌한 맛을 낸다. β형이 α형보다 3배 더 달다. β형은 불안정하여 가열하거나 방치하면 α형으로 평형을 이루어 단맛이 감소하고 0℃에서는 α:β=3:7로 평형을 이루어 단맛이 증가된다. 벌꿀은 가열하지 않고, 과일은 냉각하여 먹는 것이 더 달다.</td></tr>
<tr><td>슈크로오스
(sucrose)</td><td>100</td><td>글라이코시드성 -OH가 없는 비환원당으로 변선광(變旋光)을 나타내지 않는다. α, β이성체가 없어 감미 변화가 적으므로 감미 표준물질로 사용한다.</td></tr>
<tr><td>말토오스
(maltose)</td><td>50~60</td><td>환원성이 있는 당으로 α와 β형이 있으며, α형이 더 달다. 용액으로 가열하면 일부 β형은 α형으로 되므로 감미도가 더 증가한다.</td></tr>
<tr><td>락토오스
(lactose)</td><td>16~28</td><td>α, β형이 있으며 β형이 조금 더 달다. 분유가 흡수되면 β가 α형으로 된다.</td></tr>
<tr><td rowspan="3">당알코올</td><td>솔비톨
(sorbitol)</td><td>48~70</td><td>글루코오스를 환원하여 얻은 분말상 결정으로 물에 잘 녹고 청량한 감미를 갖는다. 흡습성, 보수성, 보향성이 우수하여 습윤 조정제로도 쓰인다.</td></tr>
<tr><td>만니톨
(mannitol)</td><td>45</td><td>만노오스를 환원하여 얻은 침상(針狀) 또는 입상(立牀) 결정으로 물에 용해되지 않으며 상쾌한 감미를 갖는다. 갈조류와 미생물에 존재하며 곶감의 흰 가루도 이 성분이다.</td></tr>
<tr><td>자일리톨
(xylitol)</td><td>75</td><td>D-자일로오스를 환원하여 만든 당알코올로 당뇨병환자의 감미료로 쓰인다.</td></tr>
</table>

[표 10-4] 계속

종 류		감 미 도	성 질
아미노산	L-루신산 (L-leucinic acid)	자당의 25배	L-루신에 아질산을 작용시켜 루신의 $-NH_2$를 $-OH$로 치환한 것이다. 고상한 맛을 가지고 있어 당뇨병환자의 감미료로 쓰인다.
	글라이신(glycine), 알라닌(alanine), 프롤린(proline), 세린(serine)		아미노산 중에서 일반적으로 분자량이 적은 아미노산들이 감미가 있다.
방향족화합물	글리시리진 (glycyrihizin)	자당의 3~5배	감초의 뿌리에 있으며 글리시레틴산의 구조를 가지는 일종의 트리터펜에 글루쿠론산 2분자가 결합한 것이며, 칼슘과 칼륨의 염으로 되어 있다. 비식품용 감미료로 담배향신료로 이용된다.
	필로둘신 (phyllodulcin)	자당의 200~300배	감차(甘茶)의 잎을 건조시켜 차를 끓일 때의 감미성분으로 플라노이드계 화합물이다. 당뇨병환자의 감미료로 쓰인다.
	페릴라르틴 (perillartin)	자당의 2,000~5,000배	차조기 잎의 단맛 및 향기성분으로 페릴알데하이드 옥심이며, 소엽당이라고도 한다. 비식품용 감미료로 담배향신료로 이용된다.
	스테비오사이드 (stevioside)	자당의 200~300배	국화과에 속하는 스테비아의 잎에 아글리콘(aglycone)과 당이 결합한 배당체로 존재하며, 백색 분말로 열, 산, 알칼리에 안정하다. 비발효성, 무칼로리로 충치 예방과 다이어트에 효과적이다.
황화합물	메틸머캡탄 (methylmercaptan, 무), 프로필머캡탄 (propylmercaptan, 양파, 마늘)	자당의 50~70배	무, 양파, 마늘 등 가열하면 매운맛을 가진 황화합물이 단맛을 가진 황화합물로 변한다. $(CH_3CH_2CH_2)_2S_2 \xrightarrow[\text{가열}]{+2H} 2CH_3CH_2CH_2SH$ 다이프로필 다이설파이드 (매운맛) → 프로필머캡탄 (단맛)

2) 인공감미료

인공감미료는 열량을 거의 발생하지 않으며, 소량만 사용해도 단맛을 낼 수 있으므로 저칼로리를 요하는 사람이나 설탕의 섭취가 금지되어 있는 환자용으로 활용되는 경우가 많다. 인공감미료 중 우리나라에서 사용이 허가된 것은 사카린(saccharin), 아스파탐(aspartame), 아세설팜칼륨(acesulfame-K), 수크랄로스(sucralose), 둘신(dulcin), 사이클라메이트(sodium cyclamale) 등이다.

인공감미료의 종류와 성질은 표 10-5와 같다.

[표 10-5] 인공감미료의 종류와 성질

종 류	감 미 도	성 질
사 카 린	설탕의 500~700배	-1879년에 처음으로 합성(세계 80여개 국가에서 사용) -하루 3g 이하로 섭취해야 인체에 무해함
아스파탐	설탕의 150~200배	-1965년에 발견, 1974년 미국의 FDA로부터 허가됨 -L-아스파르트산과 L-페닐알라닌의 디펩티드 -중성・알칼리 조건 및 가열에 의해 분해됨으로 비가열식품과 산성식품에 사용 -설탕, 과당, 포도당 등과 혼합할 경우 상승효과를 나타냄
아세설팜칼륨	설탕의 130배	-뒷맛이 거의 없으며 최근 우리나라에서도 사용이 허가됨
수크랄로오스	설탕의 600배	-설탕의 유도체로 국제기구에서 대체적으로 한전하다고 인정함

2. 짠맛

짠맛(salty taste)은 4원미 가운데서 생리적으로 가장 중요한 맛 성분으로 조리의 가장 기본적인 맛이다. 짠맛 성분은 무기 및 유기 알칼리염으로서 주로 음이온에 의존하고, 양이온은 짠맛을 강하게 하거나 부가적인 맛을 준다. 음이온의 경우 그 짠맛의 강도는 $Cl^- > Br^- > I^- > HCO_3^- > NO_3^-$의 순서이며, NaCl은 가장 순수한 짠맛을 가지고 있다. KCl, NH_4Cl, $CaCl_2$, $MgCl_2$ 등 도 짠맛을 지니나, 양이온에 의하여 쓰거나 떫은맛을 낸다. 식염으로 사용되는 천일염은 순수한 NaCl이 아닌 소량의 염화칼륨(KCl), 염화마그네슘($MgCl_2$), 염화칼슘($CaCl_2$), 황산마그네슘($MgSO_4$)등을 함유하고 있으므로, 순수한 짠맛 이외에 쓴맛이 느껴진다.

일반적으로 국물의 소금농도는 1% 정도가 가장 기분 좋은 짠맛을 내고, 감미료 중에 0.1% 정도의 식염이 있으면 단맛이 강화되며, 짠맛 속에 유기산이 섞이면 짠맛이 강화된다. 식염은 또한 영양생리상 중요한 무기질이며, 주요 식품 중에 들어있는 소금의 양은 표 10-6과 같다.

유기산의 염 중에는 디소디움말산(disodium malate), 디암모늄말론산(diammonium malonate), 디암모늄세바신산(diammonium sebacinate), 소디움글루콘산(sodium gluconate) 등이 소금과 비슷한 짠맛을 나타내지만 염화나트륨과 같이 완전 해리되지 않아 혈중 나트륨 농도에 큰 영향을 주지 않으므로 신장병, 간장병, 고혈압 등의 환자에게 식염 대용으로 이용된다.

[표 10-6] 주요 식품의 소금함량(%)

식품명	식염농도	식품명	식염농도
국	0.8~1.2	절임류(단기)	3~5
찌개류	1.5~2	절임류(장기)	7~10
구이류	2~8	단무지	8~10
햄버거스테이크	1	햄, 소시지	2~4
프라이	1	생선조림류	5~10
찜 류	1	정잼이류	10~12
식 빵	0.7	젓 갈	10~30
일본된장(단맛)	6~7	포테이토	1.3~1.5
일본된장(매운맛)	7~10	간 장	18~20
		식 염	85~99

3. 신맛

식품의 신맛(sour taste)은 향기를 동반하는 경우가 많으며 미각의 자극이나 식욕증진에 필요하다. 신맛 성분에는 무기산과 유기산이 있으며, 신맛은 용액 중에 해리되어 있는 수소이온과 해리되지 않은 산 분자에서 기인한다. 따라서 신맛의 정도는 수소이온 농도인 pH와는 정비례하지 않으며, 같은 pH인 경우 유기산은 무기산보다 신맛이 더 강하다. 이는 무기산이 대부분 빠르게 해리되기 때문에 수소이온의 농도가 높지만 혀에 접촉되면 곧 중화되어 신맛이 없어지는 반면, 유기산은 해리도가 작아 수소이온의 농도는 낮으나 혀의 점막에 접촉된 수소이온이 상실되면 점차적으로 해리되지 않았던 수소이온이 해리되어 신맛이 계속되기 때문에 전체적으로 신맛을 강하게 느끼게 된다. 산이 해리될 때 생기는 음이온은 신맛에 영향을 주는데, 무기산의 음이온은 쓴맛이나 떫은맛을 부여하며 불쾌한 신맛을 내는 반면 젖산, 구연산, 주석산 등의 유기산에서는 상쾌한 맛과 특유한 감칠맛을 부여해 식욕을 증진시켜준다(표 10-7). 따라서 무기산 중에서는 탄산이 청량음료와 맥주에, 인산이 청량음료에 이용될 뿐이며 각종의 산이 각각 고유의 맛을 갖는 것은 수소이온이 생기는 동시에 반드시 음이온이 생겨 파생되는 맛으로 단맛, 쓴맛, 기타 여러 맛이 나기 때문이다.

[표 10-7] 식품 중의 신맛 성분

종 류	구 조 식	소 재	특 징	이 용
아세트산 (acetic acid)	CH_3-COOH	식초 김치류	식초 중 3~4%	3~5%로 널리 사용 된다.
락트산 (lactic acid)	$CH_3-CH(OH)-COOH$	김치류 젖산음료 발효 유제품	품위 있는 산미, 방부성	산미뿐만 아니라 살균력이 있어 식품공업에 널리 사용된다.
숙신산 (succinic acid)	$HOOC-CH_2-CH_2-COOH$	청주 조개류 사과 딸기	감칠맛을 갖는 산미	주로 청주, 합성청주, 된장, 간장 등에 사용된다.
말산 (malic acid)	$HOOC-CH_2-CH(OH)-COOH$	과일 감귤류	상쾌한 산미	젤리나 과자의 산미료로 적당하며, 마가린이나 마요네즈에 산미제 및 유화 안정제로 사용된다.
시트르산 (citric acid)	$HOOC-CH_2-C(OH)(COOH)-CH_2-COOH$	살구 감귤류	상쾌한 산미	산미료로서 청량음료, 치즈, 젤리, 잼, 드롭프스 등에 사용한다. 산화방지제의 상승제(synergist)로도 사용한다.
타르탈산 (tartaric acid)	$HOOC-(CHOH)_2-COOH$	포도	칼륨염으로 존재	청량음료, 젤리, 잼 등에 시트르산, 락트산 등과 함께 사용한다.
아스코브산 (ascorbic acid)	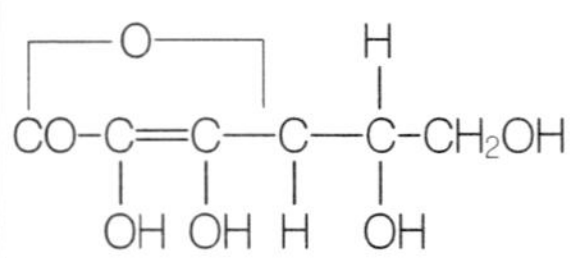	과일 채소류	상쾌한 산미, 산화방지	과일 통조림이나 주스류 제조에 사용한다.
글루콘산 (gluconic acid)	$HOOC-(CHOH)_4-CO_2OH$	곶감 양조식품	풍미 있는 산미	

신맛은 수산기(-OH), 카르복실기의 수(-COOH), 아미노기(-NH_2)의 유무와 그 수에 따라 각기 다른 맛을 내는데, 수산기가 있으면 온건한 신맛을 내고 아미노가 있으면 쓴맛이 짙은 신맛을 낸다. 보통 우리가 섭취하는 식품 중의 중요한 신맛은 초산(acetic acid), 젖산(lactic acid), 호박산(succinic acid), 사과산(malic acid), 주석산(tartaric acid), 구연산(citric acid) 등이며, 유기산의 종류에 따라 신맛의 강도가 다르므로 같은 농도로 신맛의 강도를 비교하면 염산을 100으로 할 때 개미산(84) > 구연산(78)

> 사과산(72) > 젖산(65) > 초산(45) > 낙산(32) 순이다. pH 3 이하인 산도의 신맛은 기호에 맞지 않으나 설탕을 가하면 신맛이 감소되고 맛이 부러워진다. 식품에 신맛을 부여하는 동시에 식품의 pH를 낮추어 부패를 방지하는 효과도 있다. 또한 과일에 함유된 사과산, 구연산 등은 과일 특유의 풍미를 부여하기도 한다. 자연식품의 pH는 대부분 5.0~6.5이며(표 10-8), 식초나 과일 외에는 신맛을 특별히 느낄 수 없다.

[표 10-8] 여러 식품의 pH

식 품	pH	식 품	pH	식 품	pH
0.1N 염산	1.0	복숭아	3.4~4.6	고구마	5.3~5.6
위 액	1~3	포 도	3.5~4.5	어 류	6
레 몬	2.2~2.4	맥 주	4~5	밀가루	6.0~6.5
식 초	2.4~3.4	감 자	4.1~4.4	우 유	6.4~6.8
사 과	2.9~3.3	호 박	4.8~5.2	모 유	7.2
밀감류	3~4	당 근	4.9~5.2	백미밥	6.7
딸 기	3.2~3.6	콩	5~6	증류수	6.8~7.0
앵 두	3.2~4.1	시금치	5.1~5.7	해 수	8.0~8.4
잼	3.5~4.0	양배추	5.2~5.4	0.1N 중조	8.4

4. 쓴맛

쓴맛(bitter taste)은 일반적으로 식미를 나쁘게 하지만 쓴맛 성분에는 약리작용을 하는 것이 많이 있다. 식품에서의 쓴맛은 미량으로 존재하며 다른 맛 성분과 조화된 약간의 쓴맛은 오히려 식품의 기호성을 높여주는 작용을 한다. 커피, 코코아, 맥주, 차, 초콜릿 등의 쓴맛이 좋은 예이다.

쓴맛은 혀의 뒷부분에서 예민하게 지각되어 비교적 장시간 지속되는 맛이며, 단맛, 쓴맛, 짠맛에 비해 가장 감도가 예민하여 맛의 역가가 상당히 낮다.

보통 쓴맛의 성분은 분자내에 N, =N=, −SH, −S−, −S−S−, =CS, $-SO_2$, $-SO_2(OH)$, $-SO_2H_3$ 등의 고미기를 가지며 Ca^{2+}, Mg^{2+}, NH^{4+} 등의 무기 이온도 쓴맛을 낸다. 식품 중의 쓴맛 성분으로는 크게 알칼로이드(alkaloid, 식물체에 들어있는 염기성함질소 화합물의 총칭으로 강한 약리작용을 나타냄), 배당체, 케톤류, 무기염류 및 단백분해물 등으로 구분된다(표 10-9).

[표 10-9] 식품의 쓴맛 성분

종	류	소 재	비 고
알칼로이드	카페인(caffeine)	차, 커피	녹차 2~3%, 홍차 3%, 커피 1%, 코코아 0.2%의 카페인을 함유하고 심장, 신장, 중추신경계에 흥분작용을 준다.
	테오브로민(theobromine)	코코아, 초콜릿	이뇨제(利尿劑)
	퀴닌(quinine)	키나	쓴맛의 표준물질. 쓴맛을 느낄 수 있는 한계 값은 0.0016%이며, 말라리아병에 특효이다.
배당체	나린진(naringin)	밀감의 껍질	나린진 가수분해 효소에 의해 분해되어 당이 제거된 아글리콘(나린게닌)은 쓴맛이 없어진다.
	큐커비타신(cucurbitacin)	오이의 꼭지부분	약 20여종의 이성질체가 있다
	퀘세틴(quercetin)	양파의 껍질	루틴의 아글리콘
케톤류	후물론(humulon) 루풀론(lupulon)	홉(맥주의 방향, 쓴맛을 포함)	맥주의 쓴맛은 이밖에도 발효공정 중 이성화 또는 분해에 의해서 생성된 30여 종류의 고미성분으로 이루어진다. 기포성(氣泡性), 지포성(持泡性), 항균력이 있다.
	투존(thujone)	쑥	쓴맛을 가지나 독성이 없고 분자 안에 질소가 없다.
무기염류	염화마그네슘(magnesium chloride), 염화칼슘(calcium chloride)	간수	두부 응고제로 쓰이나, 이들의 쓴맛을 제거하기 위해 두부는 응고 후 3~4시간 물에 담가둔다.
아미노산	L-트립토판(L-tryptophan), L-루신(L-leucine), L-페닐알라닌(L-phenylalanine)	단백질 분해물	콩 등의 단백질은 펩신(pepsin)으로 가수분해할 때 생기는 아르지닌-루신, 글라이신-루신처럼 말단에 루신을 갖는 다이펩타이드(dipeptide)는 쓴맛을 띤다. 치즈가 변질하여 생기는 쓴맛과 건어물의 어복 부위의 쓴맛도 펩타이드에 기인한다. 건어물에서는 펩타이드 외에 타이로신(tyrosine)에서 생긴 타이라민(tyramine)도 쓴맛을 띤다.
기타	이포메아마론(ipomeamarone)	흑반병 고구마	흑반병에 걸린 고구마의 쓴맛 성분으로 유독성 성분이다.
	리모넨(limonene)	감귤류의 껍질내부	과즙이 신선할 때는 쓴맛이 없으나 과즙을 저장하거나 가공처리하면 쓴맛을 띤다. 이것은 리모넨(limonene)에 기인하며 이와 같은 쓴맛을 지연성쓴맛(delayed bitterness)이라고 한다.
	사포닌(saponin)	콩, 도토리, 아스파라거스	약한 유독 성분이며 사포닌은 묽은 알칼리에 잘 녹으므로 도토리를 식품 화 하려면 묽은 알칼리로 잘 씻어 완전히 쓴맛 성분을 제거해야 한다.

5. 매운맛

매운맛(hot taste, pungent taste)은 미각신경을 강하게 자극하여 느껴지는 감각으로 순수한 미각이라고 하기보다는 구강내의 신경을 통해 느끼게 되는 일종의 생리적 통각이다. 일반적으로 매운맛은 자극적인 냄새가 따르는 경우가 많으며 미뢰뿐만 아니라 구강 전체에서 비강까지 느껴진다. 따라서 이러한 효과를 가지는 조미료를 향신료라 부르며, 적당한 매운맛은 맛에 긴장감을 주고 식욕증진 및 살균, 살충 작용을 돕는다. 식품 중의 매운맛 성분은 화학구조에 따라 산아미드류(acid amide), 황화합물류, 방향족 알데히드 및 케톤류, 아민류 등으로 구분된다(표10-10).

[표 10-10] 식품 중의 매운맛 성분

종류		소재	비고
산아미드	캅사이신 (capsaicin)	고추	-융점이 65℃인 판상결정(版狀結晶)으로서 냉수에는 불용성 이지만 알코올, 에터, 클로로포름, 벤젠 등에 가용성 이다. 비등점은 210~220℃/0.01mmHg로서 대기 중에 방치하면 차츰 휘산 된다. 매운맛이 강하고 체내에서 항산화 작용이 있다.
	차비신 (chavicine)	후추	-후추에 0.8%의 차비신이 들어 있는데 이의 트랜스형 이성체인 피페린은 매운맛이 없고 시스형인 차비신만이 매운맛을 가진다.
	산쇼올 (sanshool)	산초	-조피나무(山椒, 川椒, chinesepepper) 열매의 매운맛을 갖는 수지상 불질을 환원하면 무색의 침상결정인 하이드로산쇼올이 얻어진다. 산쇼올은 하이드로산쇼올의 불포화 화합물로 이중결합 위치는 불분명 하다.
황화합물	시니그린 (sinigrin)	흑겨자 고추냉이	-흑겨자에 존재하는 시니그린은 마이로시네이스(시니그리네이스)에 의해 가수분해 되어 알릴 아이소싸이오시아네이트를 생성하여 매운맛을 낸다. $CH_2{=}CHCH_2 \cdot N{=}C{=}S$ 알릴 아이소싸이오시아네이트(allyl isothiocyanate)
	시날빈 (sinalbin)	백겨자	-백겨자에 존재하는 시날빈이 마이로시네이스에 의하여 *p*-하이드록시벤질 아이소싸이오시아네이트를 생성하여 매운맛을 낸다.  *p*-하이드록시벤질 아이소싸이오시아네이트 (*p*-hydroxybenzyl isothiocyanate)

[표 10-10] 계속

종 류		소 재	비 고
황화알릴류	다이비닐설파이드(divinylsulfide) 다이알릴설파이드(diallylsulfide) 다이알릴다이설파이드(diallyldisulfide) 프로필알릴설파이드(propylallylsulfide) 알리신(allicin)	부추유	-마늘, 파, 양파, 부추 등의 정유성분인 부추유(leek oil)의 매운맛 성분이다. 알리신은 마늘, 양파의 매운맛 성분으로 알리인이 알리이네이스에 의해 가수분해 되어 생성된 알릴설폰산의 축합물이다. 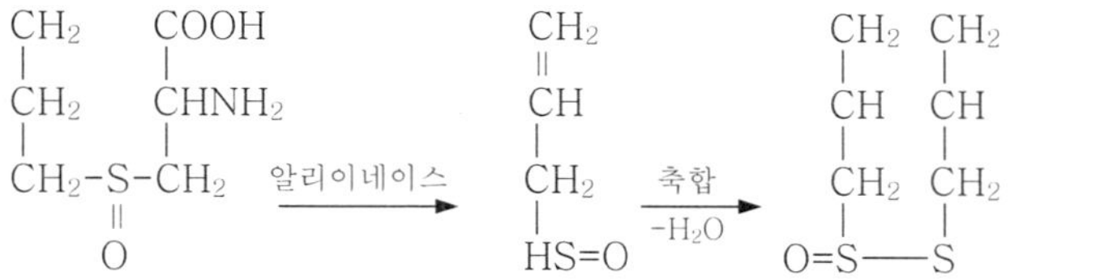 알리인 알릴설폰산 알리신
방향족 알데하이드 및 케톤	진저론(zingerone) 쇼가올(shogaol) 진저롤(gingerol)	생강	-생강의 매운맛 성분으로 진저론은 융점이 40℃인 결정체이고 쇼가올은 유상물질이다. 진저롤은 진저론과 쇼가올의 전구물질이다.
	커쿠민(curcumin)	울금	-심황(turmeric)의 매운맛과 황색의 성분이며, 카레가루의 재료가 된다.
	바닐린(vanillin)	바닐라콩	-바닐라콩의 달콤한 방향성 매운맛 성분이며, 값이 비교적 싸므로 많이 쓰인다.
	신남 알데하이드(cinnamaldehyde)	계피	-계피의 향신 성분으로 과자나 소스 등에 쓰인다.
아민류	히스타민(histamine) 타이라민(tyramine)	썩은 생선 변패간장	-부패한 생선, 변패된 간장은 히스티딘 및 타이로신이 세균에 의해 탈탄산화 되어 생성된 히스타민, 타이라민에 의해 매운맛을 갖는다.

6. 떫은맛

떫은맛(astringent taste)이란, 혀 표면에 있는 점막 단백질이 일시적으로 변성 응고되어 미각신경이 마비됨으로써 일어나는 수렴성(astringency)의 불쾌한 맛으로, 특히 감, 차, 커피, 맥주, 포도주, 도토리 등에서 나타난다. 식품에서는 주로 폴리페놀성 물질인 탄닌류가 떫은맛의 대표적인 원인이 되지만, 이외에 지방산 및 알데히드류, 금속류 등도 떫은맛을 낸다. 떫은맛이 강하면 불쾌하나 약하면 쓴맛에 가깝게 느껴지고 특히 차나 포도주에서의 약한 떫은맛은 다른 맛과 조화되어 독특한 풍미를 부여한다. 훈제품, 말린 생선과 같이 지방질이 많은 식품을 오래 저장하였을 때 떫은맛은 지방질의 분해에 의하여 생긴 지방산과 알데히드에서 기인하는 것이다(표 10-11).

[표 10-11] 식품의 떫은맛 성분

명칭	구조식	식품	비고
diospyrin	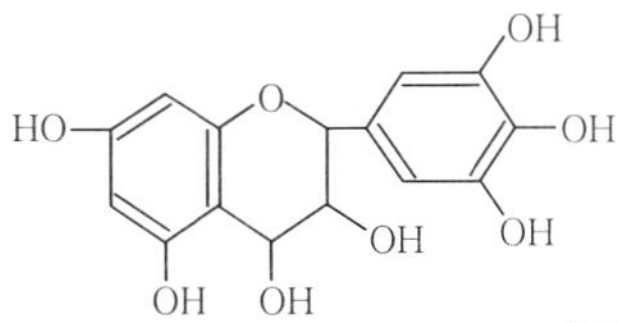 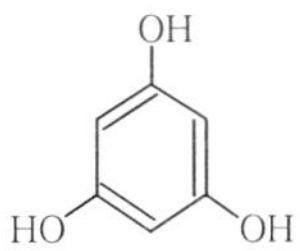 phloroglucinol 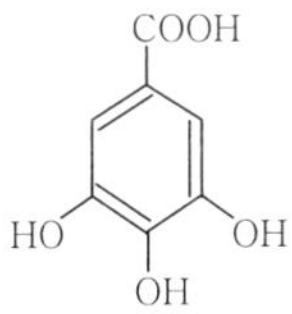 gallic acid	감	-gallic acid와 phloroglucinol의 축합물인 shibuol에 의함. 덜 익은 감이 익어감에 따라 떫은맛이 적어진 것은 과일 내에 생긴 alcohol이나 aldehyde가 shibuol과 중합하여 불용성 물질이 되기 때문이다.
엘리지산 (ellagic acid)	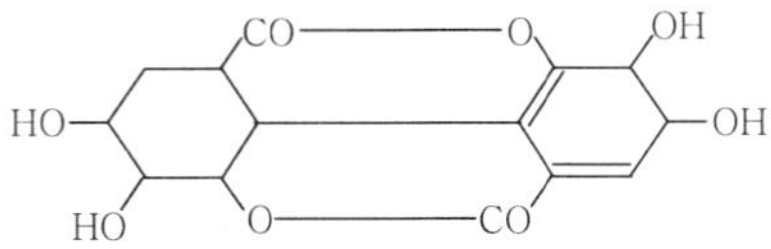	밤	-2분자의 gallic acid가 축합한 ellagic acid
클로로겐산 (chlorogenic acid)	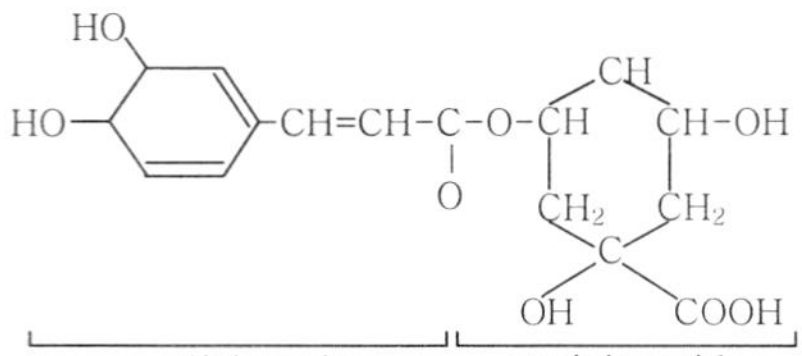 caffeic acid quinic acid	coffee, 고구마, 감자, 가지, 사과, 배	-식물계에 gallic acid(몰식자산) Caffeic acid와 quinic acid가 ester 결합한 형태의 분자로서 caffeic acid 부분에 -OH기 2개를 가지는 polyphenol 화합물이기 때문에 polyphenol oxidase에 의하여 갈변. -감자, 고구마, 사과 등의 흑변
카테킨류 (catechins)	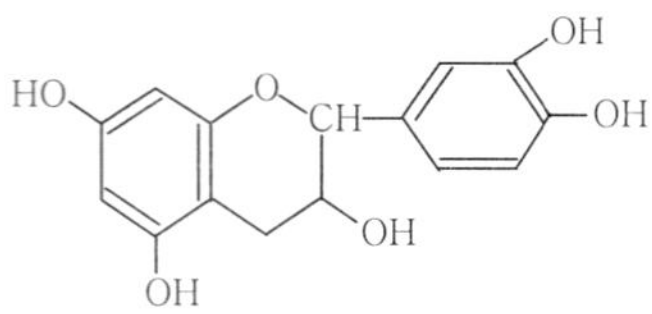	차, 과실	-gallic acid와 catechin에 의한 것이며 이들 tannin은 홍차 제조 중 발효과정에 의하여 대부분 불용성으로 된다. -epicatechin gallate, epgallocatechin gallate, epigallocatechin, epicatechin.

7. 감칠맛

1) 감칠맛의 성분과 특징

감칠맛(savory, umami taste)이란 단맛, 짠맛, 신맛, 쓴맛이 잘 조화된 구수한 맛을 표현한 것으로, 단일 물질에 의한 맛이 아닌 여러 가지 맛을 내는 성분들이 혼합되어 나타내는 복잡하고 미묘한 맛이다. 일반적으로 식품은 다소라도 감칠맛을 가지고 있으며, 특히 단백질 식품에 감칠맛에 많이 함유되어 있는데 그 예로 된장, 간장, 젓갈류, 해조류, 조개류, 버섯, 죽순 등에서 느낄 수 있는 맛이다. 감칠맛은 아직도 일부에서 원미로서 인정하지

[표10-12] 식품의 감칠맛 성분

종 류		비 고
아미노산과 그 유도체	글라이신(glycine)	겨울철의 조개류, 게, 새우 등에 함유된 독특한 감칠맛 성분
	베타인(betaine, trimethyl glycine)	여름철 오징어, 새우, 문어, 전복, 조개류, 게 등에 함유된 감칠맛 성분으로 글라이신의 아미노기가 트리메틸아민이 되어 고리모양으로 된 것으로 생체속에는 글라이신이나 콜린에서 유도된다.
	크레아틴(creatine) 크레아티닌(creatinine)	어류, 육류의 일반적인 감칠맛 성분으로 이들 성분은 글리신의 유도체이다.
	글루타민(glutamine)	육류나 어류, 채소 중에 들어있는 감칠맛 성분으로 글루탐산의 γ 위치의 카복실기가 $CONH_2$로 된 아마이드이다.
	테아닌(theanine)	햇빛을 가리고 재배한 녹차에 들어있는 것으로 단맛을 띤 감칠맛 성분이다. 이 성분은 글루탐산의 에틸 아마이드이다.
	아스파라진(asparagine)	어류나 육류, 채소 중에 들어있는 감칠맛 성분으로 아스파트산의 아마이드이다.
	트리크롬산(trichoromic acid), 이보텐산(ibotenic acid)	버섯류 중에 들러있는 감칠맛 성분으로 분리된 새로운 아미노산이다. L-글루탐산과 비슷한 감칠맛을 내나 강도는 훨씬 세다.
	글루탐산(glutamic acid)의 나트륨염(MSG)	감칠맛의 대표적인 물질로 L형의 모노소디움(monsodium)만이 감칠맛을 낸다. 식물성 단백질에 15~35%, 동물성 단백질에 2~3% 함유되어 있다. 글루탐산은 감칠맛이 강하나 물에 녹지 않기 때문에 1개의 -COOH를 나트륨염으로 만든 모노소디움 글루탐산이 되면 물에 잘 용해된다. 단백질을 산으로 가수분해하여 생성된 글루탐산을 중화시키거나 글루탐산 생성균을 이용해 발효시킨 후 중화하여 만든다.
펩티드류	카노신(carnosine) 메틸 카노신(methyl carnosine, anserine)	카노신 : β-알라닌 + 히스티딘 메틸 카노신 : β-알라닌 + 메틸히스티딘 육류, 어류 등에 들어있는 다이펩타이드의 감칠맛 성분이다.
	글루타싸이온(glutathione, glutamyl cysteinyl glycine)	동·식물계 식품에 널리 분포되어 있는 트리펩타이드로 감칠맛을 가지고 있다고 하는데, 최근 감칠맛이 있는지가 의심이다.
콜린 및 그 유도체	콜린(choline)	일반적인 식품에 광범위하게 분포되어 있는 감칠맛이다.
	트리메틸아민 옥사이드(trimethylamine oxide)	콜린의 분해 물질이라고 하며 어류의 감칠맛 성분이다. 감칠맛 성분이 환원하면 트리메틸아민이 생성되는데, 이것은 어류의 부패 시 냄새성분이다.
	카니틴(carnitine)	일반 식품, 특히 동물성 식품에 널리 분포되어 있는 콜린의 유도체로서 감칠맛을 가진다.
	구아닌(guanine) 하이포크산틴(hypoxathine) 아데닌(adenine) 잔틴(xanthine)	어·육류의 감칠맛 성분으로서 퓨린염기에 속한다. 이들 염기와 리보오스, 그리고 한 분자의 인산이 결합된 뉴클레오타이드가 될 때 감칠맛을 띤다. 구아닌의 산화생성물인 구아니딘, 메틸구아니딘 등도 어류나 육류의 감칠맛 성분이다.
기타	숙신산(succinic acid)	청주 및 그 외의 발효생성물과 조개류 등에 들어있는 감칠맛 성분으로서 일종의 유기산이다.
	타우린(taurine, amino sulfonic acid)	오징어, 문어 등에 함유된 감칠맛이다.

않고 있으나, 근래의 연구에 의하면 감칠맛이 원미로서의 여러 조건을 충족하고 있음을 보여주고 있다.

감칠맛을 내기 위하여 오래전부터 천연조미료로서 간장, 된장, 젓갈류, 해조류, 버섯을 사용하여 왔고, 근래에 와서는 향미증진제(flavor intensifier) 또는 향미강화제(flavor enhancer)라 불리는 감칠맛 성분의 물질을 공업적으로 대량 생산하여 사용하고 있다. 감칠맛의 성분과 주요 식품은 표 10-12와 같다.

2) 핵산의 감칠맛

뉴클레오티드(nucleotide)는 염기-당-인산의 3성분으로 구성되어 있으며, 핵산(RNA, DNA)의 구성단위가 된다. 감칠맛을 내는 핵산성분으로는 5′-GMP, 5′-IMP, 5′-XMP 등의 5′-리보뉴클레오티드(ribonucleotide)(그림 10-5)이며, 이들 감칠맛의 강도는 5′-GMP > 5′-IMP> 5′-XMP의 순으로 5′-GMP의 강도는 5′-IMP의 3배이다. 특히 이들 5′-리보뉴클레오티드의 감칠맛은 MSG(mono sodium glutamate)과 혼합 시에 감칠맛이 훨씬 더 강하게 느껴지는 상승효과를 냄으로 실제로 5′-리보뉴클레오티드의 나트륨염은 MSG와 혼합하여 복합조미료로 시판되고 있다. 식품중의 5′-IMP는 육류와 어류의 중요한 감칠맛 성분이고, 5′-GMP는 표고버섯의 중요한 감칠맛성분이다.

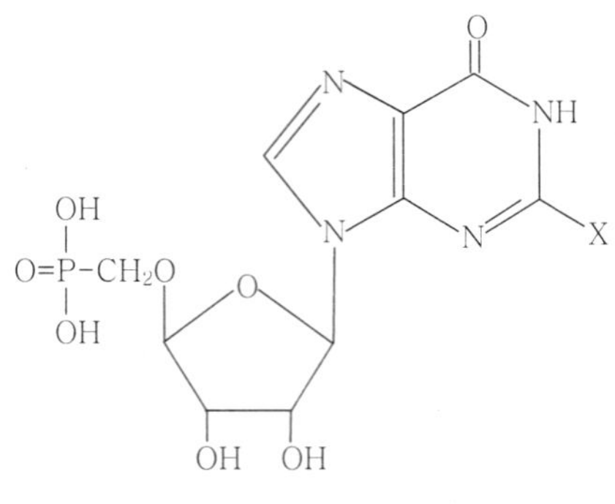

X —
- NH_2 : 5′-GMP(guanosine 5′-monophosphate
- H : 5′-IMP(inosine 5′-monophosphate
- OH : 5′-XMP(xanthosine 5′-monophosphate

[그림 10-5] 뉴클레오티드의 구조

8. 교질맛

교질맛 또는 점활미(colloidal taste)란 주로 식품의 교질상태를 형성하는 다당류나 단백질이 혀의 표면과 입 속의 점막에 물리적으로 접촉될 때 느끼는 맛으로 맛을 느끼는데 있어서는 중요한 것이다. 예를 들면 밥이나 떡의 호화전분, 찹쌀밥의 아밀로펙틴, 곤약의 글루코만나, 과일잼의 펙틴질, 한천의 갈락탄, 해조의 알긴산 등의 다당류는 각각의 식품에 교질맛을 주는 성분이다. 또 밀가루의 글루텐, 고깃국의 젤라틴, 토란의 뮤신 등의 단백질은 교질성 미각을 준다.

9. 기타 맛

1) 금속맛과 알칼리맛

금속맛(metal taste)은 금속이온에 의해 나타나는 맛으로 혀의 표면이나 구강안의 넓은 구역에서 감지되며 뒷맛으로 느껴지는 경우가 많다. 금속맛은 수은이나 은의 염에서 가장 강하게 느껴지지만 보통은 철, 구리, 주석의 염에서도 느껴지므로 수저 · 포크에서도 느낄 수 있다.

알칼리맛은 OH^-에서 기인되는 맛으로 중조($NaHCO_3$)나 재에서 느낄 수 있다.

2) 아린맛

아린맛(acrid taste)은 쓴맛과 떫은맛이 복합적으로 섞인 불쾌감을 주는 맛으로, 죽순, 고사리, 고비, 우엉, 토란, 가지 등에서 느낄 수 있으며, 이들을 식용으로 조리하기 전에 물에 담금으로 아린맛을 제거한다. 아린맛은 알카로이드, 유기산, 무기염류(K^+, Ca^{2+}, Mg^{2+}) 배당체, 탄닌 등에 의해 나타난다. 죽순, 토란, 우엉의 아린맛 성분은 페닐알라닌과 티로신의 대사물질인 호모겐티스산(homogentisic acid)에 의한 것이다.

3) 시원한맛

시원한맛(cooling taste)은 박하에 함유되어 있는 멘톨과 당알코올 중 자일리톨, 만니톨, 솔비톨과 같이 단맛과 함께 시원한 맛도 나타내는 맛으로, 이 감각은 물질이 코나 입의 조직을 자극하여 느껴진다.

제 11 장. 식품의 냄새

식품의 냄새(odor)는 식품에 미량 함유된 휘발성 물질들이 후각을 자극하며 감지된다. 냄새는 식품의 맛을 연상시키고 우리의 기호를 자극할 뿐 아니라 신선도, 익은 정도 등 식품의 품질 판단에 중요한 역할을 한다. 냄새는 보통 쾌감을 주는 향(aroma, perfume)과 불쾌감을 주는 악취(stink, malodor)로 나타낸다. 또한 냄새의 표현에 풍미(flavor)가 있는데 풍미란 향과 맛이 합쳐진 감각이며, 넓은 뜻으로는 식품의 질감(texture)에서 오는 감각도 포함한다. 식품은 제각기 특유한 냄새를 가지며 맛과 조직감과의 조화에 의해 그 식품에 고유의 풍미를 주고 있다.

우리가 느낄 수 있는 냄새의 종류만도 10만 가지 이상 있지만 실제로 그 함량이 매우 적고 변화되기 쉬운 휘발성이기 때문에 정확하게 냄새를 규명하기 쉽지 않고 이렇게 많은 냄새를 느낀다고 생각하는 사람도 많지 않다. 최근에는 기술의 발달로 식품 냄새성분 분석이 활발하게 이루어졌다.

11-1. 냄새의 감지

냄새는 휘발성 물질이 코 안에서 후각신경을 자극함으로써 일어나는 감각이다. 공기 중에 냄새 성분이 코점막에 녹으면 후신경을 자극하고 이 자극된 후신경을 통하여 대뇌를 거쳐 중추에 전달되어 냄새를 느끼게 된다(그림 11-1).

냄새를 느낄 수 있는 최저 농도를 냄새의 역치(threshold value)라 하며 미각의 역치에 비해 10,000배 이상 예민하다. 그러므로 냄새 성분이 식품 속에 ppm(parts per million), ppb(parts per billion) 단위 정도만 함유되어 있어도 사람은 이 냄새를 감지할 수 있다. 이렇게 저농도에서도 쉽게 냄새를 느낄 수 있어 보존 중인 음식물의 냄새 변화로부터 부패를 빨리 감지할 수 있다. 실제로 식용유지의 부패취는 역치 1ppm 수준에서 감지되고 단백질 식품의 부패 시 발생하는 황화수소(H_2S), 메르캅탄(mercaptan) 등도 낮은 역치와 특이취를 가지고 있어 쉽게 느낄 수 있다.

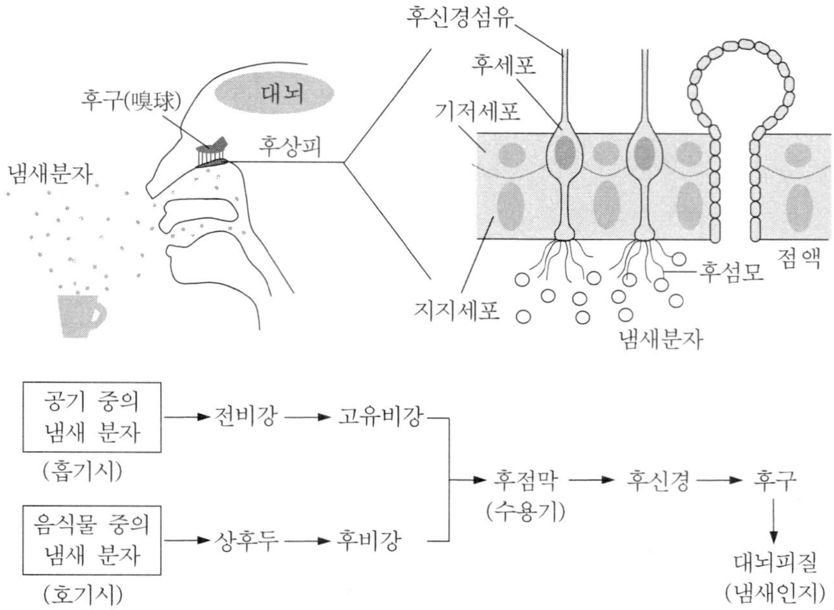

[그림 11-1] 후각기관

11-2. 냄새의 분류

1. 헤닝의 분류

헤닝(Henning)은 1916년 표 11-1과 같이 많은 종류의 냄새를 6종류의 기본적인 냄새로 분류하고 그 냄새 상호간의 관계를 프리즘에 비교하여 설명하였다(그림 11-2).

[표 11-1] 헤닝의 냄새 분류

냄새 분류	예
매운 냄새(spicy)	마늘, 생강 등의 향기
꽃향기(fragrant)	백합, 매화, 장미 등의 향기
과일향기(ethereal)	사과 오렌지, 레몬 바나나 등의 향기
수지향기(resinous)	송정유, 테르펜유 등의 향기
썩은 냄새(putrid)	썩은 고기, 부패한 계란 등의 냄새
탄 냄새(burnt)	커피, 타르, 캐러멜 등의 냄새

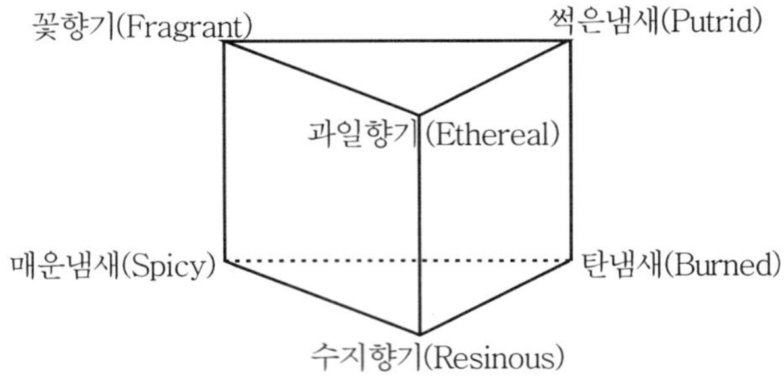

[그림 11-2] 헤닝의 후각프리즘

2. 아무어의 분류

아무어(Amoore)는 기본적인 냄새를 7종류로 분류하였다.

- 장뇌 냄새(camphorous) : 보르네올, 제3부틸알코올 d-캠퍼, 시네올, 펜타메틸에틸 알코올
- 매운냄새(pungent) : 알릴알코올, 시아노겐, 포름알데히드, 포름산, 메틸이소티 오시아네이트
- 에테르 냄새(ethereal) : 아세틸렌, 카본 테르타클로리드, 클로로포름, 에틸렌디클로리드, 프로필알코올
- 꽃향기(floral) : 벤질 아세테이트, 게라니올, α-이오논, 페닐에틸알코올, 테르피네올
- 박하향(pepperminty) : 제3부틸카르비놀, 시클로헥사논, 멘톤, 피페리톨, 1,1,3-트리메틸-시클로-5-헥사논
- 사향(musky) : 안드로스탄-3α-올, 시클로헥사데카논, 에틸렌 세바케이트, 17-메틸 안드로스탄-3-α-올, 펜타데카놀락톤
- 썩은 냄새(putrid) : 아밀메르캅탄, 카다베린, 히드로겐 술피드, 인돌, 스카톨

11-3. 냄새 성분의 종류

냄새물질은 카르보닐기(-CO-), 카르복실기(-COOH), 아마노기(-NH_2), 히드록시기(-OH), 페닐기(-C_6H_5) 등을 갖고 있다. 냄새성분은 기능기나

화합물의 특성에 따라 에스테르, 락톤, 알코올, 알데히드, 케톤, 산 등으로 나눌 수 있으며, 각 화합물은 각기 다른 냄새 특성을 나타낸다.

① 에스테르류 및 락톤류

에스테르류(ester)는 과일향기의 주성분으로 분자량이 커지면 향기도 강해지고 과일향에서 꽃향기로 되며, 벤젠(benzene)핵을 가지면 꽃향기는 강해진다. 에스테르류는 과일, 양조식품, 낙농제품, 기호식품 향기의 주성분이다. 락톤(lactone)은 분자 내에서 OH기와 COOH기가 탈수되어 생긴 분자 내 에스테르로 주로 과일의 감미로운 향기 성분이다.

② 알코올류

탄소수 5개 이하의 알코올은 채소, 과일, 청주 등의 향기 성분으로 중요하고 불포화결합을 가지는 알코올은 어린잎의 풋내 성분이며 방향족 알코올은 꽃향기의 성분이다. 대개 이중결합이 있으면 향기가 강하나 삼중결합이 있으면 향기가 나빠진다.

③ 알데히드와 케톤류

미량으로 방향을 내는 성분이 많으며 식품의 가열 향기 중 각종 알데히드, 방향족 알데히드는 강한 향기를 가진다. 특히 케톤기를 2개 갖는 디아세틸(diacetyl)이나 아세토인(acetoin) 등은 버터나 발효된 유제품의 향기 성분이다.

④ 지방산

초산(아세트산, acetic acid)같은 저분자는 자극성의 산취를 내며, 저급 지방산인 프로피온산(propionic acid), 부티르산(butryic acid), 카프로산(caproic acid) 등은 우유, 버터, 치즈의 주요 냄새 성분이며, 분자량의 커지면 비휘발성이 되어 향기가 적어진다.

⑤ 테르펜류

이소프렌(isoprene, $CH_2=C(CH_3)-CH=CH_2$)의 중합체인 테르펜(terpene)류 및 그 유도체를 주성분으로 하는 화합물로 이것은 식물체를 수증기 증류할 때 얻어지는 방향성의 유상물질로 정유(essential oil)라고 한다.

이들은 향기를 갖는 동시에 약간의 자극적인 맛을 갖고 있어 매운맛 성분을 포함한다.

⑥ 함유황화합물

주로 채소류와 향신료의 매운맛 성분인 휘발성 황화합물은 다량 존재 시 악취를 내나 미량으로 존재 시에는 음식물의 향기를 크게 상승시킨다. 실제로 밥에 미량 존재하는 황화수소(H_2S)는 구수한 냄새의 원인이 된다.

⑦ 푸란, 피라진류 및 헤테로고리화합물

식품가열시 일어나는 마이얄 반응에 의해 생성되는 가열식품의 휘발성분, 구운 고기, 끓인 간장, 볶은 콩, 볶음참깨의 냄새물질이다.

⑧ 암모니아(NH_3)와 아민류의 질소화합물

담수어의 비린내나 동물성 식품의 부패 냄새에 관여한다.

11-4. 식물성 식품의 냄새 성분

식물성 식품에 주로 들어 있는 냄새성분은 에스테르류, 알데히드류, terpene류 및 유황화합물이다(표 12-2, 표 12-3, 표 12-4, 표 12-5).

[표 11-2] 에스테르류

명 칭	구 조 식	함유식품
ethyl formate	$HCOOCH_2CH_3$	복숭아
amyl formate	$HCOOCH_2(CH_2)_3CH_3$	사과, 배
isoamyl formate	$HCOOCH_2CH_2CH(CH_3)_2$	사과, 배
ethyl acetate	$CH_3COOCH_2CH_3$	파인애플
isoamyl acetate	$CH_3COOCH_2CH_2CH(CH_3)_2$	사과, 배
amyl propionate	$CH_3CH_2COOCH_2(CH_2)_3CH_3$	코코아
methyl butyrate	$CH_3CH_2CH_2COOCH_3$	사과
ethyl butyrate	$CH_3CH_2CH_2COOCH_2CH_3$	파인애플
amyl butyrate	$CH_3CH_2CH_2COOCH_2(CH_2)_3CH_3$	살구
isoamyl isovalerate	$(CH_3)_2CHCH_2COOCH_2CH_2CH(CH_3)_2$	바나나

[표 11-2] 계속

명 칭	구 조 식	함유식품
methyl cinnamate	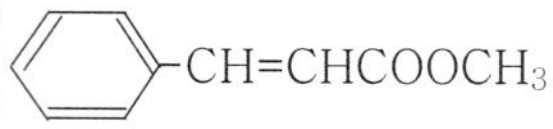	송이버섯
sedanolide	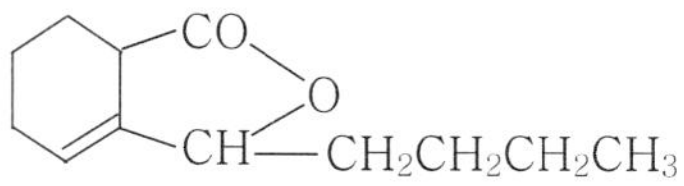	셀러리
apiol	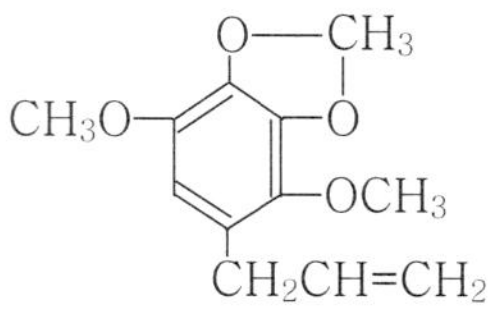	parsley

[표 11-3] 알코올 및 알데히드류

명 칭	구 조 식	함유식품
ethyl alcohol	CH_3CH_2OH	주류
propanol	$CH_3CH_2CH_2OH$	양파
pentanol	$CH_3CH_2CH_2CH_2OH$	감자
β,γ-hexenol(청엽 alcohol)	$CH_3CH_2CH{=}CHCH_2CH_2OH$	찻잎, 채소의 푸른잎
α,β-hexenol(청엽 aldehyde)	$CH_3CH_2CH_2CH{=}CHCHO$	찻잎
linalool	$(CH_3)_2C{=}CH(CH_2)_2C(CH_3)(OH)CH{=}CH_2$	찻잎, 복숭아
1-octen-3-ol	$CH_3(CH2)_4CHOHCH{=}CH_2$	송이버섯
2, 6-Nonadienol	$CH_3CH_2CH{=}CH(CH_2)_2CH{=}CHCH_2OH$	오이
furfuryl alcohol	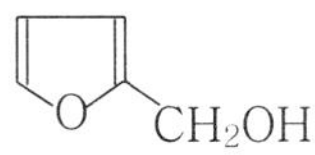	커피
cinnamic aldehyde	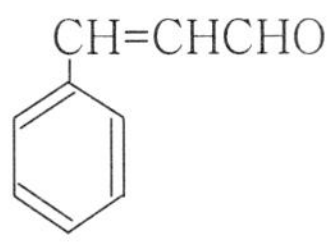	계피
eugenol	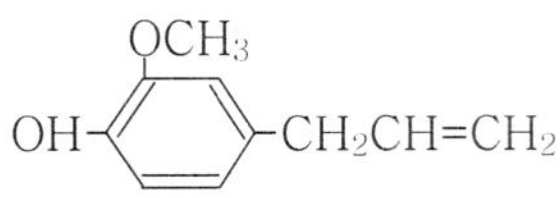	계피

[표 11-4] 식품 중의 terpene류의 냄새성분

명 칭	구조식	함유식품	명 칭	구조식	함유식품
		monoterpene			
myrcene	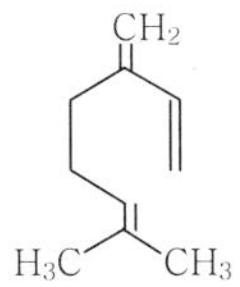	미나리	menthol	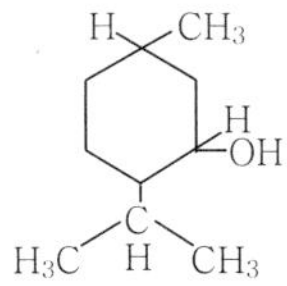	박하
limonene	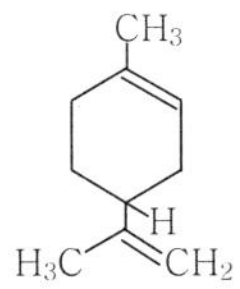	오렌지	1,8-cineole	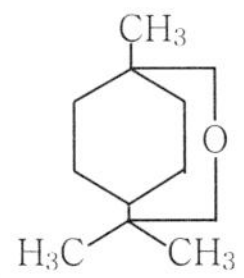	cardamon
α-phellandrene	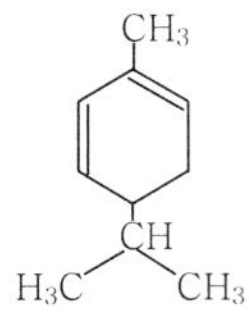	후추	β-citral	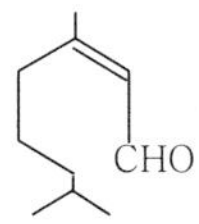	레몬
camphene	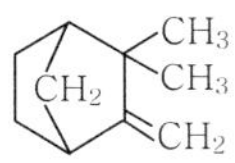	레몬	carvone	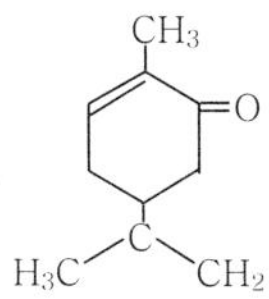	caraway유
linalool	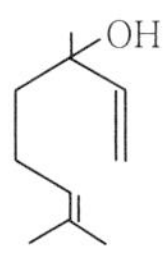	등화유	menthone	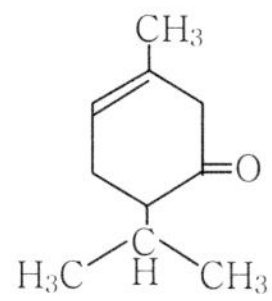	박하
geraniol	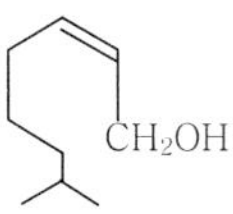	녹차			
		sesquiterpene			
zingilbeme	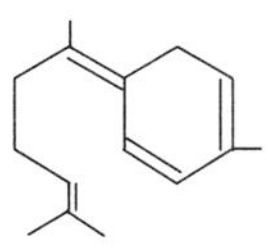	생강	humulene	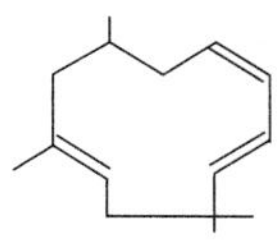	호프
β-selinene	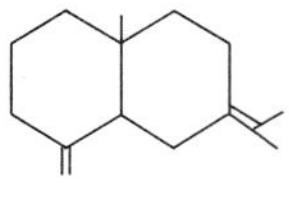	샐러리유	farnesol	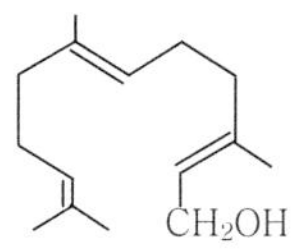	사향초유 보리수꽃유

[표 11-5] 식품 중의 유황화합물 냄새성분

명 칭	구 조 식	함유식품
methyl mercaptan	CH_3SH	무, 파, 마늘
propyl mercaptan	$CH_3CH_2CH_2SH$	양파
acetaldehyde dimethyl mercaptan	SCH_3 CH_3CH SCH_3	단무지
S-methyl cysteine sulfoxide	$CH_3SCH_2CHCOOH$ ‖ | O NH_2	순무, 양배추
methyl β-mercapto propionate	$CH_3SCH_2CH_2COOCH_3$	파인애플
β-methyl mercapto propyl alcohol	$CH_3SCH_2CH_2CH_2OH$	간장
β-methyl mercapto propyl aldehyde	CH_3-CH-CHO | SCH_2	간장
furfuryl mercaptan	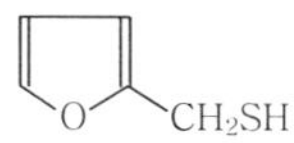	커피
allyl isothiocyanate	CH_2=$CHCH_2NCS$	양배추, 무, 겨자
diallvl disulfide	$(CH_2CHCH_2C\text{-}S)_2$	고추냉이, 겨자
diallvl trisulfide	$(CH_2CHCH_2S)_2S$	파, 마늘, 양파
divinyl sulfide	CH_2=CH-S-CH_2-CH_2	파, 마늘, 양파
sulforaphene	CH_3-S-CH=$CHCH_2CH_2NCS$ ‖ O	파, 마늘, 양파
alliin	O NH_2 ‖ | CH_2=$CHCH_2SCH_2CHCOOH$	무, 마늘

1. 채소의 냄새 성분

채소의 냄새는 채소 조직 내의 효소반응에 의해 생성되는 휘발성 알데히드, 케톤, 에스테르, 알코올, 함황 화합물과 이들의 분해 생성물 등에 의한 것이다. 백합과(마늘과, allium sp.)에 속하는 양파, 마늘, 파, 부추 등과 겨자과(cruciferae family)에 속하는 배추, 양배추, 무, 갓, 순무, 브로콜리, 컬리플라워 등과 같은 채소들은 과일과 달리 강하고 독특한 냄새 성분을 가지며 이들은 조리과정 중 효소의 반응에 의해 생성된 황화합물이다.

1) 백합과 채소

백합과 채소에 속하는 마늘, 양파, 부추, 파 등은 함황 화합물 특유의 매운 향을 낸다. 마늘에는 냄새를 내는 전구물질로 S-알릴-L-시스테인 설폭시드(S-allyl-L-cysteine sulfoxide)인 알리인(alliin)이 존재한다. 마늘을 썰거나 다지거나 씹어 마늘조직이 파괴되면 이 전구체에 시스테인 설폭시드 분해효소(cysteine sulfoxide lyase)인 알리이나아제(alliinase)가 접촉하여 그림 11-3과 같은 경로를 거쳐 디알릴 티오설피네이트(diallyl thiosulfinate)인 알리신(allicin)을 생성한다. 알리신은 마늘의 주요 매운 냄새와 매운맛 성분으로 불쾌한 냄새를 가지고 있지 않다. 그러나 알리신은 불안정하여 디알릴 설피드(diallyl sulfide, $CH_2=CH-CH_2-S-CH_2-CH=CH_2$), 디알릴 디설피드(di-allyl disulfide, $CH_2=CH-CH_2-S-S-CH_2-CH=CH_2$), 디알릴 트리설피드(diallyl trisulfide, $CH_2=CH-CH_2-S-S-S-CH_2-CH=CH_2$) 등으로 변화되어 좋지 않은 냄새를 낸다.

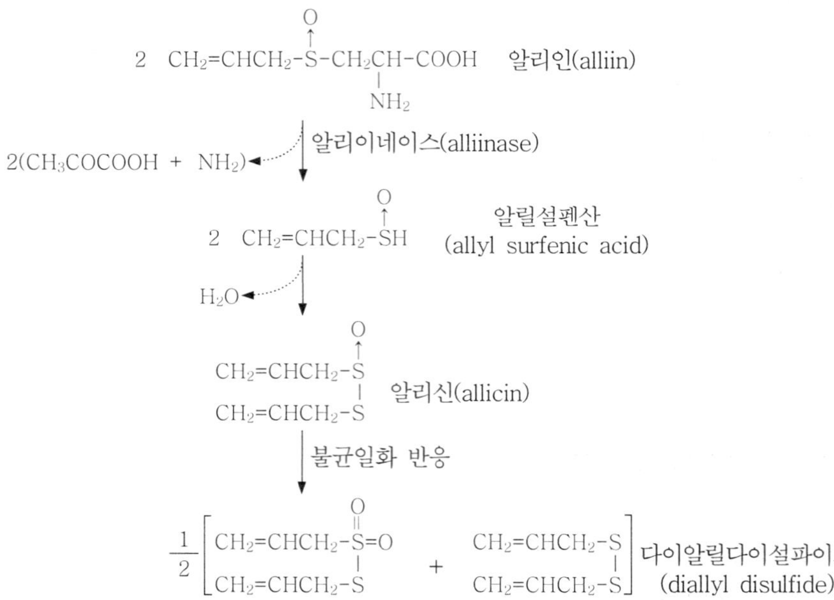

[그림 11-3] 마늘의 냄새성분 생성

양파, 파, 부추 등은 전구물질로 S-메틸-L-시스테인 설폭시드(S-methyl-L-cysteine sulfoxide)와 S-(1-프로페닐)-L-시스테인 설폭시드(S-(1-propenyl)-L-cysteine sulfoxide)를 많이 함유하고 있으며 이들도 조직이 파괴되면 시스테인 설폭시드 분해효소인 알리이나아제에 의해 그림 11-4와 같은 과정을 통해 특유의 매운 냄새를 낸다. 이중 중간 생성물질인 S-(1-프로페닐)-설펜산(S-(1-propenyl)-sulfenic acid)는 불안정하여 티오프로판알 S-oxide(thiopropanal-S-oxide)로 변환되어 양파의 특유한 냄새 성분과 최루성분으로 작용하며 메르캅탄, 디술피드, 트리술피드, 티오펜(thiophene) 등으로도 재배열 혹은 분해되어 가열한 양파의 냄새 성분으로 작용한다.

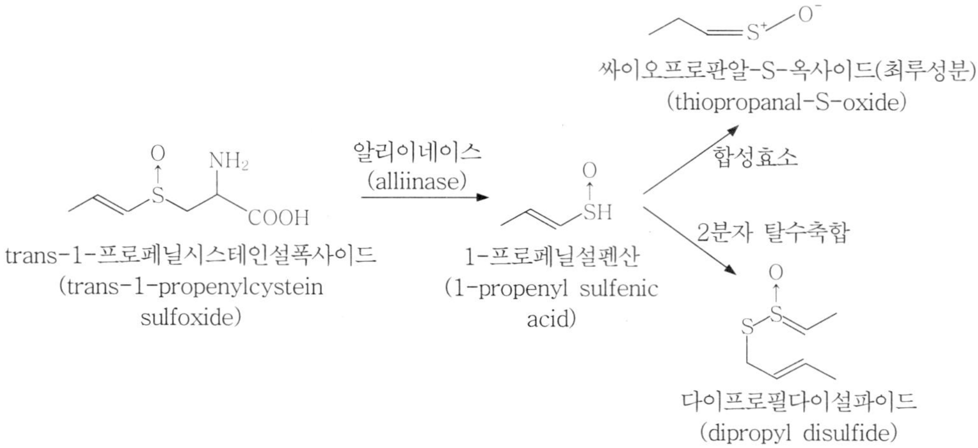

[그림 11-4] 양파의 냄새성분 생성

2) 겨자과 채소

배추, 양배추, 무, 순무, 브로콜리, 컬리플라워, 겨자 등도 함황 화합물에 의해 특유의 향을 낸다. 이들 채소에 존재하는 알릴 글루코시놀레이트(allyl glucosinolate)로 알려진 함황 화합물은 냄새 전구물질이다.

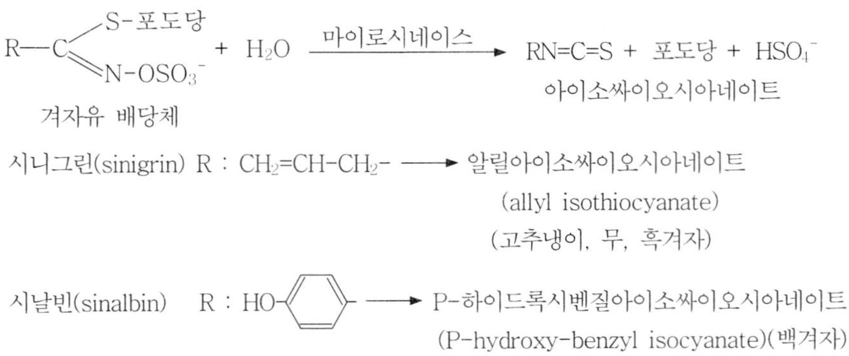

[그림 11-5] 겨자의 냄새성분 생성

이들의 생성과정은 그림 11-5와 같이 전구물질인 알릴 글루코시놀레이트(allyl glucosinolate)인 시니그린(sinigrin)이 티오글루코시다아제(thio-glucosidase)인 미로시나아제(myrosinase)에 의해 맵고 코를 찌르는 휘발성의 알릴 이소티오시아네이트(ally isothiocyanate)인 겨자기름(mustard oil)으로 분해된다. 브로콜리와 양배추를 가열할 때 생성되는 주 화합물은 각각 황화수소, 디메틸설피드이며, 순무를 가열하면 황화수소와 디메틸 설피드를 생성한다.

2. 과일의 냄새 성분

과일은 그 냄새성분이 미량으로 함유되어 있으나 전체적인 식품의 품질 평가에 있어서 향기의 비중이 크다. 과일의 냄새 성분은 조직 내에 존재하는 불포화 지방산 또는 류신, 또는 이소류신과 같은 아미노산이 숙성과정에서 효소작용에 의해 합성된다.

- 사과 : 탄소수 6개 이하 알코올류, 알데히드류, 아세트산, 프로피온산, 부트르산 등의 유기산과 이들의 에스테르류
- 감귤류(레몬, 오렌지, 자몽) : δ-리모넨(δ-limonene), α-β-코페인(α-β-copaene), α-, β-큐베벤(α-, β-cubebene) 등의 테르펜류
- 바나나 : 아밀 아세테이트(amyl acetate), 아밀 이소발레레이트(amyl isovalerate) 등의 에스테르류
- 복숭아 : γ-데카락톤(γ-decalactone)
- 오렌지, 자몽 : β-시넨살(β-sinensal), 누트카론(nootkatone)
- 레몬, 라임 : 시트랄(citral), 리모넨(limonene)

11-5. 동물성 식품의 냄새 성분

동물성 식품 중에서 수육과 어육에는 아민(amine)류가, 우유 및 유제품에는 지방산 및 카르보닐(carbonyl) 화합물이 냄새 성분의 주체를 이루며 식물성 식품에서와 같이 일부의 알코올과 알데히드류가 관여하고 있다.

동물성 냄새 성분의 종류는 표 11-6과 같다.

[표 11-6] 동물성 식품의 냄새 성분

종 류	생 성	비 고
	Amines 계통	
Trimethylamine	$O{=}N(CH_3)_3 \xrightarrow{\text{환원}} N(CH_3)_3$ trimethylamine oxide(TMAO) 무취 → trimethylamine (TMA) 비린냄새	어류의 체표면점액의 TMAO가 선도의 저하로 세균의 환원작용에 의해 생성된 것. 주로 해수어의 비린내성분, TMAO함량은 민물고기 4.6㎎%, 연골바다고기 40~100㎎%, 경골바다고기 700~900㎎%(2~3㎍검출 불량식품).
Piperidine δ-amino-valeraldehyde δ-amino-valeric acid	Lysine $\xrightarrow{-CO_2}$ cadaverine $\xrightarrow{-NH_3}$ peperidine ↓ δ-amino-valeraldehyde(비린냄새) ↓ δ-amino-valeric acid(고기, 피가 썩는 냄새) ↑ arginine	담수어의 냄새 성분. 어육, 수육, 혈액, 체표면에 있는 piperidine은 amino산인 lysine에서 cadaveine, δ-aminovaleraldehyde, δ-amino-valeric acid가 생성.
Ammonia	$CO(NH_2)_2 \xrightarrow{+H_2O} 2NH_3 + CO_2$ urea → ammonia	육류나 어류의 선도가 저하되었을 때 발생하는 자극취로 요소가 세균의 작용으로 분해됨. 상어의 체액에 2%, 담수어는 적음.
Methylmercaptan H_2S, indole skatole	Cystine ⟶ Cysteine ① $CH_3SH + CO_2 + NH_3$ ② $H_2S + NH_3 + CH_3COOH + HCOOH$ indole ethyl amine tryptophane →↓ indole skatole	수육어류가 부패될 때 단백질이 분해되어 나는 냄새는 이들의 혼합체, 유독물질인 ptomain을 생성하여 중독을 일으킬 수 있음.
함질소이종환상 화합물	pyrolle, pyridine, pyrazine의 유도체	식물의 가열처리 중 생성되는 탄내성분
	지방산 계통(카보닐화합물)	
저급지방산	milk fat $\xrightarrow{\text{hydrolysis}}$ 휘발성지방산 propionic acid butyric acid caproic acid	생우유는 acetone, aldehyde, 저급지방산, methyl sulfide와 발효유는 젖산발효로 생긴 carbonyl화합물.
Diacetyl	acetoin ⇌ diacetyl	버터의 중요한 향기성분
Ethyl-β-methyl-mereaptopropio-nate	methionine ↓ -광분해 β-methylmercaptopropylaldehyde ↓ $+O_2$ β-methylmercaptopropionic avid ↓ $+C_2H_5OH$ rthyl-β-methylmercaptopropionate	된장, 치즈의 향기성분

1. 육류의 냄새 성분

육류를 가열할 때 생성되는 독특한 냄새는 주로 마이얄 반응에 의한 것이고 이 외에 당류, 아미노산의 열분해 등이 냄새물질에 관여한다. 육류의 주 냄새물질은 피라진, 푸란, 티아졸, 피롤과 같은 헤테로고리 화합물이며 이 외에 황화수소, 암모니아, 알킬 설피드 등도 육류의 냄새 물질이다. 육류를 가열하면 종류에 따라 각기 다른 냄새가 나는데 이것은 지방산 조성이 다르기 때문이다.

2. 어류의 냄새 성분

어류의 독특한 냄새는 어류에 자연적으로 존재하는 저급 지방산과 어류 지방에 의해 생성된 일데히드, 케톤 등과 같은 카르보닐화합물에 의한 것이다.

어류의 비린내는 생선의 종류와 신선도에 따라 다르다. 바다 물고기는 신선도가 떨어질수록 강한 바린내를 내며, 주비린내 성분은 트리메틸아민(trimethyl amine, TMA)이다. 이외에도 피페리딘, δ-아미노발레르산(δ-aminovaleric acid), δ-아미노발레르알데히드(δ-aminovaleric aldehyde), 황화수소, 디메틸설피드 등이 바닷물고기의 비린내 성분이다. 트리메틸아민은 생선 조직에 있는 트리메틸아민옥시드(trimethyl amine oxide, TMAO)가 세균의 작용으로 환원되어 생성되는데 TMAO는 냄새가 나지 않지만 환원되면 특유의 비린내를 낸다. 한편 민물고기의 비린내 성분은 피페리딘과 아세트알데히드가 축합되어 생성된 것이다. 신선할 때 바닷물고기는 비린내가 약하지만 비린내가 강하다. 홍어 가오리 등을 저장하는 동안 자극성 냄새의 원인물질은 암모니아로, 이 물질은 요소의 미생물 분해에 의해 생성된다.

3. 우유 및 유제품의 냄새 성분

신선한 우유의 냄새성분은 아세톤, 아세트알데히드, 메틸설피드, 프로피온산, 부티르산 등이다. 버터의 냄새성분은 저급지방산, 디아세틸, 아세토인

(acetoin) 등이며, 치즈의 주된 냄새성분은 에틸 β-메틸메르갑토프로피오네이트(ethyl β-methylmercaptopropionate)에 의해 느끼게 되는 것이다.

우유와 유제품을 가열할 때 나는 독특한 냄새는 유기산, 카르보닐화합물, 락톤, 디아세틸, 아세토인 등에 의한 것이다.

11-6. 식품의 조리 · 가공과 냄새 성분

1. 가열에 의한 냄새 성분의 생성

식품을 가열하면 여러 가지 냄새가 발생한다. 이것은 식품 속에 처음부터 함유되어 있던 휘발성 냄새 성분과, 비휘발성 식품 성분이 분해되거나 서로 반응하여 생성된 휘발성 냄새 성분에 의한 것이다.

땅콩, 참깨, 커피, 차, 식빵, 스테이크류, 전골류, 장어구이 등의 가열 조리된 식품에서는 주로 아미노산과 당이 반응하여 여러 가지 휘발성 물질이 생성되고, 그밖에 유지나 함황화합물 등의 열분해 의한 생성물에 의해 각 식품 특유의 냄새가 발생된다(표 11-7).

[표 11-7] 가열에 의해 생성된 냄새성분

종 류	생 성	비 고
아미노 카보닐 반응의 향기	디카보닐화합물 + 아미노산 ↓가열 아미노 리덕톤 + 알데히드 (pyrazine) (가열향기성분)	아미노 카보닐 반응의 strecker분해에 의해 생성된 가열식품의 향기성분
식빵의 향기	아세토인 ↓산화 디아세틸(향기성분)	빵의 향기는 반죽의 발효에 의해 생성된 diacetyl 및 여러 가지 알코올류와 에스테르류에 기인하며, 굽는 과정에서의 아미노 카보닐 반응으로 생성된 70종 내외의 카르보닐 화합물이 빵의 향을 이룬다.
Caramel의 향기	포도당 —가열(250℃)→ 향기물질	당류의 가열 · 분해 · 산화물로 식품의 향기와 풍미물질인 furfural, hydroxymethyl, furfural 등이 생성된다.
밥의 향기	암모니아, 아세트알데히드, 아세톤, C_3, C_4, C_6의 알데히드, 황화수소	밥을 지을 때 식욕을 돋우는 성분, 묵은 쌀의 이취성분은 n-카프로알데히드기에 기인한다. 쉰밥의 냄새는 부티르산에 기인한다.

[표 11-7] 계속

종 류	생 성	비 고
채소를 삶을 때 나는 향기	디메틸(디프로필) 디술피드 ↓가열 메틸프로필 메르캅탄 (파, 양파의 감미물질로 설탕보다 달다)	채소를 삶을 때 포름알데히드, 아세트알데히드, 디메틸 술피시, 황화수소, 메틸메르캅탄, 에틸메르캅탄, 프로필메르캅탄 등의 황화합물이 생성된다.
우유의 가열취	우유 $\xrightarrow{74℃}$ cooked flavor	β-lactoglobulin이나 지방구 피막단백질의 열변성에 의해서 활성화된 -SH기에서 유리된 황화수소나 휘발성황화물, 지방의 가수분해에 의해 생긴 메틸케톤이나 락톤 등에 의한 혼합취를 이룬다.
훈연의 향기	유기산류(전체성분의 39.9%) carbonyl화합물(24.6%) phenol류 (15.7%)	가열에 의한 건조·훈연 성분의 살균력·항산화력으로 저장성이 부여된다.

2. 발효에 의한 냄새 성분의 생성

발효식품의 냄새 성분은 원료식품의 성분이 효소에 의하여 분해되어 생성되거나 이들의 혼합물에 의한 것이다.

청주, 맥주, 포도주, 된장, 간장, 김치 등의 냄새는 탄수화물, 단백질, 아미노산 등의 성분으로부터 미생물 대사에 의하여 생성된 여러 가지 유기산, 알코올, 에스테르, 알데히드, 케톤 등의 혼합취이다. 이중 γ-메틸메르캅토프로필 알코올(γ-methylmercaptopropyl alcohol)인 메티오놀(methionol)은 간장 속에 존재하는 메티오닌(methionine)으로부터 탈아미노, 탈탄산되어 생긴 것으로 간장의 특이한 냄새 성분이다.

$$\underset{\text{L-메티오닌}}{CH_3SCH_2\text{-}COOH} \xrightarrow[-CO_2]{-NH_2} \underset{\text{메티오놀}}{CH_3SCH_2CH_2OH}$$

[그림 11-6] 간장 발효 시 메테오놀의 생성과정

3. 부패에 의한 냄새 성분의 생성

식품이 미생물에 의하여 부패되면 여러 가지 악취를 낸다. 쉰밥의 산취는 탄수화물의 분해에 의하여 생긴 유기산에 의한 것이고, 신선도가 떨어진 단백질 식품의 부패취는 단백질이나 아미노산의 분해로 생긴 메틸메르캅탄(methylmercaptan), 황화수소, 인돌(indole), 스케톨(skatole), δ-아미노발레르 알데히드(δ-aminovaleraldehyde), 암모니아 등의 혼합취이다. 또한 오래된 유지류는 미생물의 작용에 의하지 않아도 산패되어 알데히드와 케톤 같은 불쾌취를 발생한다.

제 12장. 식품의 물성

식품의 조직 구조가 사람의 촉감에 미치는 물리적 성상을 식품의 텍스처(texture)라고 한다. 텍스처는 식품의 중요한 품질 특성 중 하나로, 식품의 기호 가치에 큰 영향을 준다. 그 어원은 라틴어의 textura(짜여진 베)로서 섬세함과 식품의 텍스처의 성상을 수량화하고 품질의 검정에 응용하기 위하여 각종 측정방법이 고안되었다.

식품은 여러 가지 물질이 분산되어 존재하여 기체, 액체, 고체상을 이루고 따라서 그 물리적인 특성도 다양하다. 액체의 경우, 분산되어 있는 물질의 크기에 따라 다양한 용액이 형성되고 녹아 있는 용질의 크기에 따라 액체상의 분산액은 진용액, 콜로이드용액, 부유상태로 나뉜다. 각 용액은 각자 고유의 성질을 가지고 있으므로 특성이 다양하다. 식품에서 느껴지는 다양한 물리적 특성과 리올로지, 텍스처 등은 맛, 냄새, 색만큼 소비자의 기호도에 중요한 영향을 미친다.

12-1. 식품의 분산

액체상의 식품의 분산상태에 있는 입자의 크기에 따라 진용액과 콜로이드용액, 부유상태로 나뉜다.

- 진용액 : 1nm(소금물, 설탕물)
- 콜로이드용액(교질용액) : 1~100nm(난백, 휘핑크림, 마요네즈)
- 부유상태 : >100nm(전분 부유액)

1. 진용액(ture solution)

진용액은 물에 1nm의 분자나 이온상태의 물질이 녹아있는 상태를 말한다. 우리가 식생활에서 흔히 접하는 진용액에는 소금물, 간장, 꿀, 설탕시럽 등이 있다. 진용액을 이루는 전체 구성액을 용매(solvent)라 하고, 용매에 녹아있는 물질을 용질(solute)이라 한다. 소금용액에서 용매는 물, 용질은 소금이다. 이러한 진용액은 확산성, 비점, 빙점, 증기압이 순수한 물, 콜로이드용액, 부유상태와는 다르다.

1) 진용액의 분류

진용액은 용매에 녹은 용질의 양에 따라 분류한다. 용매가 녹일 수 있는 용질의 최대량을 포화도라 하는데, 이 포화도의 정도로 구분하는 것이다. 일정한 온도에서 용매가 녹일 수 있는 최대한의 용질이 녹아있으면 포화용액, 더 적은 양의 용질이 녹아있으면 불포화용액, 더 많이 녹아있으면 과포화용액이라고 한다. 그러나 이것은 반드시 일정한 온도를 전개로 해야 한다. 온도에 따라 용질의 용해도가 다르기 때문이다.

① 포화도의 정도로 구분

- 포화용액 : 일정한 온도에서 용매가 녹일 수 있는 최대한의 용질이 녹아 있는 용액이다.
- 불포화용액 : 일정한 온도에서 용매가 녹일 수 있는 최대한의 용질이 녹아있지 않은 상태의 용액으로 용질을 더 녹일 수 있다.
- 과포화용액 : 일정한 온도에서 용매가 녹일 수 있는 용질의 양보다 더 많은 용질이 존재하는 용액이다.

2) 진용액의 특성

진용액에서만 볼 수 있는 특징은 확산, 용출, 비점상승, 빙점강하, 증기압 등이다.

① 확산현상

투과성 막에서 용액에 있는 용질이 물 쪽으로 이동하여 물의 농도를 진용액의 농도와 같게 하려는 경향으로 배추를 소금에 절일 때 초기에 소금이 배춧속으로 들어가 농도를 같게 하려는 과정이다.

② 삼투현상

막이 반투막일 경우에는 물은 통과시키나 용질은 통과시키지 않으므로 투과성 막일 때와는 달리 물이 막을 통과하여 막 양측의 액체의 농도를 같게 하는 경향으로 배추를 절일 때 소금이 세포간질과 세포벽까지 침투해 들어가면 수분이 빠져나와 절여지는 과정이다.

③ 비점상승현상

이온화 되지 않은 용질은 1g 분자량을 물 1L에 용해시키면 0.52도 만큼 비점이 상승하고 이온화되는 용질은 해리되는 수만큼 비점이 상승한다. 예를 들면 이온화 되지 않은 용질 설탕 1g 분자량을 물 1L에 용해시킨 설탕용액 342g/1L의 경우 비점이 100.52도이고 이온화되는 용질인 소금 1g 분자량을 물 1L에 용해시킨 소금용액(58g/1L)의 경우 비점이 101.04도 정도이다.

④ 빙점강하현상

이온화 되지 않은 용질은 1몰당 1.86도를 저하시키고 이온화 되는 용질은 이온마다 각각 1.86도를 저하한다.

⑤ 증기압현상

용액에 존재하는 용질에 의하여 저하되는데, 그 저하되는 정도는 용액에 존재하는 용질의 농도에 비례한다. 케이크와 식빵을 밀봉한 그릇에 함께 넣어 두면 식빵은 마르고 케이크는 더 습기를 갖는 경우가 그 이유 때문이다.

이 외에 채소나 과일을 물에 넣고 가열하면 채소나 과일의 세포간질과 세포벽, 원형질막 사이에서 진용액을 형성하고 있는 물질들(무기질, 당, 수용성, 비타민 등)이 세포벽을 통과하여 조리수로 용출된다. 이러한 용출현상은 식물조직 내의 농도와 조리수의 농도가 같아질 때까지 계속된다. 따라서 조리수가 높을수록, 그리고 가열시간이 길수록 식물조직으로부터 용질의 손실량은 많아진다. 그러나 이때 식물조직 내에 존재 하는 물질 중 진용액을 형성하지 않는 단백질, 전분, 섬유소 등은 조직 내에 그대로 머물러 있게 된다. 그 외 진용액은 비등점(boiling) 상승, 빙점(freezing point) 강하 등의 현상이 나타난다.

2. 콜로이드용액(colloid solution)

콜로이드용액을 구성하는 입자의 직경은 1~100nm이다. 콜로이드 입자는 진용액보다 크고 부유상태 보다 작아서 용해되거나 침전되지 않고 분산

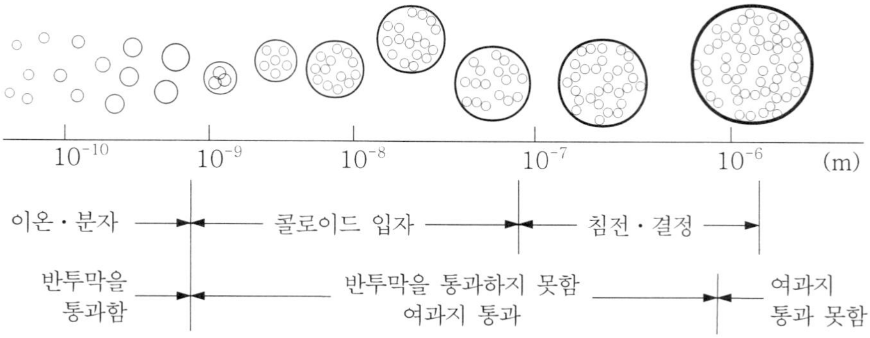

[그림 12-1] 콜로이드 입자의 크기와 모식도

상태로 존재한다. 그림 12-1은 콜로이드 입자의 크기와 모식도를 나타내고 있다.

콜로이드 입자는 반투막을 통과하지 못하지만 여과지는 통과한다. 콜로이드용액의 전 체계를 이어주는 것을 분산매(연속상)라고 하고 녹아있는 물질을 분산질(분산상)이라고 한다. 분산매와 분산질의 구성에 따라 다양한 콜로이드 용액이 존재한다(표12-1).

[표 12-1] 콜로이드 용액의 유형

분산질	분산매	교질상태	식품의 예
기 체	액 체	거 품	맥주의 거품, 발효 중의 거품
액 체	액 체	유화액	우유, 크림, 마요네즈
고 체	액 체	sol	전분액, 된장국, 풀, 젤리
액 체	고 체	고체 sol	버터, 초콜릿, 마가린
고 체	고 체	고체 sol	사탕과자, 과자

1) 콜로이드용액의 특성

① 반투성

이온이나 작은 분자는 통과시키나 콜로이드 입자는 통과시키지 않는 것을 반투막이라 한다. 조리, 가공되지 않은 생식품은 원형질막이 반투막이며 조리, 가공에 의해 막이 찢어지면 반투성이 없어진다.

② 틴달 현상

콜로이드용액에 강한 빛을 비추면 빛의 통로가 희게 보인다.

③ 흡착성

콜로이드용액의 분상상은 표면적이 넓기 때문에 다른 물질을 흡착하는 성질이 있다. 분상상의 크기가 작을수록 표면적이 넓어 흡착되는 이물질의 양이 증가한다.

④ 브라운 운동

브라운 운동이란 액체 또는 기체 내의 미립자는 불규칙적인 운동을 계속한다는 이론이다. 즉, 콜로이드입자가 브라운 운동에 의해 모든 방향으로 움직이고 충돌함으로 중력에 저항하여 가라앉지 않는 현상을 말한다.

2) 콜로이드용액의 안전성

콜로이드용액에 분산되어 있는 물질의 크기는 진용액과 부유상태의 중간 정도이다. 콜로이드용액에서 분산상이 침전하게 되는 것은 분산상의 크기가 부유상태의 크기 정도로 성장한 것을 뜻한다. 이러한 예로는 우유에 산을 넣었을 때 응고된 덩어리가 생기는 것을 들 수 있다. 이와 반대로 콜로이드용액을 형성하고 있는 산포물질이 분해되어 진용액으로 변할 때가 있는데 예를 들면, 콘시럽을 만들기 위하여 옥수수 전분의 풀에 산을 가하면 전분이 당으로 가수분해 됨으로서 진용액을 형성하게 되는 것이다. 그러나 콜로이드입자는 쉽게 응결, 침전되지 않는데 그 이유는 콜로이드용액의 입자의 전하와 수화 때문이다(표 12-2).

[표 12-2] 콜로이드 용액의 안전성

콜로이드용액의 현상	안정성
입자의 전하	-콜로이드용액 내에는 분산상들이 브라운 운동에 의하여 서로 가까이 갔을 때, 같은 전하를 가진 물질들이 분산되어있어, 반발하는 성질로 결합, 응결을 하지 않는 현상이다.
입자의 수화(친수성 콜로이드) (hydrophilic colloid)	-분산상이 수분을 흡착해 수분으로 서로 합쳐짐을 방지하는 현상이다.
입자의 수화(소수성 콜로이드) (hydrophobic colloid)	-조리 과정에서 응결되는데, 소량의 친수성콜로이드를 가하면 응결하지 않는 현상이다.

3) 졸과 젤

콜로이드용액 중에서 액체 내에 고체 입자가 분산되어 있는 것을 졸(sol)이라 하며, 졸이 일정한 형태를 띠면 젤(gel)이 된다. 예를 들어, 젤라틴 같은 단백질이 뜨거운 물에 분산되어 있을 때는 졸이지만, 식히면 젤이 된다. 전분 풀은 졸인데, 굳으면 젤이 된다. 분산상의 농도, 온도, 수소이온 농도, 전해질 함량이 변할 때 졸이 젤로 변한다. 졸이 젤로 변했을 때에는 분산매와 분산상 간의 관계가 바뀐다. 비연속적이었던 분산상이 계속적으로 연결되어 연속상태가 되고, 반대로 연속상인 수분(분산매)은 망상구조 사이에 갇혀 분산상이 된다. 족편이나 굳은 생선 국물을 가열하면 액체가 되는데 이것은 젤이 졸로 변화하는 것이다. 그러나 커스터드나 묵과 같은 젤은 가열해도 졸로 되돌아갈 수 없는 비가역적 젤이다.

젤리를 장시간 방치하면 젤리의 망상구조에서 분산매가 분리되는데, 이 현상을 이액현상(syneresis)이라고 한다. 젤이 건조된 상태가 된 것을 제로젤(xerogel)이라 하는데, 그 예로 한천분말과 판상젤라틴이 있다(그림 12-2).

[그림 12-2] Sol과 Gel의 분상상태

4) 거품

액체에 기체가 분산되어 있는 크림, 난백, 난황, 젤라틴 같은 콜로이드용액을 거품이라고 한다. 난백은 거품을 내면 액체인 난백에 공기가 분산되어 거품을 형성하고 변성된 난백단백질이 공기를 둘러싸고 거품벽을 단단하게 하여 안정화된다. 거품의 안전성은 액체의 표면장력과 증기압의 영향을 받는데, 표면장력이 낮은 액체는 쉽게 펼쳐지고 응집이 잘 일어나지 않아 거품이 쉽게 꺼지지 않지만 표면장력이 큰 액체의 거품은 쉽게 꺼진다. 한편 증기압이 큰 액체는 쉽게 증발하여 거품이 꺼진다. 따라서 표면장력과 증기압이 낮은 액체를 사용해야 안정한 거품을 만들 수 있다.

5) 유화

식품 중에는 서로 섞이지 않는 두 액체가 분되어 있는 경우가 있다. 이렇게 하나의 액체가 방울이 되어 서로 섞이지 않는 다른 액체 내에 분산되어 있는 상태를 유화액(emulsion)이라고 하고, 유화액은 분산상의 크기에 따라 콜로이드용액일 수도 있고, 부유 상태일 수도 있다.

① 분산매와 분산질에 따른 분류

유화액을 구성하는 두 액체는 식품에서 주로 물과 기름이다. 이 중 어느 것이 분산매 역할을 하며 연속상을 이루고 어느 액체가 분산질을 이루고 있는지에 따라 수중유적형(oil-in-water), 유중수적형(water-in-oil)의 두 종류로 나눌 수 있다(그림 12-3).

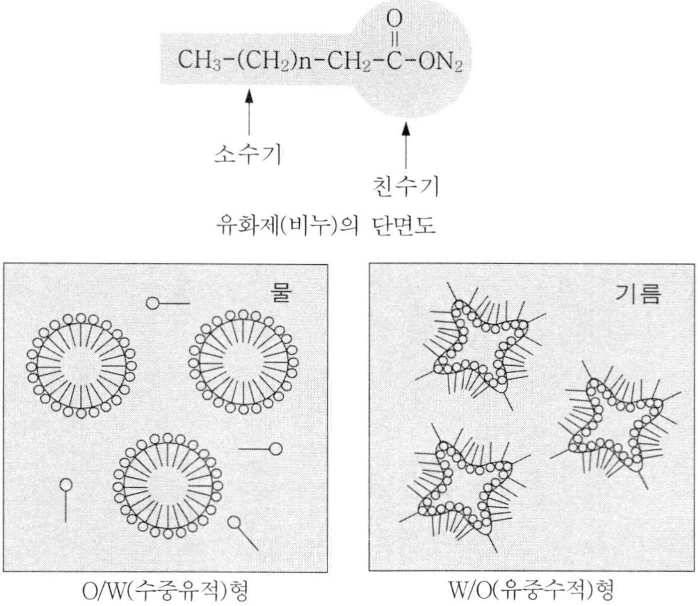

[그림 12-3] 유화제와 유화액

수중유적형 유화액은 분산매가 물이고 분산상이 기름인 것으로 아이스크림, 마요네즈, 우유 등이 있으며, 유중수적형 유화액은 분산매가 기름이고 분산상이 물인 것으로 버터와 마가린 등이다.

② 안정성에 따른 분류

유화액은 안정성을 기준으로 영구적 유화액, 반영구적 유화액, 일시적 유화액으로 나뉜다. 영구적 유화액는 유화상태가 영구적으로 유지되는 것으로 마요네즈가 그 예이며, 반영구적 유화액은 어느 정도 안정성이 유지되는 것으로 시럽이나 꿀, 된 수프 등이 있다. 또한, 일시적 유화액은 유화상태가 불안정하여 사용하기 직전에 흔들어 유화현상을 일시적으로 형성하는 것으로 프렌치드레싱 등을 예로 들 수 있다. 유화액의 안정성은 내적요인과 외적요인에 의하여 영향을 받는데, 내적요인으로 유화제의 종류와 양, 분산질과 분산매의 비, 그리고 산포물질의 크기 등을 들 수 있다. 외적 요인으로는 젓기 또는 흔들기, 표면에서의 수분 증발, 저장온도 등을 들 수 있다.

③ 유화제

물, 기름 모두에 친화력을 가지고 있는 중간역할을 하는 제3의 물질을 유화제(emulsifier)라고 한다. 특히 유화제가 단백질일 경우 보호층에 전하가 존재하므로 기름방울이 합쳐지는 것을 한층 더 방해한다. 분자 중의 −OH, −CHO, −COOH, $-NH_2$ 등에는 전하가 편재하므로 이들은 극성기라고 부른다. 이 극성기들은 물과의 친화력이 강하기 때문에 친수성기라고도 한다. 그것에 비해 $-CH_3-CH_2-CH_2$와 같은 탄소의 사슬은 알킬기라고 부르는데 이 부분은 전하가 편재하지 않으므로 비극성기, 소수성기, 친유성기라고도 한다. 유화제로서 작용하는 물질 중에는 천연식품 중에 존재하는 물질도 있고 인공적으로 합성된 것도 있다.

3. 부유상태

부유상태를 형성하는 입자의 직경은 100nm의 입자로 콜로이드 입자보다 커서 안정된 분산상태를 유지하지 못한다. 계속 젓거나 흔들지 않으면, 중력에 의하여 밑으로 가라앉거나 가벼우면 떠오른다.

예를 들어, 옥수수 전분이나 감자 전분을 냉수에 타서 저으면 부유상태가 되지만 젓기를 멈추면 전분입자들은 밑으로 가라앉고 위에는 맑은 물만 남게 된다.

12-2. 식품의 리올로지

리올로지(rheology)는 유동이란 뜻의 그리스어에서 유래된 말로서 물체의 변형과 흐름에 관한 연구분야로 유동학이라 할 수 있다. 콜로이드계, 고분자의 점탄성 등을 다루지만 물이나 가스 등의 유동현상은 제외하므로 유동학이라 하지 않고 리올로지라고 한다. 식품의 텍스처를 객관적으로 평가하기 위해서는 이 유동학을 잘 이해해야 하는데 유동학은 힘과 변형을 다루고 있다. 변형은 흐름이라 불리는 비가역적 변형과 탄성이라 불리는 가역적 변형 등으로 이뤄진다.

리올로지 특성은 표 12-3과 같다.

[표 12-3] 리올로지 특성

특 성	성 질
점 성 (viscosity)	액체는 외부에서 힘을 가하면 유동하는데 이러한 유체에 있어서 흐름에 대한 저항이 점성이다. 잘 흐르는 물은 점성이 낮고 저항성이 큰 물엿은 점성이 높다. 액체는 온도를 올리면 점성이 줄고 압력이 함께 증가한다. 용액의 점성은 용매의 점성 외에 용질의 종류, 농도에 의해 변화한다. 점도는 poise란 단위로 나타내는데 물의 점도는 0.01poise이다.
탄 성 (elasticity)	외부의 힘을 받고 있는 물체가 본래의 상태로 되돌아가려는 성질 말한다. 고무줄을 손으로 당겼다가 놓으면 원상태로 돌아가는 것이 탄성의 예이다.
소 성 (plasticity)	버터, 마가린, 생크림 등은 외부에서 힘을 받아 변형된 후 그 힘을 없애도 본래의 상태로 되돌아가지 않는데 이것을 소성이라고 한다. 버터나 생크림 등을 수저로 떠서 접시에 놓으면 연하지만 접시 위에서 흐르지 않는다. 이것이 소성의 특징이다.
점탄성 (viscoelasticity)	외부에서 힘을 가했을 때 점성유동과 탄성변형을 동시에 나타내는 성질을 말한다. 이러한 성질을 갖는 물질을 점탄성체라 하며, 그 예로서 검, 빵 반죽 등이 있다.

1. 리올로지 측정

1) 점도계

점도계(viscometer)는 다양한 식품의 점성을 측정한다. 점도계로 점도를 측정하는 원리는 회전력과 모세관 작용에 기초를 둔다. 브룩필드 회전 점도계로 점도를 측정하는 원리는 회전력과 모세관 작용에 기초를 둔다. 브룩필드 회전 점도계는 회전력에 의해 점성을 측정하는데 시료가 회전하면서 생기는 마찰력을 측정한다. 젤미터(피펫과 유사한 모세관 점도계)는 펙틴을 함유한 즙의 점성을 측정하여 잼이나 젤리를 만들 대 필요한 펙틴 양을 전하는 데 사용한다.

점도계에는 모세관 전도계, 자동 점도계, 낙구식(failing ball) 점도계, 회전 점도계 등 다양한 종류가 있다.

2) 아밀로그라프

브라벤더 아밀로그라프(amylograph)는 조절된 온도조건에서 전분 호화액의 점성을 측정하는데 사용된다. 아밀로그라프는 전분을 호화시키면서 그

점도의 변화를 기록하도록 설계되어 있다. 이 아밀로그라프로부터 측정된 아밀로그램으로 전분의 호화 개시 온도, 최고점도와 최저점도 및 냉각 시 점도의 변화 등을 알 수 있다.

3) 파리노그라프

파리노그라프(farinograph)는 묽은 반죽과 된 반죽의 혼합 중에 글루텐 발달을 측정하고 그린다. 측정방법은 굳기가 500Brabender(B.U.)에 도달하도록 물을 가하고 여러 측정치를 시간 또는 B.U.로 표시한다. 그림의 B는 곡선의 윗부분이 500B.U.에 도달하는 시간, 즉 도착시간이라 한다. A는 반죽형성시간이다. B는 밀가루가 물을 흡수하는 속도로 단백질 함량이 증가하면 B도 증가한다. 안정도(C)는 밀가루의 반죽에 대한 저항성을 말하며 안정도가 큰 것은 강력분, 낮은 것은 박력분에 속한다. 또 B+C가 긴 밀가루일수록 강력분에 속한다(그림 12-4).

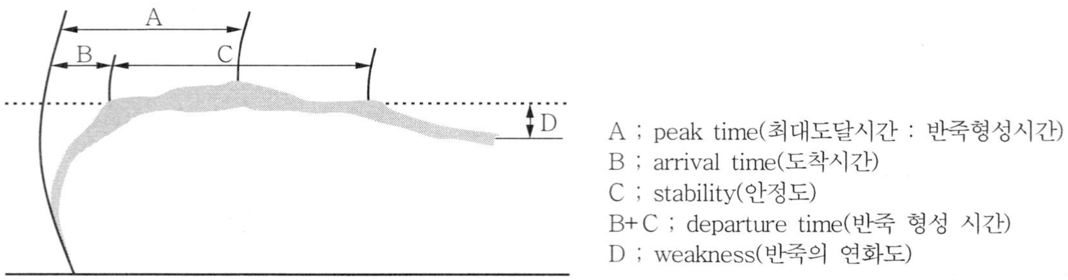

[그림 12-4] 밀가루의 파리노그램

12-3. 식품의 텍스처

넓은 의미의 텍스처(texture)는 식품의 전체 조직감을 나타내지만 좁은 의미로는 고체, 반고체 식품의 조직감을 나타낸다. 이 장에서 텍스처는 넓은 의미의 조직감을 다룬다. 식품의 텍스처는 관능적인 방법과 기계적인 방법으로 측정하는데, 관능적인 방법은 개인의 상태나 기호에 따라 차이가 있을 수 있다. 그러나 기계적인 방법은 객관성을 가지고 있는데 텍스트로미터 등의 기계로 그 특성을 측정한다. 텍스처 특성은 기계적 특정은 기계적 특징, 기하학적 특징, 기타 특성 등 세 가지로 나눌 수 있다.

① 기계적 특성

- 일차적 변수 : 경도(hardness), 응집성(cohesiveness), 점성, 탄성, 부착성(adhesiveness)
- 이차적 변수 : 부서짐성(brittleness), 씹힘성(chewiness, 저작성), 검성(gumminess)

② 기하학적 특성

- 크기와 모양 : 모래성(gritty), 과립성(grainy), 거침성(coarse)
- 모양과 배열 : 균일함, 불균일함

③ 기타 특성

축축한(watery)정도, 느끼한(fatty)정도

식품의 강도와 유동성에 관한, 식품의 외관에서 유래된 성질, 수분이나 유지 함량에 의한 성질 등으로 표현한다(표 12-4).

[표 12-4] 텍스처 표현 용어

텍스처 결정 요인	표 현 용 어
강도와 유동성	단단하다. 부드럽다. 바삭바삭하다. 부서지기 쉽다. 점성이 있다. 풀 같다. 껌 같다. 탄력이 있다. 소성이 있다. 미끈미끈하다. 끈적끈적 하다. 등
외관(크기, 모양)	거칠다. 모래 같다. 입자상태다. 섬유상이다. 결정형이다. 가루상태다. 박편상이다. 등
수분, 유지 함량	기름지다. 미끈미끈하다. 마르다. 촉촉하다. 물기가 많다. 등

제 13장. 식물성 식품

식물성 식품은 곡류, 두류, 서류, 채소류, 해조류와 버섯류로 분류하며, 탄수화물, 무기질, 비타민과 식이섬유가 풍부하다. 특히, 곡류는 탄수화물의 급원으로 주식으로 사용되며 쌀, 밀, 옥수수 등이 있고 두류는 단백질이 풍부한 콩과 전분이 풍부한 팥, 녹두, 동부 등이 양질의 단백질과 지방을 공급하고, 서류에는 전분이 많은 감자, 고구마 등이 주식 대용으로 이용 된다. 채소와 과일류는 비타민, 무기질, 섬유소 등의 중요한 공급원이며, 이들이 가지고 있는 특유한 향기, 맛, 색소 등은 미각을 돋우어 주는 역할을 한다. 해조류는 소화율이 낮지만 무기질, 비타민의 함량이 높으며, 정장작용을 한다. 담자균류에 속하는 버섯류는 핵산성분을 많이 함유하고 있어 버섯 특유의 감칠맛을 낸다.

13-1. 곡류

곡류는 대표적인 탄수화물 급원식품으로 저장, 수송, 대량생산이 쉬워서 주식으로 널리 이용된다.

곡류는 크게 미곡류, 맥류, 잡곡류로 분류된다. 미곡류에는 쌀, 맥류에는 밀, 보리, 귀리, 호밀, 라이밀, 잡곡류에는 옥수수, 조, 수수, 기장, 메밀, 율무, 등이 있다. 이중 쌀, 보리, 조, 수수와 콩을 포함하여 오곡이라고 한다. 곡류의 일반 성분은 표 13-1과 같다.

곡류의 열매는 외과피(왕겨)로 둘러싸여 있고 내부는 종피, 배유, 배아로

[표 13-1] 곡류의 일반성분(가식부 100g 중)

식품명	열량 (kcal)	수분 (%)	단백질 (g)	지질 (g)	당질 (g)	섬유 (g)	회분 (g)	칼슘 (mg)	인 (mg)	철분 (mg)	비타민				
											A (R.E.)	B1 (mg)	B2 (mg)	나이신 (mg)	C (mg)
쌀	373	10.3	8.3	0.6	79.8	0.5	0.6	11.0	112	1.2	0.0	0.22	0.03	1.8	0.0
밀	360	12.3	9.1	1.3	75.4	0.9	1.0	47.0	189	3.6	0.0	0.21	0.08	4.0	0.0
보 리	345	11.1	9.9	0.6	77.2	0.5	0.7	19.0	72	1.4	0.0	0.41	0.04	0.9	0.0
옥수수	140	63.6	4.9	1.2	18.8	0.6	0.9	21.0	131	2.2	9.0	0.25	0.11	2.6	4.0
귀 리	317	12.5	13.0	6.2	54.7	10.6	3.0	55.0	320	4.6	0.0	0.300	0.10	1.5	0.0
메 밀	287	6.9	12.1	2.3	66.6	9.5	2.6	17.0	121	2.4	0.0	0.20	0.10	2.9	0.0
조	307	13.0	9.9	3.7	63.5	7.0	2.9	21.0	240	5.0	0.0	0.40	0.10	4.5	0.0
수 수	333	8.7	10.5	3.1	73.9	2.6	1.2	10.0	191	2.1	0.0	0.32	0.11	2.0	0.0

이루어져 있다. 외과피가 왕겨로 둘러싸인 것으로는 벼, 보리, 조, 수수 등이 있고 탈곡시 외과피가 쉽게 벗겨지는 것으로는 밀, 쌀보리가 있다. 메밀은 외과피가 단단하게 둘러싸여 있지만 내부의 조직은 부드럽다(그림 13-1).

형태적인 특성은 쌀과 맥류는 비슷하지만 맥류의 중앙에 골이 나 있다. 조와 수수는 크기가 작고 원형에 가까우며, 옥수수는 종류에 따라 형태와 크기가 다르고 과피 안에 얇은 종피가 밀착해 있다. 곡류의 외부층은 과피(pericarp)와 종피(testa)로 되어 있고 종피 바로 밑에 호분층(aleurone)이 있는데, 여기에는 단백질과 지방이 풍부하나 세포막이 두꺼워서 소화가 안되므로 도정에 의해 제거한다. 배유는 정곡의 대부분을 차지하며 전분질로 되어 있고 배아는 배유와 종피 사이에 있는데 발아할 때 배유에서 접하는 부분에서 당화효소를 분비하여 전분을 당화 시킨다. 배아의 성분은 지질, 단백질, 무기질, 비타민이 많으나 도정 시 대부분 제거된다.

곡류에는 전분이 60~70%, 단백질이 10%내외, 지방질이 2~3% 이하 들어 있고 무기질은 인의 함량이 많아 대표적인 산성 식품이다. 이들 성분은 곡류의 부위에 따라 다르게 분포되어 있다. 즉, 현미의 껍질 층에는 섬유질, 단백질, 지방이 많으며 배유 부분에는 입자가 작고 치밀한 구조의 전분이 대부분이어서 서류 전분과는 달리 팽윤이나 호화가 느리다. 배아에는 단백질, 지방, 비타민이 풍부하게 들어 있다.

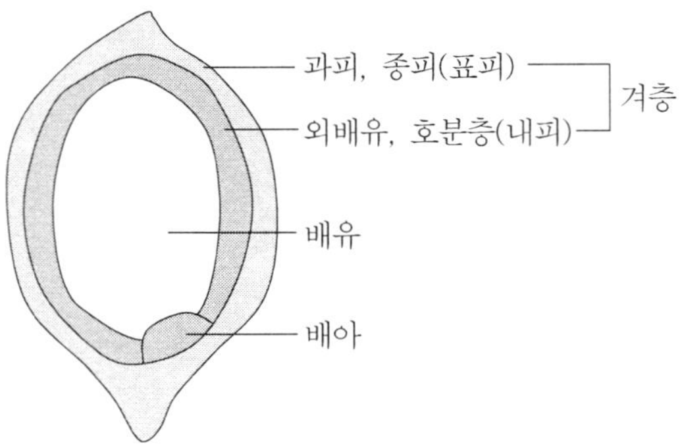

[그림 13-1] 곡류의 구조

1. 쌀

벼 속에 속하는 1년생 초본식물로 재배종은 학명을 Oryza Sativa라 한다. 그 종실의 껍질을 벗긴 것을 쌀이라 하며 전세계 인구의 40% 정도가 쌀을 주식으로 한다. 전 세계 재배 면적은 밀에 이어 제2위를 차지한다.

재배 지역의 대부분은 중국・인도・인도네시아・한국・일본 등 아시아의 몬순 지대에 있다. 쌀의 겉껍질인 왕겨를 벗겨내면 현미가 된다. 현미에서 쌀겨층과 호분층을 제거한 쌀을 백미라고 부른다(그림 13-2).

현미를 100%로 보았을 때 겨층을 제거한 정도에 따라 5분도미(96%), 7분도미(94%), 배아미(93%), 정백미(92%) 등으로 구분한다. 5분도미는 대부분의 배아가 남아 있는 것이며, 7분 도미는 배아가 70% 정도 남아있고, 정백미는 배아와 겨층이 모두 제거된 것이다.

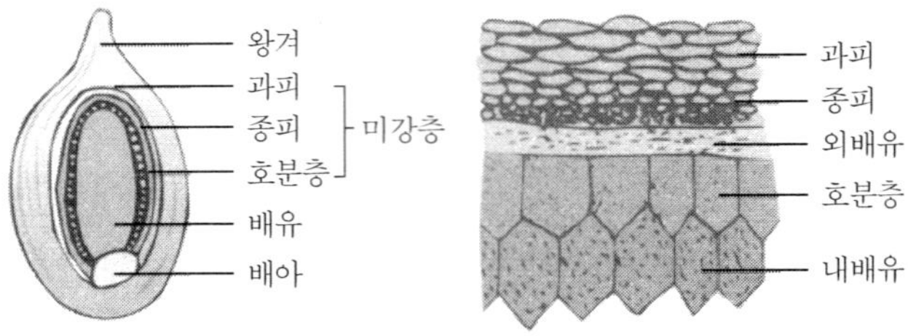

[그림 13-2] 쌀의 구조와 단면

또한 형태에 따라 단립종, 중립종, 장립종으로 구분이 할 수 있다(그림 13-3). 단립종(일본형, japonica type)은 약 4~5mm 길이와 2,5mm의 굵기를 갖고 점성이 큰 특징을 가지는 반면 중립종은 단립종과 장립종 중간 크기이며 장립종(indica type)은 약 6mm 이상의 길이를 갖고 점성이 약해 부슬부슬 흩어지는 특성이 있으며, 세포막이 두꺼워 파괴되지 않고 세포막 내에서 호화되기 때문에 밥을 지으면 점성이 적다. 쌀의 영양성분 함량은 도정도에 따라 달라지는데 단백질, 지방, 무기질, 섬유소, 비타민 등의 영양소는 현미에 가장 많고 도정도가 커지는 5분도미, 7분도미, 정백미로 갈수록 적어진다.

쌀의 수분 함량은 저장성에 영향을 주는 요인으로서 수분함량이 높은 것은 병충해의 침입을 쉽게 받고 곰팡이의 번식이 일어나 저장성이 떨어진다. 쌀의 저장성에 적합한 수분 함량은 약 13~14%이다.

쌀의 일반성분은 표 13-2와 같다. 쌀의 주성분은 전분으로 70~80%를 차지하고 있으며 아밀로오스(amylose), 아밀로팩틴(amylopectin)으로 구

[그림 13-3] 장립종(좌), 중립종(중), 단립종(우)

[표 13-2] 쌀의 영양성분표

구 분	장립종현미	장립종백미	단립종현미	단립종백미
수 분	11.1	10.3	11.6	10.8
단백질	8.9	8.3	7.6	6.4
지 방	1.6	0.6	2.1	0.5
탄수화물	77.2	80.3	77.1	81.9
섬유소	2.6	0.5	2.7	0.3

성되어 있다. 쌀의 전분은 밥을 지을 때 호화, 밥의 끈기, 맛 등에 영향을 주는 중요한 성분이다. 쌀의 끈기는 점성과 탄성의 두가지 성질로 나누어지고 이를 합쳐서 점탄성이라 하는데, 조생종은 만생종에 비해 점탄성이 적은 경향이 있다. 멥쌀과 찹쌀은 아밀로오즈와 아밀로팩틴의 함유비에 차이가 있다(표 13-3).

[표 13-3] 멥쌀과 찹쌀의 비교

구 분	점 성	전분의 구조	용 도	가공품
멥 쌀	약 함	아밀로오스 20% 아밀로펙틴 80%	밥	술, 식초, 과자, 식혜
찹 쌀	강 함	아밀로오스 0% 아밀로펙틴 100%	떡	유과, 찹쌀가루

멥쌀은 아밀로오즈와 아밀로팩틴 비율이 2:8이지만, 찹쌀은 거의 아밀로팩틴으로 구성되어 있다. 단백질는 오리제닌(oryzanin)이며, 제한 아미노산은 리신(lysine), 트립토판(tryptophan)이다. 지질 함량은 1% 내외로 적고 배아와 겨층에 20% 정도 들어 있으며, 주로 불포화지방산이다. 이를 추출하여 미강유를 얻는다. 칼륨, 인, 마그네슘이 등의 무기질이 배아나 호분층

에 들어 있으나 도정에 의해 거의 제거된다. 비타민 B_1을 포함한 비타민B 군도 주로 배아와 겨층에 있어 정백미에는 적은 양이 존재한다. 이에 쌀 표면에 비타민 B_1의 피막을 입힌 강화미와 같은 가공 쌀이 개발되고 있다.

우리나라에서는 쌀을 이용한 밥을 주식으로 하고 있으나, 밥 이외에 떡, 면류, 과자, 주류, 식초 같은 다양한 쌀 가공품도 생산, 소비되고 있다. 매년 우리나라의 쌀 소비량은 줄어드는 추세이다. 이에 쌀 소비 증가를 위한 노력의 일환으로 최근에는 홍국쌀, 키토산 쌀과 같은 생채조절 기능을 지닌 기능성 쌀들이 개발되고 있다.

2. 밀(소맥, Wheat)

밀은 약 12,000년 동안 인류의 중요 식량으로 소비되어 왔다. 기원은 남서아시아 지역으로 전해지고 있으며, 고대 이집트의 유적에서 밀빵으로 보이는 그림이 발견되기도 하였다. 미국, 러시아, 중국, 인도, 케냐 등 세계 각 지역에서 재배되고 있으며 식량작물 중 가장 넓은 지리적 분포를 보인다. 우리나라에서도 쌀 다음으로 소비가 많이 되는 작물로 국가적 약 400만톤 정도를 소비하나 대부분 수입에 의존하고 있는 실정이다.

밀의 품종은 일반적으로 사용되고 있는 보통밀(triticum vulgare), 파스타의 원료인 듀럼밀(triticum durum), 독일, 스위스, 프랑스 등에서 20세기 초까지 대량 생산되어 쌀 대신 식량으로 사용되었던 스펠트밀(triticum speltum) 등이 대표적이다.

밀의 구조는 밀겨, 배아, 배유로 구성되어 있다(그림 13-4). 배유는 밀알 총질량의 약 83%를 차지하며 전분을 다량 함유(70~72%)한다.

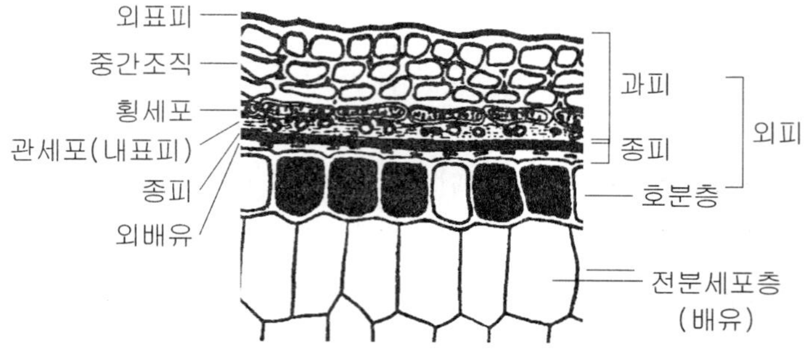

[그림 13-4] 밀의 구조

밀 단백질은 물과 함께 점탄성이 있는 글루텐(gluten)을 형성하여 반죽의 텍스처를 결정한다(그림 13-5). 밀겨는 총질량의 14.5%를 차지하며 섬유질, 단백질, 비타민, 무기질 등을 함유한다. 밀겨는 마그네슘, 칼륨, 인, 니아신, 비타민 B_6, 철, 아연구리, 식이섬유의 우수한 공급원이다. 밀겨는 물의 질량의 3배까지 흡수할 수 있다. 배아는 총질량의 2.5%를 차지하며, 기름을 추출하는데 쓰인다.

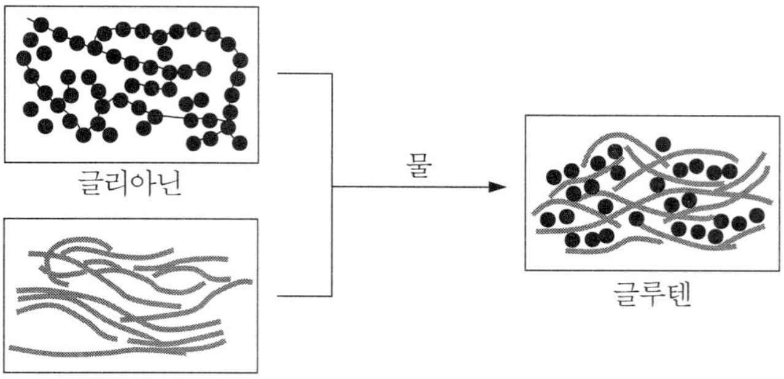

[그림 13-5] 밀 글루텐의 형성과정

밀의 일반 성분은 표 13-4와 같다. 밀의 수분함량은 평균 12%, 전분함량은 70%, 단백질 함량은 8~13%, 지질은 함량은 2% 정도이나 품종에 따라 함량의 차이가 있고, 2% 정도의 무기질이 밀겨와 배아에 존재한다. 밀에는 비타민 B_1, B_2, E 등이 함유 되어 있으나 함량이 적다. 최근에는 밀가루에 B_1, B_2, 니아신, 리신 등을 첨가한 강화 밀가루를 사용하고 있다. 밀의 전분 입자의 크기는 250㎛ 정도이고, 아밀로오스와 아밀로펙틴의 함량비는 3 : 7이다. 밀단백질의 주성분은 글루텐 단백질로서 함량에 따라 밀가루를 강력분(10% 이상), 중력분(8~10%), 박력분(8% 이하)으로 나눌 수 있다. 다른 곡류들과 마찬가지로 필수 아미노산인 라이신, 트립토판, 메티오닌 함량이 부족하다. 밀의 지질은 대부분 배아에 존재하며, 올레인산과 리놀레산으로 존재한다. 밀겨는 마그네슘, 칼륨, 인, 니이아신, 비타민 B_6, 철, 아연, 구리, 식이섬유의 우수한 공급원이다. 한편 밀가루의 미네랄 함량은 중요한 품질인자로 사용되는데 미네랄 함량이 높은 밀가루는 제분과정에서 밀겨 부분의 혼입이 많음을 의미하므로 저품질로 평가 된다.

[표 13-4] 수입산 밀의 일반 성분표

성 분	강력분	중력분	박력분
수 분	13.7	13.3	12.8
단백질	13.8	10.4	8.7
지 방	1.0	1.1	0.8
탄수화물	71.1	74.8	77.5
섬유소	0.2	0.2	0.2

자료 : 농촌진흥청, 식품성분표 제7차 개정

3. 보리

가장 오랫동안 재배되어 온 곡류의 하나로서 약 10,000년 전 서남 및 동남아시아지역에서 그 기원을 찾을 수 있으며, 추위, 가뭄, 열악한 토양 등에 강하므로 세계 많은 나라에서 재배되고 있다. 보리는 우리나라에서 쌀 다음으로 중요한 곡물이다.

보리는 성숙 후에도 껍질이 종실에 밀착되어 분리되지 않는 겉보리(hulled barley)와 성숙 후 껍질이 종실에서 쉽게 떨어지는 쌀보리(naked barley)가 있으나, 일반적으로 보리라 하면 겉보리를 말한다. 보리의 구조는 겉껍질, 과피, 종피, 호분층 및 배유로 되어 있고, 겉보리의 경우 과피와 종피 18%, 배아 3%, 배유 79% 비율로 되어 있다.

보리의 가식부분의 60% 정도는 전분이다. 보리는 쌀보다 섬유질이 많으며, 특히 식이섬유의 일종인 β-글루칸(β-glucan)이 다량 함유되어 콜레스테롤 억제 및 변비예방에 좋다. 보리의 단백질 함량은 10% 정도이며, 주성분은 호르데닌(hordenin)이다. 아미노산에 트레오닌과 티로신이 적은 반면 류신과 페닐알라닌은 많은 편이다. 비타민 B_1, B_2가 많고, 니코틴산은 쌀보다 많이 함유 되어 있다. 보리를 이용한 가공식품으로는 엿기름, 맥주, 보리차, 감주, 된장, 고추장, 제과 등이 있다.

4. 잡곡류

1) 옥수수

멕시코의 tehuacan 계곡에서 처음 발견된 것이 가장 오래된 고고학적인 옥수수로서 약 7,000년 전에 재배된 것으로 추정하고 있다. 미대륙이 유럽

인들에 의해 발견된 후 옥수수는 빠르게 유럽, 아프리카 및 아시아로 전파되었다. 우리나라 옥수수의 종류와 특징과 구조는 표 13-5와 그림 13-6과 같다.

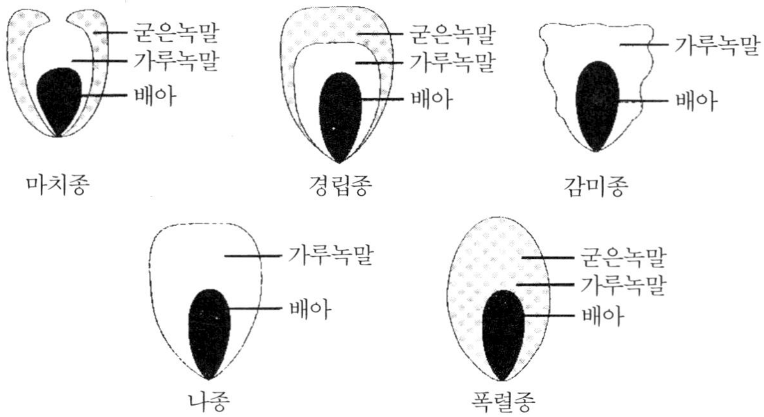

[그림 13-6] 옥수수의 종류별 구조

[표 13-5] 우리나라 옥수수의 종류와 특성

분 류	종 류	특 징
일반 옥수수	마치종	옥수수 알의 맨 윗부분이 말의 이빨처럼 오목하게 들어가서 마치종(dent com)이라고 하며, 알의 양옆은 굳은 녹말이고 안쪽은 가루 녹말이다. 우리나라에서 가장 많이 재배되며 알 껍질이 두꺼워 사료용 및 공업용으로 사용된다.
	경립종	경립종(flinl com)은 옥수수 알의 양쪽 옆부분부터 위쪽까지 굳은 녹말이고, 속부분은 가루녹말이다. 마치종 다음으로 알이 굵고 알 껍질은 다소 얇지만 사료용 또는 공업용으로 이용된다.
식용 옥수수	감미종	단옥수수(sweet com)와 초당옥수수는 옥수수 알의 가운데에 있는 씨눈을 제외하고 대부분이 당질 녹말로 되어있고, 성숙하면 알이 쭈글쭈글해지며 당분함량이 많아 간식 및 통조림용으로 사용된다.
		초당옥수수(super sweet com)는 당의 함량이 28% 정도로 높고 찰기가 더 많다. 과피 두께가 얇고 길이는 20cm 정도로 크다.
	나종	찰옥수수(waxy com)이며 전분은 찰성분으로 찰기가 있어 찌거나 구어 간식용으로 이용하거나 떡을 만들어 먹기도 한다.
	폭렬종	튀김옥수수(pop com)는 옥수수 알의 크기가 매우 작으며 대부분이 굳은 녹말이고 적은 양의 가루녹말이 중앙 윗부분을 향하여 분포하고 있어 열을 가하면 잘 튀겨지기 때문에 팝콘용으로 이용된다.

옥수수는 단백질이 약 4%를 차지하는데 옥수수의 주요 단백질인 제인(zein)은 리신과 트립토판이 거의 함유되지 않은 불완전 단백질이므로 우유, 달걀 등과 같이 섭취하면 아미노산의 보완효과가 있다. 지방은 배아에 존재하며 분리한 배아로부터 리놀렌산의 함량이 높은 옥수수기름을 얻을 수 있다. 비타민 E가 많이 함유되어 있으나 식품의 산화 및 흡수에 필요한 니아신의 함량이 적어 장기간 옥수수만 섭취할 경우 펠라그라라고 하는 피부병을 유발한다. 옥수수에는 프로테이즈 인히비터(protease inhibitor)가 있어 대장암, 유방암, 전립선암을 예방한다는 연구결과가 있다. 예전에는 구황식으로 이용했던 옥수수를 최근에는 건강식으로 많이 섭취하고 있다. 옥수수수염은 이뇨작용이 있어 부기 제거와 방광염, 신장염, 결석에 좋은 효과를 낸다.

2) 귀리

귀리의 단백질은 라이신등 필수아미노산이 높으며, 지방은 4~12%로 palmitic, oleic, linoleic acid 등이 약 95% 정도 차지하며 75~80%가 불포화지방산이다. 귀리의 우수한 가용성식이섬유 및 베타그루칸 등으로 체내 콜레스테롤 함량을 저하시킨다. 외국 실험 결과에 의하면 심장병 및 당뇨병 환자에게 3주간 140g의 귀리빵을 공급한 결과 콜레스테롤이 11% 감소되었다.

식용으로는 오트밀, flake, 제과 및 제빵의 원료로 사용되는데 오트밀은 마그네슘, 티아민의 좋은 공급원이며 인, 칼륨, 철, 판토텐산, 구리, 식이섬유를 함유한다. 최근 귀리의 영양학적 가치가 부각되면서 식용으로의 이용이 점차 늘고 있는 실정이다.

3) 메밀

메밀의 주성분은 전분이지만 조단백질도 12~15%로 많이 함유하고 있고, 라이신, 트립토판같이 곡류에 부족하기 쉬운 필수아미노산을 함유하고 있는 우수한 식품이다. 탄수화물은 대부분 전분으로 이루어져 있으며 아밀로오스가 25%를 차지하고 있다. 무기질은 Ca, Fe, Mn 등이, 비타민은 B_1과 B_2가 풍부하게 함유되어 있다. 메밀은 영양성분이 열매 중에 균일하게 분포되어 제분 시에 거의 손실되지 않는다. 그러나 메밀은 글루텐 성분이 없어 반죽하기 어려우므로 메밀에 밀가루나 감자전분을 섞어 반죽에 용이하도록 한다. 우리나라의 대표적인 메밀식품은 냉면, 막국수, 메밀묵, 총떡, 메밀부침, 메밀수제비, 전병 등이 있고 최근 메밀라면, 메밀싹기름, 메밀채소, 메밀차, 메밀음료, 메밀막걸리로도 이용되고 있다.

4) 조

조는 병충해가 적어 농약을 적게 사용하므로 무공해 작물일 뿐만 아니라 토양이 척박하고 강수량이 적은 지역에서 주로 많이 재배되고 있으며 생육기간이 짧은 장점이 있다. 작은 입자로 배아가 배유와 함께 이용되기 때문에 지방, 단백질, 무기질, 식이섬유를 많이 함유하고 있다. 전분의 조성에 따라 차조와 메조로 구분한다(표 13-6). 조는 오곡밥에서 빼놓을 수 없는 귀중한 잡곡이고 쌀에서 부족한 영양분을 고루 가지고 있으므로 건강 별미식으로 대단히 좋다. 엿, 떡, 죽, 소주의 원료로 쓰이며, 소화가 잘되고 Ca의 함유가 많아 이유기의 유아, 임산부에게 권장할만한 식품이다.

[표 13-6] 메조와 차조의 일반성분

구분	열량 (kcal)	수분 (g)	단백질 (g)	지질 (g)	탄수화물 (g)	회분 (g)	무기질(mg)				비타민		
							인	칼슘	철	칼륨	B_1 (㎍)	B_2 (mg)	나이신 (mg)
조 곡	255	10.6	10.1	3.0	74.5	1.8	410	51	2.8	500	0.5	0.2	1.5
메좁쌀	364	12.5	10.5	2.7	72.9	1.4	190	11	2.0	330	0.2	0.1	1.7
차좁쌀	366	12.1	9.5	3.1	73.9	1.6	217	15	2.2	-	0.1	0.1	1.6

출처 : 농촌영양개선연구원, 1991년

5) 수수

수수는 오곡에 속하는 곡물로 오곡(五穀)밥에서 빼놓을 수 없는 잡곡이다. 수수는 열대아프리카가 원산지이며 이디오피아와 동부 아프리카에서 유전적으로 다양한 야생 수수들이 많이 발견되고 있다. 전분의 조성에 따라 찰수수와 메수수가 있는데, 찰수수 배유의 전분은 거의 100% 아밀로팩틴으로 조성되어 있고, 메수수 배유의 전분은 22~24%의 아밀로오스로 되어 있다. 찰수수는 식용으로 쓰이고, 메수수는 사료용으로 쓰인다. 수수는 탄닌에 의한 떫은맛을 제거하기 위해 물을 여러 번 갈아주며 씻어야 한다. 수수는 밥에 섞어 혼식을 하며, 떡, 엿, 죽, 과자, 술, 맥주의 제조에 사용된다. 특히 붉은 찰수수로 만든 수수팥경단은 어린이의 백일, 돌, 생일 등에 만들어 나쁜 기운을 막는 상징적인 의미가 있다.

13-2. 두류

두류는 콩과 식물에 속하고 열매를 식용할 목적으로 재배하는 작물이다. 식물성 단백질이 풍부한 식품으로 종피가 단단하여 장기저장이 가능하다. 두류에는 대두, 팥, 녹두, 완두, 강낭콩 등이 있으며, 대두는 단백질과 지질이 풍부하고 당질이 적은 반면 팥, 강낭콩, 잠두는 당질과 단백질이 많고 지질이 적다(표 13-7).

[표 13-7] 두류의 일반성분

종류	열량(kcal)	수분(g)	단백질(g)	지질(g)	당질(g)	섬유소(g)	회분(g)	무기질(mg)					비타민				
								칼슘	인	철	나트륨	칼륨	베타카로틴(μg)	B_1(mg)	B_2(mg)	나이신(mg)	C(mg)
대 두	400	9.7	36.2	17.8	30.7	5.0	5.6	245	620	6.5	2	1340	0	0.53	0.28	2.2	0
서리태	378	11.7	34.3	18.1	30.5	4.0	5.4	224	629	7.8	5	1539	0	0.34	0.22	1.9	0
쥐눈콩이	358	7.8	38.9	6.9	41.2	5.8	5.2	161	631	7.4	3	1611	0	0.18	0.59	1.2	0
검정팥	334	10.1	21.6	0.3	64.4	4.3	3.6	68	366	7.3	20	2644	85	0.46	0.29	2.3	15
회색팥	322	10.6	21.9	1.0	63.3	4.9	3.2	116	456	5.1	1	1331	0	0.44	0.10	2.7	0
적색팥	337	8.9	12.3	0.1	68.4	4.7	3.3	82	424	5.6	1	1180	∅	0.54	0.14	3.3	0
녹 두	335	10.9	22.3	1.5	62.0	4.6	3.3	100	335	5.5	2	1323	72	0.40	0.14	2.0	0
완두콩	132	63.3	10.5	0.3	24.3	2.9	1.6	30	161	2.2	1	296	78	0.59	0.13	1.9	23
강낭콩	156	57.7	10.0	1.2	29.2	1.9	1.9	62	97	3.7	5	732	0	0.48	0.11	1.6	4
동 부	333	11.5	22.2	2.1	58.6	1.7	3.9	121	381	4.8	2	1573	0	0.68	0.15	2.7	0
잠 두	348	13.3	26.0	2.0	55.9	5.8	2.8	100	440	5.7	1	1100	90	0.50	0.20	2.5	∅
작두콩	311	12.0	26.3	1.0	57.4	8.9	3.3	84	353	3.7	5	1296	∅	0.54	0.25	2.0	0
풋완두	93	76.5	7.4	0.4	12.0	2.7	1.0	26	110	2.0	1	370	-	0.26	0.14	2.0	24

출처 : 농촌진흥청 국립농업과학원 한식세계화 연구단 2009, 식품분석표 제7차 개정
-표시는 수치가 애매하거나 측정되지 않음
∅는 식품성분 함량이 미량 존재

1. 콩

콩은 중국의 만주 지역을 근원으로 해서 한국, 일본, 중국 등지에서 재배되어 왔다. 우리나라에서는 콩은 대두라고 불리며 전통발효식품의 주된 재료로 사용되어 왔다.

콩은 알갱이의 크기가 클수록 단백질이 많고, 작을수록 지방은 많다. 일반적으로 아시아의 콩은 대립이고 미국산 콩은 소립에 해당한다. 단백질 함량이 큰 콩은 두부, 장류 등에 제조에 적당하며, 지방 함량이 높은 콩은 식용유 제조와 콩나물 콩으로 쓰인다. 콩의 색과 모양은 다양하여 단색인 흰콩, 누런콩, 푸른콩 또는 청태, 밤콩 또는 붉은콩, 검정콩 또는 서리태, 약콩 또는 쥐눈이콩 등이 있다.

콩은 영양성과 단백질 함량이 가장 높은 두류이다. 콩 단백질은 메싸이오닌을 제외하면 다른 필수아미노산은 모두 포함하는 매우 우수한 단백질이며, 일반적으로 곡류에 결핍된 라이신을 보충하기에 좋은 재료이다. 콩의 지질은 78%가 불포화지방산이며 콜레스테롤이 없고 천연 유화제인 레시틴(lecithin)을 함유한다. 콩에 함유된 섬유질은 혈중 콜레스테롤을 낮추는 역할을 하며 항암 작용과 대장암의 발병을 줄이는 효과를 갖는다. 콩은 칼륨, 마그네슘, 철, 엽산의 우수한 공급원이며, 인, 구리, 나이아신, 리보플라빈을 함유하고 비타민 B_6, 아연, 티아민, 칼슘을 미량 함유한다. 콩에는 비타민 C가 거의 없지만 콩나물로 키운 후에는 다량 함유한다.

2. 팥

팥은 아시아 지역에 근원을 두며 현재 콩 다음으로 상업적으로 중요한 두류이다. 팥은 모가 나지 않은 타원형 모양이며 적갈색을 띤다. 팥은 삶아서 식용으로 쓰며, 아시아에서는 팥 반죽을 만들어 앙금으로 사용하고, 팥가루는 케이크, 수프, 유제품 등의 가공품에 사용된다. 팥은 칼륨의 우수한 공급원이며, 마그네슘, 인 아연, 구리, 식이섬유소를 함유한다. 또한 철, 티아민을 미량 함유한다.

팥의 껍질은 단단하여 삶기 전에 반드시 물에 불린 후 사용한다. 껍질에는 사포닌 성분이 있으므로 처음 삶은 물은 버려 사포닌 성분을 제거한 후 다시 물을 붓고 삶은 것이 좋다. 또한 팥의 표피에는 시아니딘(cyanidin)배당체가 있어서 아린 맛이 있다.

3. 기타 두류

그밖에도 강낭콩, 완두콩, 땅콩, 녹두 등의 두류가 있다.

1) 강낭콩

종실은 팥과 같이 전분이 주성분이며, 단백질은 10% 정도이다. 어린 꼬투리는 비타민 A, B_1, B_2, C가 풍부하며 채소로서 서양요리에 이용된다. 특수 성분으로 청산 배당체가 함유되어 있으나, 양이 적고 가열에 의해 무독화 된다. 흰 팥소, 떡, 과자, 제조에 이용된다.

2) 완두콩

껍질이 부드러운 연협종은 풋콩이라 부르고, 채소로서 중국요리에 많이 이용된다. 껍질이 단단한 경협종은 그린피스(green peas)라 불리는 미숙한 종실을 수확하여 밥에 넣거나 통조림, 수프로 이용된다. 주성분은 전분으로 단백질도 풍부하지만 지질은 적고, 풋콩은 비타민 A, B_1, C가 풍부하다. 통조림으로 가공할 때 황산동($CuSO_4$)의 처리에 의해 비타민 C가 다량 파괴된다.

3) 땅콩

낙화생(peanut)이라 불리며, 호남 이북지역에서 재배되는 소립종은 지질 함량이 높아 기름을 짜거나 과자, 빵으로 가공한다. 종실에는 지질이 45~50%, 단백질이 20~30% 함유되어 영양이 풍부하다. 간식 또는 안주용, 땅콩버터로도 이용된다.

4) 녹두

형태가 팥과 비슷하지만 크기가 더 작고 종실은 녹색이 일반적이다. 전분이 34%로 주성분이며, 칼슘, 인, 칼륨 등이 쇠고기보다 많다. 청포묵, 녹두죽, 빈대떡, 숙주나물, 떡고물, 당면 제조에 이용된다.

13-3. 서류

서류는 식물의 지하 덩이줄기나 덩이뿌리에 영양분을 저장하여 비대해진 작물로서 감자, 고구마, 카사바, 돼지감자, 토란, 마 등이 있다. 식용 부위의 위치와 조성으로 보면 야채류 중의 근채류로 분류할 수 있지만 탄수화물의 함량이 높고, 체내에서 생산하는 에너지가 곡류이상으로 우수한 식품이므로 별도로 서류로 분류한다. 서류는 감자와 고구마와 같이 주식이나 주식 대용으로 이용할 수 있고, 식품산업에 널리 이용되는 전분의 우수한 공급원 역할을 한다.

서류의 일반성분은 표 13-8과 같다.

[표 13-8] 서류의 일반성분

종류	열량 (kcal)	수분 (g)	단백질 (g)	지질 (g)	당질 (g)	섬유소 (g)	회분 (g)	무기질(mg)					비타민					
								칼슘	인	철	나트륨	칼륨	A (R.E)	베타카로틴 (μg)	B_1 (mg)	B_2 (mg)	나이신 (mg)	C (mg)
고구마	128	66.3	1.4	0.2	31.2	0.9	0.9	24	54	0.5	15	129	19	133	0.06	0.05	0.7	25
감 자	66	81.4	2.8	0	14.6	0.2	1.1	4	63	0.6	3	185	0	0	0.11	0.06	1.0	36
돼지감자	35	81.2	1.9	0.2	15.1	-	1.6	13	55	0.2	2	630	0	0	0.07	0.05	1.7	12
토 란	58	83.2	2.5	0.2	13.1	0.8	1.0	27	45	0.5	2	365	0	0	0.08	0.03	0.8	7
마	81	77.6	2.3	0.2	18.7	0.7	0.9	18	34	0.3	(3)	(500)	0	0	0.10	0.01	0.4	6
야 콘	57	83.8	0.7	0.1	14.7	0.5	0.7	5	12	2.2	(7)	(199)	13	80	0.10	0.02	0.1	5
곤 약	6	96.5	0.2	-	3.0	-	0.3	75	10	0.5	10	12	0	0	0	0	0	0

출처 : 농촌진흥청 국립농업과학원 한식세계화 연구단 2009, 식품분석표 제7차 개정
-표시는 수치가 애매하거나 측정되지 않음
()는 타분석자료에서 인용

1. 감자

감자는 덩이줄기로 식용감자는 껍질이 매끄럽고 백색 또는 황색이며 육색은 백색이다. 우리나라에서 가장 많이 재배되는 품종은 남작(irish cobbler)이며, 몇 가지 다른 품종도 재배되고 있다. 감자는 고구마에 비해 당분이 적고 단백질 함량이 많은데 주 단백질은 튜베린(tuberin)이며, 아미노산 조성이 우수한 편이다. 감자의 분상질 부분은 전분이 많고, 당분이 적다. 지질함량이 낮아 저칼로리 식품이다. 감자의 무기질 함량은 칼륨이 많고, 칼슘은 적다. 비타민 C와 B_1도 많이 함유 되어 있다.

껍질의 녹색부위나 싹튼 부위는 유독성분인 솔라닌(solanine)이 있어 섭취 시 주의해야 하며 솔라닌을 30mg 이상 섭취하면 중독을 일으켜 복통, 위장장해, 현기증 등이 일어날 수 있다. 절단면은 산화효소인 티로시나아제(tyrosinase)에 의해 티로신(tyrosine)이 산화되어 멜라닌을 생성하기 때

문에 갈변 된다. 아황산 처리나 가열처리하여 효소를 불활성화 시킴으로써 갈변을 막을 수 있다. 감자는 전분, 엿, 주정의 원료로 이용되고 감자칩과 같은 가공식품으로도 이용된다.

2. 고구마

고구마의 원산지는 열대 남미로써 미대륙 발견 이후 세계적으로 분포되었으며 우리나라에서는 주로 남부지방에서 재배되고 있다. 고구마는 메밀꽃과에 속하는 덩이뿌리로 수분 65~80%, 전분 15~30%, 단백질 0.4~2.8%, 회분 0.8~1.2% 정도를 함유하고 있다. 당분은 3~5%로서 포도당, 자당, 과당이 대부분이며, 섬유소가 많아 변비에 효과적이다. 고구마의 주단백질은 이포메인(ipomain)이며, 구성아미노산 중 리신, 트레오닌의 함량은 많으나 황함유 아미노산은 적게 들어있다. 고구마는 비타민 C의 함량이 높고 (30mg%), 프로비타민A인 카로틴도 많이 함유되어 있다. 고구마의 육질은 카로틴에 의해 황색을 띤다. 무기질은 0.7% 정도이며, 그중 칼륨이 가장 많고 인과 칼슘도 들어 있다. 고구마는 저장동안 아밀라아제에 의해 전분이 맥아당으로 분해되므로 단맛이 증가한다. 고구마는 흑반병에 걸리면 이포메아마론(ipomeamarone)에 의한 검은 반점이 생성 되는데, 이 물질은 특유의 향기와 강한 쓴맛을 가지며 독성이 있어 흑반병이 생긴 고구마는 식용할 수 없다. 고구마에 상처가 나면 하얀 유액이 분비되는데 그 성분은 잘라핀(jalapin)으로 이런 상처는 고온 다습한 조건에서 큐어링(curing)을 하면 새로운 코르크층 표피가 형성되어 치유된다. 일반적으로 단맛을 가지는 고구마는 그대로 쪄서 식용으로 하기도 하고 주정원료와 당면, 엿, 과자제조에 이용된다.

3. 토란

토란은 흙 속의 알이라 하여 토란(土卵)이라 하고, 땅이 얼기 전인 9~10월경에 수확하여 5~8℃에서 저장해야 한다.

토란의 주성분은 전분이지만 식이섬유가 많아 변비를 막아 준다. 다른 감자류에 비해서 칼륨이 풍부하게 들어 있다. 토란의 매끄러운 점액성분은 갈락탄(galactan)으로 간이나 신장을 튼튼히 해주고 노화방지에도 좋다. 토란의 아린 맛은 호모겐티스산(homogentisic acid)에 의한 것이고 수산칼슘이 있어 만졌을 때 손이 가려운 증상이 있는데 쌀뜨물이나 소금물에 데치면 감소한다. 토란의 렉틴(lectin) 성분은 당단백질로서 적혈구를 응집시키는 활성을 갖는다.

토란은 추석에 먹는 대표적인 음식인 토란국과 떡, 조림, 찜에 이용하며, 줄기는 '토란대'라 하여 나물이나 육개장 등의 탕의 재료가 된다.

4. 마

마는 참마과에 속하는 다년생 넝쿨성 식물이며, 산야에 널리 자생하는 자연마와 밭에서 재배하는 참마로 구분된다. 자연마는 단백질, 당질이 많아 맛이 진하다. 어느 것이나 점성이 몹시 강하여 갈아서 생식하거나 삶아서 이용한다. 마의 성분 함량은 수분 73%, 탄수화물 21.4%, 단백질 4.2%, 회분 1,2%이다. 탄수화물은 주로 전분이지만 펜토산(pentosan), 만난(mannan) 등도 함유되어 있다. 점질물은 만난과 단백질이 결합한 뮤신(mucin)이 주성분이다. 마에는 각종 효소가 풍부히 함유되어 있는데, 특히 아밀라아제(amylase)가 많다. 서류 중에서 생식하는 유일한 것으로 소화가 잘 될 뿐만 아니라 비타민의 손실이 적다.

5. 곤약

곤약은 토란과에 속하는 다년생 식물로 땅속의 근경을 식용으로 한다. 곤약의 성분은 수분 92%, 탄수화물 6%, 단백질 1%, 지질 0.1% 정도가 함유되어 있다. 탄수화물의 주성분은 글루코만난(glucomannan)으로 이것을 가수분해 하면 만노오스와 포도당을 생성한다.

곤약은 체내에서 소화되지 않기 때문에 열량원으로 이용되지 못하지만 정장작용, 혈중 콜레스테롤 저하작용, 비만방지 등의 효과가 있다.

13-4. 채소류

채소류는 잎, 줄기, 뿌리, 꽃 부분을 식용으로 사용하는 초본식물로서 주로 부식으로 이용된다. 채소류는 수분 함량이 90%이고 탄수화물, 지질, 단백질의 함량이 적어서 에너지 생성량은 낮은 수준이지만 칼륨(표 13-9), 칼슘(표 13-10), 인과 같은 무기질과 비타민 A와 C(표 13-11)가 풍부하며, B_1과 B_2 함유로 인체의 각종 생리기능을 조절한다. 식이섬유가 풍부하여(표 13-12) 정장작용 및 변비 예방효과가 우수하다. 또한 채소류에는 엽록소(chlorophyll, 녹색), 플라보노이드(flavonoid, 미색), 카로티노이드(carotenoid), 안토시아닌(anthocyanin, 적색, 자색, 청색) 등 여러 종류의 색소 물질이 포함되어 있어서 고유의 색을 나타낸다. 이러한 색소물질과 섬유소를 포함하여 체내에서 질병의 위험을 낮추는 생리활성 물질이 함유되어 건강 기능적인 면으로 우수한 가치가 있다.

[표 13-9] 칼륨 함량이 높은 채소류

식품명	함량(mg)	식품명	함량(mg)
쑥	1,103	취나물	469
참나물(야생)	955	도라지	453
신선초	752	부추(재래종),두릅(순)	446
상추(적상추)	674	고사리	442
마늘(국내산)	664	씀바귀	440
머 위	550	미나리	412
아 욱	546	비 트	406
적겨자	538	당 근	395
죽 순	518	들깻잎	389
시금치(노지)	502		

[표 13-10] 칼슘 함량이 높은 채소류

식품명	함량(mg)	식품명	함량(mg)
케 일	281	상추(적상추)	107
신선초	235	취나물(야생)	102
쑥	230	아 욱	94
돌나물	212	청경채	90
들깻잎	211	머 위	88
갓	193	근 대	82
셀러리	177	파(대파)	81
냉 이	145	치커리(잎, 푸른색)	79
취나물,달래	124	씀바귀	74
적겨자	112		

[표 13-11] 비타민 C 함량이 높은 채소류

식품명	함량(mg)	식품명	함량(mg)
갓	135	시금치(노지)	60
붉은 고추	116	연 근	57
콜리플라워(꽃양배추)	99	피망(녹색과)	53
브로콜리	98	아욱, 청경채	48
케 일	80	셀러리	47
적겨자	78	고비(야생)	40
냉 이	74	부추(재래종)	37
풋고추(녹색)	72	양배추	36
신선초	71	쑥, 달래	33

[표 13-12] 섬유소 함량이 높은 채소류

식품명	함량(mg)	식품명	함량(mg)
붉은 고추	5.0	죽순, 생강(국내산), 냉이, 고사리	1.6
쑥	4.7	쑥갓, 브로콜리, 두릅(순)	1.4
신선초(명일엽)	1.8	우엉, 달래	1.3
들깻잎, 취나물, 참나물(야생)	1.7	머위(생것), 고비(야생), 씀바귀	1.2
도라지, 더덕	1.5		

채소류는 식용으로 이용하는 부위를 기준으로 다음과 같이 분류한다.

- 엽채류 : 지상에 있는 잎이나 줄기를 식용으로 이용
  - 배추, 시금치, 상추, 쑥갓, 파슬리, 샐러리 등
- 경·인채류 : 지하에 있는 줄기의 싹이나 잎을 이용하거나 인경부(비늘줄기)를 식용으로 이용
  - 파, 양파, 마늘, 부추, 아스파라거스, 죽순
- 근채류 : 지하 뿌리에 영양분을 저장한 부분을 식용으로 이용
  - 무, 당근, 연근, 도라지
- 과채류 : 식물의 열매부분을 식용으로 이용
  - 호박, 가지, 오이, 참외, 피망, 토마토, 파프리카
- 화채류 : 식물의 꽃봉우리, 꽃받침, 꽃잎, 등을 식용으로 이용
  - 꽃양배추(콜리플라워), 브로콜리

채소는 수확 후에도 증산작용과 호흡작용이 왕성하므로 품질이 저하되기 쉽다. 따라서 저장온도를 낮추어 대사와 호흡작용을 억제하고 향기 성분의 손실을 감소시킬 수 있다.

1. 엽채류

엽채류는 식물의 잎을 식용으로 하는 채소류는 일반성분은 표 13-13과 같다.

[표 13-13] 엽채류의 일반 성분

종류	열량 (kcal)	수분 (g)	단백질 (g)	지질 (g)	탄수화물 (g)	섬유소 (g)	회분 (g)	무기질(mg)					비타민					폐기율 (%)
								칼슘	인	철	나트륨	칼륨	A (RE)	B_1 (mg)	B_2 (mg)	나이신 (mg)	C (mg)	
배 추	10	95.6	0.9	0	3.0	0.7	0.5	37	25	0.5	32	239	0	0.06	0.03	0.5	17	8
양배추	19	93.5	0.6	0.1	5.4	0.6	0.4	29	25	0.5	5	205	1	0.04	0.03	0.3	36	14
시금치	30	89.4	3.1	0.5	6.0	0.8	1.0	40	29	2.6	54	502	607	0.12	0.34	0.5	60	14
상추(적상추)	15	93.4	2.1	0.1	3.0	0.6	1.4	107	25	2.8	31	674	20	0.09	0.27	0.4	16	-
쑥 갓	21	90.9	3.5	0.1	4.6	1.4	0.9	38	47	2.0	17	260	626	0.07	0.14	0.3	18	5
갓	33	87.8	3.5	0.2	7.3	1.0	1.2	193	59	2.7	33	378	197	0.24	0.16	1.2	135	-
미나리	16	93.0	1.5	0.1	4.3	1.0	1.1	24	45	2.0	18	412	250	0.06	0.12	1.5	10	18
셀러리	22	91.1	1.8	0.2	5.5	0.9	1.4	177	53	1.4	150	298	108	0.16	0.18	0.8	47	-
파슬리	31	87.6	3.2	0.5	6.8	1.4	1.9	206	60	1.5	35	680	490	0.17	0.24	1.4	139	26

출처 : 농촌진흥청 식품분석표 제7차 개정 2006

1) 배추

배추는 십자화과 식물에 속하는 작물로서 저온에서 재배되며 늦가을과 이른 봄에 잘 성장한다. 배추의 종류는 크게 잎과 줄기가 길어 모양이 긴 반결구배추와 짧고 통통한 결구배추로 구분된다. 신선한 배추에는 비타민 C가 풍부하며, 무기질로는 칼슘, 칼륨, 나트륨 등이 많이 존재한다. 탄수화물은 대부분 당분의 형태이므로 단맛을 느낄 수 있다. 배추를 삶으면 불쾌한 냄새가 나는데 이것은 황화합물이 가열에 의하여 분해되어 황화수소가스 및 기타 화합물을 형성하기 때문이다. 배추의 저장 온도는 0~3℃, 습도 95%가 적당하다. 배추는 주로 김치용으로 이용되는데 조직이 단단하고 수분이 적은 것이 적당하며, 그 외에도 보쌈, 국, 전골, 무침 등의 음식 재료로 이용된다.

2) 양배추

양배추는 십자화과 작물로서 몸체의 대부양배추는 단백질, 당질, 무기질,

비타민 A, B_1, B_2, C 등이 많이 함유되어 있고 필수 아미노산의 일종인 리진(lysine)이 있어 영양가치가 높다. 또한 비타민 중에는 항궤양성의 비타민 U를 함유하고 있으므로 생즙을 먹으면 위궤양에 효과가 있는 것으로 알려져 있다. 양배추는 주로 생채로 이용이 많고 각종 요리에도 쓰여 진다. 일년 중 늦가을부터 겨울동안에 생산된 양배추가 맛이 좋고 저장성과 수송성도 좋다.

3) 시금치

시금치는 각종 비타민, 철, 칼슘 등이 다른 채소보다 많이 함유되어 있는 알칼리성 채소이다. 소화가 잘 되고 변비, 빈혈, 통풍, 류마티스, 신장병과 어린이들의 골반발육에 효과가 있는 보건채소이며, 미용에도 좋아 그 수요가 늘어나고 있다. 또 최근에는 쌈채소용으로도 년중 수요가 많다.

2. 경 · 인채류

경 · 인채류의 일반 성분은 표 13-14와 같다.

[표 13-14] 경 · 인채류의 일반 성분

종류	열량 (kcal)	수분 (g)	단백질 (g)	지질 (g)	탄수화물 (g)	섬유소 (g)	회분 (g)	무기질(mg)					비타민					폐기율 (%)
								칼슘	인	철	나트륨	칼륨	A (RE)	B_1 (mg)	B_2 (mg)	나이신 (mg)	C (mg)	
파	26	991.1	1.5	0.3	6.5	1.0	0.6	81	35	1.0	1	186	129	0.06	0.09	0.6	21	19
양 파	34	90.1	1.0	0.1	8.4	0.4	0.4	16	30	0.4	2	144	0	0.04	0.01	0.1	8	8
마 늘	126	63.1	5.4	0	30.0	1.0	1.5	10	164	1.9	3	664	0	0.15	0.32	0.4	28	-
부 추	12	94.0	2.0	0.1	3.1	1.3	0.8	28	39	0.5	1	368	233	0.05	0.12	0.9	5	0
아스파라거스	12	94.6	1.9	0.1	2.8	0.9	0.6	22	61	0.5	4	220	54	0.12	0.13	0.8	5	29
죽 순	13	93.0	3.3	0.3	2.3	1.6	1.1	14	77	1.1	8	518	3	0.16	0.06	0.6	7	53

출처 : 농촌진흥청 식품분석표 제7차 개정 2006

1) 파

파는 특수한 향기(냄새)를 가지고 있어 옛날부터 약용으로 쓰이기도 했다. 파의 성분은 가용성 탄수화물류가 많고 조섬유, 순단백질, 조지방, 조회분, 펜토산 등을 함유하고 있다. 가용성 탄수화물은 백색부에 많고 기타는 녹엽부에 많이 함유되어 있다. 파의 점질물은 셀룰로즈와 헤미셀룰로즈, 프로토펙텐, 수용성 펙틴 등 다당류의 복합물이 수분 때문에 용액화한 것으로 과당, 포도당, 서당류가 흡수되어진 것이다.

파의 자극성물질은 파속류의 공통적인 냄새로서 황화아미노산인 알리인(alliin)을 함유하고 있기 때문이다. 세포가 파괴되어지면 산소 아리나제가 작용해서 알리인을 분해하여 강한 자극성 냄새가 나는 알리신(allicin, $C_6H_{10}O_2S$)을 생성한다.

파는 김치의 재료로도 쓰이지만 찬감을 만드는 데 보조 재료로 쓰이기도 한다. 최근 육류소비가 늘어나면서 상추와 함께 필수적으로 파가 조리재료로 혹은 신선한 생체로서 많이 소비되고 있다. 특히 최근에 진공냉동 건조법이 개발되면서 파 가공의 가능성이 높아지고 있는데 인스턴트식품 등의 소비가 증가되고 있는 추세이므로 앞으로 냉동건조에 의한 파의 소비도 늘어날 전망이다.

파의 식품적인 가치는 다른 일반 채소류와 비교해 볼 때 큰 차이는 없으나 녹색이 많은 잎에서는 비타민 A와 C의 함량이 많은 편이고 줄기에는 함량이 적으며 비타민 B는 잎과 줄기 양쪽 다 적게 함유되어 있다.

파는 이상과 같이 일반 영양가 이외에 옛날부터 약용식물로 알려져 왔다. 이것은 파 특유의 냄새로 알려진 알리신(allicin)이라는 성분이 비타민 B_1을 활성화하여 특정병원균에 대해 강한 살균력을 나타내고 있다. 건위(健胃), 살균(殺菌), 이뇨(利尿), 발한(發汗), 정장(整腸), 구충(驅蟲), 거담(去痰) 등의 효과가 어느 정도 인정되고 있다.

채소의 식품가치는 대부분의 채소가 칼슘, 칼륨, 나트륨, 마그네슘 등 알칼리염을 많이 함유하여 인체 내에서 탄수화물, 지방, 단백질에 의해서 생기는 산을 중화하는 작용이 있다. 그러나 파속식물은 알칼리 식품이 아닌 산성식품이다.

2) 양파

양파의 매운맛은 최루성 물질인 유기화합물에서 생기는데 가열하면 매운맛 성분의 일부는 분해되어 프로필메캅탄(propyl mecaptan)으로 바뀐다. 이물질은 설탕의 50~70배의 단맛을 내는데 양파를 조리하면 매운맛이 없어지고 단맛이 나는 이유이다. 이 매운맛은 피루빈산 함량과 밀접한 관계가 있다. 양파에서 함유황 화합물은 시스테인(cystein)의 유도체 혹은 이로부터 유래된 알킬설페이트(alkylsulfites)이다. 양파를 절단하면 자체의 효소에 의해 눈물을 나게 하는 물질이 휘발되어 나온다. 성인병 치료, 예방에 유효한 화합물은 주로 유황을 함유하고 있는데 양파는 함유황 화합물이 생체중의 0.5%에 달한다.

3) 마늘

마늘(garlic)은 중앙아시아가 원산인 백합과(白合科) 중 가장 매운 식물이며, 우리나라를 비롯하여 중국, 일본 등 극동(極東)에서 많이 재배되고 있다.

미국암연구소(NCI)가 1992년에 발표한 건강한 몸을 유지하는 'Designer food(좋은 식품을 적극적으로 섭취함으로써 70세에 질병을 반으로 줄일 수 있다는 프로그램)' 피라미드의 최상위에 마늘이 위치하고 있다.

마늘의 주성분은 탄수화물 20%, 단백질 3.3%, 지방 0.4%, 섬유질 0.92%, 회분 13.4%을 위시하여 비타민 B_1, 비타민 B_2, 비타민 C, 글루탐산(glutamic acid), 칼슘, 철, 인, 아연, 셀레늄, 알리신 등 다양한 영양소가 함유되어 있다.

마늘의 대표적인 성분은 알린(alliin)이라는 유황화합물이다. 알린은 아무런 향이 없지만 마늘 조직이 상하는 순간 알린은 조직 안에 있던 알리나제라는 효소와 작용해 자기방어물질인 알리신(allicin)이 된다. 알리신은 강력한 살균·항균작용을 하여 식중독균을 죽이고 위궤양을 유발하는 헬리코박터 파이로리균(helicobacter pylori)까지 죽이는 효과가 있다. 또한 알리신은 소화를 돕고 면역력도 높이며, 콜레스테롤 수치를 낮춘다. 알리신이 비타민 B_1과 결합하면 알리티아민으로 변하여 피로 회복, 정력 증강에 도움을 준다.

마늘에 들어 있는 생리활성 물질인 스코르디닌(scordinin) 성분이 내장을 따뜻하게 하고 혈액순환과 신진대사를 원활하게 한다. 마늘 속에 들어 있는 알리신은 비타민 B_1과 결합하여 알리티아민(allitiamine)이라는 성분으로 바뀌면서 비타민 B_1의 흡수를 돕고 이용률도 높인다.

허준의 『동의보감』에서는 마늘을 "성질이 따뜻하고 맛이 매우며 독이 있다. 종기를 제거하고 풍습과 나쁜 기운을 없앤다. 냉과 풍증을 제거하고 비장을 튼튼하게 하며 위를 따뜻하게 한다. 토하고 설사하면서 근육이 뒤틀리는 것을 치료한다. 전염병을 예방하고 해충을 죽인다"고 설명하고 있다.

4) 부추

부추는 백합과에 속하는 다년생 초본으로 다른 채소와 달리 한 번만 종자를 뿌리면 그 다음 해부터는 뿌리에서 싹이 돋아나 계속 자란다.

부추는 비타민 A와 C가 풍부한 식품이다. 부추에 함유되어 있는 당질은 대부분 포도당과 과당의 단당류로 되어 있다. 냄새는 독특한 유황화합물로 독특한 향미가 있는 식품이다. 부추는 마늘과 비슷한 강장(强壯) 효과가 있다.

부추는 다른 향신료에 비해 비타민A의 함량이 월등히 높고 비타민 B_2와 비타민 C, 카로틴, 칼슘, 철 등의 영양소가 많은 녹황색 채소다. 특유의 향기와 신선한 맛으로 각종 요리에 애용된다. 부추는 여러해살이풀로 잎 모양에 따라 소엽과 대엽으로 나뉜다. 소엽은 잎이 납작하고 큰데 더위와 건조한 기후에 매우 약하다. 대엽은 잎이 넓어 주로 김치를 담가 먹는다. 소엽은 중식에서, 대엽은 한식에서 주로 이용된다.

5) 아스파라거스

아스파라거스(aspergus)는 원산지가 유럽 남부와 러시아, 폴란드 초원으로 알려진 다년생 초본이다. 16세기 후반부터 전 세계에 보급되었으며, 우리나라에는 1970년대부터 재배되기 시작하였다.

아스파라거스는 가지나 잎이 나오기 전의 어린줄기를 식용으로 하는데, 아스파라거스는 비타민 B_1, B_2가 풍부하고 Ca, K, Fe 등의 무기질과 단백질 및 탄수화물의 함량이 높다. 아스파라거스의 쌉싸름한 맛은 아스파라젠산(asparagenic acid)에 의한 것이며, 이 물질은 대사와 단백질 합성을 촉진시키므로 피로회복과 자양강장의 효과가 있다. 또한 루틴(rutin)을 많이 함유하고 있어 혈관을 강화하고 혈압을 낮추는 작용도 있으므로 고혈압 예방에도 효과가 있다. 대부분의 아스파라거스는 통조림으로 가공되지만, 끓는 물에 살짝 데쳐서 찬물로 헹구어 샐러드에도 이용되며, 녹색 아스파라거스 경우에는 튀김용이나 수프(soup)로도 이용되고 있다.

3. 근채류

근채류는 뿌리를 식용으로 하는 채소류로 무, 당근, 양파, 마늘, 생강, 우엉 등이 있다. 근채류의 일반성분은 표13-15와 같다.

[표 13-15] 근채류의 일반성분

종류	열량 (kcal)	수분 (g)	단백질 (g)	지질 (g)	탄수화물 (g)	섬유소 (g)	회분 (g)	무기질(mg)					비타민					폐기율 (%)
								칼슘	인	철	나트륨	칼륨	A (RE)	B_1 (mg)	B_2 (mg)	나이신 (mg)	C (mg)	
무(조선무)	18	94.3	0.8	0.1	4.4	0.6	0.4	26	23	0.7	13	213	8	0.03	0.02	0.4	15	5
순 무	31	90.3	1.4	0	7.6	0.6	0.7	50	39	1.4	46	350	0	0.06	0.09	0.8	17	5
당 근	34	89.5	1.1	0.1	8.6	0.8	0.7	40	38	0.7	30	395	1270	0.06	0.05	0.8	8	11
생 강	53	83.3	1.5	0.2	13.9	1.6	1.1	13	28	0.8	5	344	0	0.03	0.04	1.0	5	17
우 엉	64	80.3	3.1	0.1	15.5	1.3	1.0	56	72	0.9	5	370	0	0.04	0.06	0.5	3	20
연 근	67	80.2	2.1	0.1	16.4	0.8	1.2	22	67	0.9	36	377	0	0.11	0.01	0.3	57	13
도라지	96	72.2	2.4	0.3	24.1	1.5	1.0	35	95	4.1	23	453	0	0.10	0.14	0.7	27	28
더 덕	55	82.9	3.8	0.3	12.3	1.5	0.7	24	102	2.0	7	203	0	0.13	0.20	0.5	6	23

출처 : 농촌진흥청 식품분석표 제7차 개정 2006

1) 무

무는 배추, 고추, 마늘과 함께 김치의 주재료로서 이용될 뿐만 아니라 국거리, 찌개, 생선 절임 등에 다양하게 이용되고 있는 우리나라 주요 채소중의 하나이다. 잎에는 비타민 A와 C의 함량이 많고 비타민 C는 뿌리에도 많이 들어 있다.

2) 당근

미나리과 식물로 홍당무라고도 하며, 아프가니스탄이 원산지이다. 뿌리는 굵고 곧으며 황색·감색·붉은 색을 띠며 뿌리부분을 채소로 식용하는데, 비타민 A와 비타민 C가 풍부하다.

당근은 뿌리를 주로 이용하는 채소로서 과거에는 주로 생식용으로 이용되어 왔으나 맛과 향기가 뛰어나므로 근래 주스 등의 가공을 비롯하여 매우 다양한 형태로 이용되고 있다. 특히 가식부인 뿌리는 철분과 안토시안 색소가 다량 함유되어 있어 영양적 가치가 매우 높다.

당근의 가식부 100g당 카로틴 함유량은 7,300mg이다. 녹황색채소의 대표라 할 수 있는 당근은 그 선명한 색과 빛깔이 가열해도 변하지 않고 요리를 화려하게 연출해 준다. 아이들을 중심으로 당근을 싫어하는 사람도 많으나 당근에 풍부하게 함유되어 있는 카로틴은 피부를 아름답게 유지시키거나 노화방지 그리고 암의 발생이나 암세포의 증식을 억제하는데 효과적이라는 것이 알려져 있다.

3) 우엉

국화과에 속하며 지중해 연안에서 서부아시아에 이르는 지역이 원산지인 귀화식물이다. 뿌리를 식용한다. 뿌리에는 이눌린과 약간의 팔미트산이 들어 있다. 유럽에서는 이뇨제와 발한제로 쓰고 종자는 부기가 있을 때 이뇨제로 사용하며, 인후통과 독충(毒蟲)의 해독제로 쓴다.

4) 연근

연은 원산지가 열대 아시아인 다년생 수생(水生)식물로 땅 속으로 길게 뻗어가는 땅속줄기로서 마디가 있고 희고 가늘며 겨울에 비대해져 연근이 된다.

연근은 주성분이 탄수화물이며 10% 정도로 대부분이 전분이며 비타민 B_1은 0.11mg, 비타민 C는 50mg 정도 들어 있다. 뿌리를 자를 때 생기는 끈끈한 성분은 단백질과 당분이 결합한 것이다. 연근에는 클로로젠산과 폴리펜올이라는 물질이 있어 흑갈색으로 변하기 쉽다. 이때 철분이 있으면 갈변이 더 잘 일어나므로 쇠칼이나 쇠냄비는 피하고, 삶을 때 식초를 넣으면 빛깔이 희게 마무리된다.

5) 도라지

도라지과에 속하는 도라지는 다년생초로 원산지는 중국, 한국, 일본 등이며, 도라지 뿌리는 비타민과 무기질의 공급원이 되면, 생채로 조리하였을 때의 산뜻한 신선미도 식욕을 돋우는 특징이 있다. 또한 도라지는 민간요법, 한약 및 식용으로 널리 쓰이므로 약용식품으로의 가치가 높다.

도라지의 아리고 쓴맛의 성분은 플라티코딘(platycodin), 사포닌 등인데 이 성분은 항염증, 거담, 항궤양, 진해, 해열, 진통 등의 약리작용이 있다. 도라지의 조지방질은 점성이 있고 고유의 향기와 황갈색을 띠며 포화지방산이 불포화지방산보다 월등히 많은 것이 특색이다.

4. 과채류

과채류는 1~2년생 초본식물을 열매로 식용하는 채소류이다.

과채류의 일반성분은 표 13-16과 같다.

[표 13-16] 과채류의 일반성분

종류	열량 (kcal)	수분 (g)	단백질 (g)	지질 (g)	탄수화물 (g)	섬유소 (g)	회분 (g)	무기질(mg)					비타민					폐기율 (%)
								칼슘	인	철	나트륨	칼륨	A (RE)	B_1 (mg)	B_2 (mg)	나이신 (mg)	C (mg)	
토마토	14	95.2	0.9	0.1	3.3	0.4	0.5	9	19	0.3	5	178	90	0.04	0.01	0.6	11	1
가 지	19	93.3	0.9	0.1	5.3	0.8	0.4	16	33	0.3	3	210	5	0.04	0.03	0.4	9	6
붉은 고추	39	84.6	2.6	1.7	10.3	5.0	0.8	16	56	0.9	12	284	1078	0.13	0.21	2.1	116	10
풋고추	24	92.6	1.4	0.8	4.6	-	0.5	14	39	0.9	9	162	-	-	-	-	72	-
오 이	11	95.9	1.1	0.3	2.3	0.5	0.6	28	77	0.6	2	312	10	0.04	0.02	0.3	9	2
참 외	18	89.0	2.2	0.4	7.5	5.4	0.9	6	79	3.2	10	663	6	0.07	0.03	0.6	21	-
호박(애호박)	24	91.9	1.4	0.1	5.9	0.4	0.7	13	44	0.4	1	293	25	0.11	0.08	0.6	8	0
수박(적육질)	24	93.2	0.8	0.4	5.3	0.2	0.3	1	12	0.2	1	133	143	-	0.02	0.2	14	-
딸 기	35	89.7	0.8	0.2	8.9	0.5	0.4	7	30	0.4	13	167	-	0.03	0.17	0.5	71	-

출처 : 농촌진흥청 식품분석표 제7차 개정 2006

1) 토마토

토마토는 가지과 채소로 남아메리카 안데스 지방이 원산지이다. 우리나라에는 조선 중기 시대 이전에 도입 되었다. 종류에는 일반토마토, 대추토마토, 방울토마토, 큐마토가 있다.

토마토에는 포도당, 과당, 펙틴 함유되었으며, 글루타메이트(glutamate)가 다량 함유되어 근육 내에 젖산 축적 저해로 근육피로 경감효과가 있다. 토마토의 적색은 리코펜(lycopene)으로 항산화작용이 있어 LDL콜레스테롤이 산화되는 것을 방해하며, 동맥경화 예방, 면역증진, 암 특히 전립선암 예방에 좋다. 토마토의 루틴은 비타민 P의 일종으로 혈관을 튼튼하게 하며 고혈압에 좋다. 토마토는 주로 생식을 하고 토마토 페이스트(토마토 고형분 24% 이상), 주스, 퓌레(토마토 고형분 8~24%), 케첩 등의 원료로 사용되며, 미숙과는 절임용으로도 사용된다.

2) 오이

오이는 박과에 속하는 채소이며 원산지 인도 북부 지역이다.

오이는 수분의 함량이 많고 당질, 단백질, 지질의 함량이 적어 칼로리가 매우 낮으며, 비타민 A와 C를 함유하고 있다. 싱그러운 향은 오이 알코올(cucumber alcohol), 쓴맛은 꼭지 부분에 많은 큐커비타신(cucurbitacin)으로, 열에 안정하여 익혀도 쓴맛을 낸다. 비타민 C를 파괴하는 비타민 C 산화효소인 아스코르베이트 옥시데이스(ascorbate oxidase)를 함유하고 있어서 오이즙을 비타민 C 함량이 많은 다른 식품과 혼합하면 비타민 C의 손실을 초래한다. 칼륨(K) 함량이 높아 이뇨작용을 촉진하여 고혈압 환자나 몸이 붓는 사람에게 좋다. 오이는 보습효과와 미백효과, 열을 진정시키는 효과가 있어서 피부미용에도 이용된다.

3) 고추

고추는 가지과에 속하는 채소로 남아메리카 지역이 원산지이며, 우리나라에는 조선시대 중기에 일본, 중국을 통하여 도입되었다.

고추의 성분으로는 칼슘(Ca), 인(P), 비타민 A, 비타민 B_1, 비타민 B_2, 니아신(niacin), 비타민 C, 비타민 E의 함량이 높고 고추의 매운맛 성분은 캡사이신(capsaicin)으로 항산화, 염증억제, 암예방, 마취, 진정효과가 있다. 음식에서는 생선의 비린내와 육류의 누린내 제거, 지방 산패억제, 방부 효과, 젖산균 발육증진 등 다양한 작용을 한다. 색소성분으로는 캡산틴(capsanthin, 붉은색)과, 카로틴(carotene, 황적색)이다. 풋고추는 생식, 볶음, 전, 찌개, 탕 등으로 이용하고 붉은 고추는 주로 가루를 내어 김치, 고추장, 탕, 찌개, 볶음 등의 요리에 이용한다. 실고추는 장식용으로 이용한다.

13-5. 과일류

과일은 채소에 비하여 유기산과 당이 풍부하며, 이들 성분들이 어우러져 상쾌한 맛을 제공한다. 과일에는 비타민과 무기질이 풍부하며 특유의 색과 맛을 가지고 있어 사람들에게 기호품으로 많이 이용되고 있다.

과일은 수분이 80% 이상이고 당분과 유기산을 함유하고 있으며, 비타민과 무기질이 풍부한 알칼리성 식품이다. 과일의 대부분은 지방이 없으나 아보카도(avocado)와 올리브(olive)는 각각 18.7%, 24.8%의 지방을 함유하고 있다.

과일의 대표적인 맛 성분은 당분과 유기산이다. 당분은 과당, 포도당, 설탕이 주된 성분이며 익으면서 전분이 분해되고 포도당과 과당이 생성되면서 단맛이 증가한다. 유기산은 구연산, 사과산, 주석산, 호박산 등이다. 과일의 맛은 과당과 유기산의 함량으로 나타내는 산당비율에 따라 달라진다. 과일의 향기는 일반적으로 알코올류, 에스테르류, 휘발성 산류가 많으며, 여러 휘발성 향기성분이 혼합되어 있다.

과일의 색소는 클로로필, 카로티로이드, 안토시아닌, 플로보노이드가 있다. 과일의 색깔은 미숙과일에서는 클로로필이 많으나, 익어가면서 클로로필은 감소되고 다른 색소량이 많아져서 고유의 색을 형성한다.

과일은 채소류와 달리 세포벽과 세포 사이에 펙틴(pectin)이 들어 있다. 펙틴은 미숙과일 때 불용성의 프로토펙틴(protopectin)으로 들어 있으며, 과일이 성숙되면서 가용성의 펙틴으로 변화되어 조직이 부드럽고 식감이 좋아진다.

과일의 세포 속에는 여러 종류의 효소가 들어있다. 사과의 갈변에 관련된 효소인 폴리페놀라아제(polyphenolase)가 들어있고, 파인애플의 브로멜린(bromelin), 파파야의 파파인(papain), 무화의 피신(ficin) 등과 같이 일부 과일에는 단백질 분해효소가 들어 있어 과일을 이용하여 고기의 육질을 연화시킬 수 있다.

과일은 꽃의 씨방이나 주변 부위가 과육으로 발달된 것으로 발달 부위에 따라 인과류 및 준인과류, 핵과류, 견과류 등으로 분류된다.

1. 인과류, 준인과류

꽃받침이 발달 성장한 인과류(仁果類)는 씨방 안에 종자가 들어 있는 과일로서 씨방 외축 꽃받침의 연장부가 이를 둘러싸고 이 부분이 발달하여 과육부가 된 것이다. 또한, 준인과류(準仁果類)는 씨방이 발달하여 형성된 과일로서 형태상으로 인과류와 다르지만 중심부에 모여 있어 인과류와 유사하여 준인과류라 한다. 인과류, 준인과류의 일반성분은 표 13-17과 같다.

[표 13-17] 인과류, 준인과류의 일반성분

종류	열량 (kcal)	수분 (g)	단백질 (g)	지질 (g)	탄수화물 (g)	섬유소 (g)	회분 (g)	무기질(mg)					비타민					폐기율 (%)
								칼슘	인	철	나트륨	칼륨	A (RE)	B_1 (mg)	B_2 (mg)	나이신 (mg)	C (mg)	
사과(부사)	57	83.6	0.3	0.1	15.8	0.5	0.2	3	8	0.3	3	95	3	0.0.	0.01	0.1	4	18
배(선고)	39	88.4	0.3	0.1	10.9	0.6	0.3	2	11	0.2	3	171	0	0.02	0.01	0.1	4	17
감(단감)	83	72.3	0.9	0	23.0	0.9	3.8	6	34	3.9	13	379	474	0.06	0.14	0.6	13	-
감 귤	38	89.0	0.7	0.1	9.9	0.1	0.3	13	11	0	11	173	1	0.13	0.04	0.4	44	18

출처 : 농촌진흥청 식품분석표 제7차 개정 2006

1) 사과

사과는 인과류로서 중앙에 종자가 있는 과심과 과육부로 구성되어 있다. 미숙한 것은 산과 전분을 많이 함유하지만 숙성함에 따라 산은 감소되고 당이 증가한다. 사과의 주성분은 당분으로 과당, 포도당, 설탕이 함유 되어 있다. 단백질과 지방의 함량은 적으며, 비타민 C함량이 높다. 무기염류의 함량이 높고 사과산, 구연산, 호박산, 주석산 등 유기산을 가지고 있다. 사과껍질의 색은 안토시아닌계 색소이며, 껍질을 벗기면 과육에 들어있는 탄닌류, 퀘르세틴(quercetin) 등의 폴리페놀 화합물의 공기 중의 산소와 접촉하여 산화효소인 폴리페놀옥시다아제에 의해 갈변 물질을 형성한다.

사과는 식이섬유인 펙틴을 함유하고 있어 섭취 시 변비를 예방하는데 효과적이다. 사과는 생식이나 잼, 젤리, 주스, 식초 등으로 가공하여 이용된다.

2) 배

배의 품종은 재래종, 중국배, 서양배, 일본배 등으로 나뉘며 우리나라에서 주로 재배되는 것은 일본배이다. 일본배는 과육 중에 석세포가 많아 거칠거칠하고 서양배는 석세포가 적어 부드럽다. 석세포는 펜토산(pentosan)이 주성분이며, 가수분해되면 자일로오스와 아라비노오스가 생긴다. 배에는 10% 정도의 당분이 들어있으며, 그 구성은 주로 과당이 많고, 설탕 포도당이 소량 들어있다. 유기산으로는 사과산, 구연산, 주석산이 들어있으며, 비타민은 사과보다 적다.

배의 향기 성분은 대부분 아세트알데히드이고, 그 외 여러 알코올류, 휘발산 등이 있다. 배는 생식을 하거나 주스, 잼 등을 만드는 데, 이용된다.

3) 감

감은 준인과류로서 식용으로 떫은 감과 단감이 있다. 감의 당분 함유량은 14% 내외이며, 그 구성은 포도당 6%, 설탕 5%, 과당 2~3% 정도로 들어있다. 감은 비타민 C 함량이 높고, 감잎에도 비타민 C가 800mg% 정도 들어있다. 감 표면의 흰 가루는 만니톨(mannitol)이다. 과육에는 카로틴, 크립토잔틴 등의 카로티노이드계 색소가 들어있어 등황색을 띤다.

감의 떫은맛은 탄닌의 수용성 성분인 시부올에 기인한다. 떫은맛을 없애는 것을 탈삽이라 하는데, 탈삽방법에는 42~45℃ 온수에 감을 침지하는 온탕 탈삽법, 감표면에 알코올을 뿌리는 알코올 탈삽법, 탄산가스를 이용해 호흡을 조절하는 탄산가스 탈삽법, 카바이트 탈삽법 등이 있다. 단감 속의 검은 점은 탄닌이 변화한 것으로 시부올과 같이 분해하면 플로로글루신과 갈산이 된다. 단감은 주로 생식을 떫은 감은 탈삽 후 식용하거나 곶감, 감식초 등을 만드는 데 이용된다.

4) 감귤류

감귤류는 준인과류로서 온주밀감, 여름밀감, 라임, 레몬, 만다린 등이 있다. 우리나라에서 주로 재배하는 품종은 온주밀감이다. 감귤에는 10% 정도의 당분이 들어있고 그 구성은 대부분이 포도당과 과당이다. 펙틴은 감귤 전체에 분포되어 있으며, 비타민 C의 함량이 높다. 유기산으로는 구연산, 사과산, 호박산, 주석산 등이 들어있다. 귤의 껍질에는 쓴맛 성분인 나린진, 헤스페리딘이 들어있다. 나린진은 나린지나아제에 의해 가수분해되면 람노오스가 떨어져 쓴맛이 없는 프루닌으로 변하고, 다시 가수분해되면 프루닌에 결합되어 있는 포도당이 떨어져 쓴맛이 없는 나린제닌(naringenin)이 생성된다. 감귤은 주로 생식하며 주스, 넥타, 잼, 마멀레이드로 가공하여 이용된다.

2. 핵과류

핵과류(核果類)는 씨방 안에 종자가 있으나 가운데 단단한 핵을 이루고 있는 과일로서 종과피가 과육을 이루고 있는 과일이다. 핵과류의 일반성분은 표 13-18과 같다.

[표 13-18] 핵과류의 일반성분

종류	열량 (kcal)	수분 (g)	단백질 (g)	지질 (g)	탄수화물 (g)	섬유소 (g)	회분 (g)	무기질(mg)					비타민					폐기율 (%)
								칼슘	인	철	나트륨	칼륨	A (RE)	B_1 (mg)	B_2 (mg)	나이신 (mg)	C (mg)	
복숭아(백도)	34	89.9	0.9	0.2	8.7	0.5	0.3	3	17	0.5	2	133	2	0.02	0.01	0.4	7	15
자 두	25	93.2	0.5	0.6	5.3	0.3	0.4	3	12	0.2	1	164	0	0.04	0.03	0.3	5	-
살 구	28	91.4	0.9	0.2	7.1	0.6	0.4	5	14	0.5	3	160	297	0.03	0.02	0.3	5	11
매 실	29	90.5	0.7	0.2	8.1	1.1	0.5	7	19	0.6	4	230	21	0.03	0.02	0.4	6	23
대 추	94	73.6	2.2	0.1	22.8	0.7	1.3	28	45	1.2	1	357	2	0.04	0.05	0.6	62	6
앵 두	29	91.4	0.6	0.3	7.2	0.4	0.5	6	17	1.1	4	268	1	0.02	0.02	0.5	13	25
버 찌	60	82.9	1.2	0.3	15.0	0.2	0.6	18	28	0.6	2	244	4	0.03	0.02	0.2	8	10

출처 : 농촌진흥청 식품분석표 제7차 개정 2006

1) 복숭아

복숭아는 과육의 색에 따라 백도와 황도가 있으며, 핵이 과육과 잘 분리되는 이핵종(freestone)과 잘 분리되지 않는 점핵종(clingstone)이 있다. 이핵종은 주로 생식하고, 점핵종은 통조림, 넥타, 주스 등의 원료로 이용된다. 복숭아에는 당질이 10% 내외로 함유되어 있고, 그 구성은 주로 포도당, 과당, 설탕 등이다. 유기산으로는 구연산과 사과산이 들어있다. 황도는 백도에 비하여 비타민 A가 열배 정도 더 들어있는데 이는 베타카로틴, 제아잔틴, 크립토잔틴 등의 카로티노이드계 색소에 기인한다. 복숭아 핵 주변 과육은 안토시아닌 색소를 지니고 있다. 복숭아는 생식하거나 통조림, 주스, 잼 등으로 이용된다.

2) 매실

매실은 신살구라고도 하며 미숙한 과실로부터 핵을 분리하고, 과피를 벗겨 건조시켜 한약재로 쓰기도 한다. 매실에는 당이 0.71% 정도 들어있으며 유기산으로는 구연산, 사과산, 주석산 등이 함유되어 있다. 미숙한 매실인 청매의 씨에는 배당체인 아미그달린(amygdalin)이 들어있는데 아미그달린은 효소인 에멀신(emulsin)에 의해 분해되어 벤즈알데히드와 유독한 청산(HCN)을 생성한다. HCN은 체내에서 호흡작용 효소의 기능을 억제하는 독성물질이다. 청매는 생식하지 않으며 주로 매실주를 만드는 데 이용되고, 매실장아찌, 매실 절임 등의 원료로 쓰인다. 매실을 훈제한 것은 오매라고 하여 한방에서 약으로 사용된다.

3. 장과류

장과류(漿果類)는 한개의 과실이 하나의 자방으로 된 것이며, 중과피와 내과피가 유연하고 육질의 즙이 많은 과일이다. 장과류의 일반성분 표 13-19와 같다.

[표 13-19] 장과류의 일반성분

종류	열량 (kcal)	수분 (g)	단백질 (g)	지질 (g)	탄수화물 (g)	섬유소 (g)	회분 (g)	무기질(mg)					비타민					폐기율 (%)
								칼슘	인	철	나트륨	칼륨	A (RE)	B_1 (mg)	B_2 (mg)	나이신 (mg)	C (mg)	
포도(캠벨얼리)	59	83.7	0.5	0.3	15.3	0.2	0.2	4	29	0.5	5	108	0	0.04	0.02	0.5	0	29
무화과	54	84.6	0.6	0.1	14.3	-	0.4	26	16	0.3	2	170	3	0.03	0.03	0.2	2	15
석 류	56	83.9	0.2	0	15.5	-	0.4	8	15	0.1	1	250	0	0.01	0.01	0.2	10	55
바나나	80	76.9	1.2	0.2	21.1	0.2	0.6	4	18	0.7	2	380	2	0.03	0.06	1.0	10	36
파인애플	23	92.9	0.4	0.1	6.3	0.4	0.3	10	9	0.4	5	107	0	0.11	0.01	0.2	15	48
키 위	54	83.5	0.9	0.5	14.4	1.3	0.7	30	26	0.3	5	271	8	0	0.02	0.3	27	14
파파야	25	92.2	1.1	0.1	6.0	0.3	0.6	21	12	0.3	5	215	9	0.03	0.03	0.4	16	14
망 고	64	82.0	0.6	0.1	16.9	-	0.4	15	12	0.2	1	170	100	0.04	0.06	0.7	20	35

출처 : 농촌진흥청 식품분석표 제7차 개정 2006

1) 포도

포도에는 당질이 15% 내외 들어있으며 대부분이 포도당과 과당이다. 유기산은 0.4~0.95% 정도 들어있는데, 그 구성은 주로 주석산, 사과산이고 구연산은 미량 들어있다. 과피의 색소는 안토시아닌계 색소로 페투니딘, 말빈(malvin)을 함유하고 있다. 포도에는 펙틴이 들어있어 변비예방에 좋다. 포도는 생식과 포도주 제조에 많이 이용되며, 씨가 없는 품종은 건조시켜 건포도를 만든다. 그 외 통조림, 주스, 잼, 젤리로 가공하여 이용된다.

2) 파인애플

파인애플에는 수용성 당이 10~15% 들어있고, 구연산, 사과산 등의 유기산이 함유되어 있다. 칼슘, 칼슘 등의 무기질 및 비타민 C의 함량이 높고, 베타카로틴을 함유하고 있어 과육의 색이 노랗다. 또한, 과육부위에는 단백질분해효소인 브로멜린이 있어 고기를 잴 때 파인애플 즙을 사용하면 브로멜린이 연육작용을 하여 고기가 부드러워진다. 파인애플은 생식, 통조림, 주스, 건과 등으로 이용된다.

4. 견과류

견과류(堅果類)는 과육이 단단한 외과피에 싸여있고 종실을 먹는 과이다. 견과류의 일반성분 표 13-20과 같다.

[표 13-20] 견과류의 일반성분

종류	열량 (kcal)	수분 (g)	단백질 (g)	지질 (g)	탄수화물 (g)	섬유소 (g)	회분 (g)	무기질(mg)					비타민					폐기율 (%)
								칼슘	인	철	나트륨	칼륨	A (RE)	B_1 (mg)	B_2 (mg)	나이신 (mg)	C (mg)	
밤	162	57.8	3.2	0.6	37.1	1.3	1.3	28	68	1.6	2	573	7	0.25	0.08	1.0	12	27
호두(마른것)	652	3.5	15.4	66.7	12.6	2.8	1.8	92	332	2.2	5	368	4	0.24	0.09	1.1	0	55
은 행	183	54.2	5.4	1.7	37.4	0.6	1.3	5	156	1.1	7	578	15	0.40	0.04	1.6	14	30
잣(마른것)	665	3.4	14.7	68.2	11.6	1.0	2.1	18	560	5.8	4	590	0	0.56	0.18	3.6	0	10

출처 : 농촌진흥청 식품분석표 제7차 개정 2006

1) 밤

밤에는 40% 정도의 탄수화물이 들어있으며, 그중 약 50%가 전분이다. 당분으로는 포도당과 설탕 이외에 펜토산과 덱스트린이 들어있다. 단백질의 함량은 3% 내외이며 무기질로는 칼륨이 많고 칼슘, 인, 철 등도 들어있다. 비타민 A, B, C 등이 함유되어 있으며 밤의 속껍질에는 탄닌이 있어 떫은맛이 난다. 밤은 군밤, 삶은 밤, 제과, 통조림 등으로 이용된다.

2) 호두

호두의 주성분은 지질로서 약 60% 정도를 차지하고 있으며, 호두 기름은 건성유로서 지방산은 주로 리놀레산이다. 호두에는 단백질이 20~30% 정도 들어있으며 주단백질은 글루테인이고 트립토판, 리신 등의 아미노산이 많다. 호두에는 인이 많이 들어있으며 그 외 칼슘, 마그네슘, 칼슘, 철 등의 무기질도 함유되어 있다. 비타민 B_1도 들어있어 영양소가 적절한 고열량식품이라 할 수 있다. 호두는 생식하거나 아이스크림, 제과 등으로 가공하여 이용되고 있다.

3) 은행

은행은 약 40% 정도의 탄수화물을 함유하고 있으며 전분이 많다. 단백질과 지방의 양은 적은 편이며, 주단백질은 글로불린이다. 무기질로는 인이 풍부하고 비타민 A, C, 니아신 등이 들어있다. 은행은 전골, 찜 등 요리의 재료로 이용된다.

13-6. 해조류

해조류는 바다에 사는 식물을 말하는 것으로 녹조류, 갈조류, 홍조류 등이 속한다. 해조류 중 녹조류는 수용성 식이섬유가 많은 알칼리성 식품이며 카라기난, 알긴산, 라미나린 등 점질 다당류를 함유하고 있다. 또한, 요오드와 칼륨 같은 무기질이 풍부하다. 파래, 청각 등은 녹조류에 속하고, 미역, 다시마, 톳 등은 갈조류에 속하며, 김, 우뭇가사리 등은 홍조류에 속한다. 김에는 붉은색의 푸코에리트린(phycoerythrin)이 들어있는데 김을 굽게 되면 피코시아닌(phycocyanin)으로 바뀌어 청색으로 띠게 된다. 김을 습기가 있는 곳에 저장하면 붉은색으로 변하는데, 이는 김에 들어있는 염록소가 분해되기 때문이다. 미역에는 칼슘과 요오드가 많이 들어있고 점질 다당류인 알긴산도 가지고 있다. 미역에 있는 색소는 카로티노이드계인 푸코크산틴으로 미역을 데칠 때 녹색으로 변하는 것은 카로티노이드 색소에 둘러싸인 엽록소가 녹아나오기 때문이다. 다시마에는 점질 다당류인 알긴산과 라미나린이 들어있으며 칼슘, 요오드, 철 등의 무기질 함량이 풍부하다. 건조된 다시마 표면의 하얀 가루는 감미 성분인 만니톨이다.

13-7. 버섯류

버섯류는 자실체가 갓모양을 형성하고 있으며 자실체에는 주름이 있어 포자를 가지고 있다. 자실체와 이를 지지하고 있는 대가 가식부이다. 버섯의 80~90%는 수분이며 무기질이 풍부하고 3% 정도의 단백질을 함유하고 있다. 버섯에 함유된 비단백 질소화합물로서는 알라닌, 글루탐산, 콜린, 류신,

페닐알라닌, 프롤린, 트리메틸아민 등이 있다. 버섯에는 펜토산, 만니톨, 트레할로오스 등의 당질도 들어있어 아미노산과 함께 버섯의 맛에 기여한다.

1) 표고버섯

표고버섯은 우리나라에서 생산량이 가장 많은 버섯으로 갓 표면은 담갈색이고 생표고버섯과 건표고버섯 모두 이용된다. 표고버섯의 수분 함량을 10% 정도로 건조하면 저장성이 좋아지고 맛 성분 및 향기 성분이 증가한다. 또한, 일반적으로 생표고버섯보다 건표고버섯이 영양학적으로 우수한 것으로 알려져 있는데, 이는 에르고스테롤(ergosterol)이 햇빛에 의해 비타민 D_2로 변하여 프로비타민 D를 많이 함유하고, 독특한 향미를 내기 때문이다. 또한, 건포고버섯에는 비타민 B_1, B_2도 많이 함유되어 있다. 버섯의 지미성분은 구아닐산이고, 방향성분은 유황을 가진 레티오닌이며, 항암 맛난 맛을 준다. 생표고버섯은 볶음 튀김 등에 이용되며 건표고버섯은 물에 불려 조림, 전골 등에 이용된다.

2) 송이버섯

송이버섯은 주로 소나무 숲에서 가을철에 생산되는 향기가 좋은 버섯으로 우리나라, 일본, 중국에서 생산된다. 적송의 뿌리에서 생산된 것의 품질이 제일 우수한 것으로 알려져 있다. 송이버섯의 채취 시기는 대체로 9월 상순부터 10월 중순까지로 갓이 너무 피지 않고 줄기가 단단하고 통통하며 짧은 것이 좋다. 송이는 비타민 B군과 에르고스테롤이 풍부하다. 송이버섯의 가식부 100g 중에는 비타민 B_1 0.1mg, 비타민 B_2 0.5mg, 비타민 C 2mg, 니아신 8mg, 비타민 D 140U 등이 함유되어 있다. 송이버섯의 향기는 열에 약하기 때문에 조리 시에 살짝만 익혀먹는 것이 좋다.

3) 양송이버섯

양송이는 세계적으로 널리 재배되고 있는 버섯으로 갓이 연하고 흰색이지만 채취하여 보관하면 다갈색으로 변한다. 수확 후에는 변질되기 쉬우므로 단시일 내에 이용하거나 통조림으로 가공하여 이용한다. 갓의 지름은 12~15cm 정도이나 통조림내용은 갓이 피기 전의 지름 3cm 정도의 것을 사용한다.

양송이는 단백질 및 무기질의 함량이 표고버섯보다 약 2.5배 많고, 무기질과 에고스테롤로 적당히 들어있다. 또한, 아르기닌, 히스티딘, 이소류신, 류신, 페닐알라닌, 프롤린, 티로신 등의 필수아미노산을 함유하고 있으며, 비타민 B_1, B_2, D, 니아신 등이 함유되어 있다. 버섯에는 티로시나아제라는 효소가 있어 버섯 채취 갈변을 유발한다. 또한, 트립신, 아밀라아제, 말타아제, 프로테아제 등의 소화효소도 함유되어 있어 소화를 돕는다. 섬유질 함량은 적은 편으로 저열량 고단백 식품이다. 생식과 통조림용으로 이용되며 스프, 샐러드, 볶음, 튀김 등으로 이용된다.

제 14장. 동물성 식품

동물성 식품은 식생활에서 단백질의 중요한 급원이 된다. 식생활에서 많이 이용하는 동물성 식품으로는 축산물인 수조육류, 유류, 난류 및 그 가공품이 있고, 수산물인 어패류와 그 가공품이 있다. 수조육류의 주된 급원으로는 소, 돼지, 양, 닭 등과 그 외 염소, 오리, 거위, 칠면조, 토끼, 말 등이 있다. 건강한 식생활에 대한 중요성이 강조되면서 육류보다는 생선의 섭취에 관심이 더 증가하고 있는데, 어패류로는 명태, 조기, 고등어, 삼치, 꽁치, 갈치, 오징어, 새우, 게, 굴, 전복, 바지락 등이 있다. 유류는 주로 소, 양, 염소 등에서 얻으며, 알은 닭, 오리, 거위, 메추리 등에서 얻는다. 동물성 식품의 단백질에는 필수 아미노산이 골고루 들어 있으며, 그 함유 비율이 인체가 요구하는 조성과 비슷하므로 영양적으로 우수하다. 그밖에도 동물성 식품에는 지방, 비타민과 무기질이 풍부하다.

14-1. 수조육류

식용 수조육류는 육류의 소, 돼지, 말, 염소, 양, 토끼 등의 가축과 들짐승류가 있으며, 조류에는 닭, 오리, 칠면조, 꿩 등이 있다.

일반적으로 도살된 동물의 근육이 생화학적 변화를 거쳐 식품으로 섭취하기에 알맞게 된 것을 육류라고 한다. 육류는 종류, 부위, 성별, 연령에 따라 영양조성이 다르고, 그 성질도 다르다. 그러나 신선육은 단백질, 지방, 무기질, 비타민의 중요한 급원으로 곡류를 주식으로 하는 한국인 식생활에 중요한 식품이다.

수조육류의 일반성분은 표 14-1과 같다.

1. 육류의 구조

육류는 근육조직, 결합조직, 지방조직, 골격조직로 구성되어 있다.

1) 근육구조

근육은 골격에 붙어있는 골격근, 내장을 구성하는 평활근, 그리고 심장을 구성하는 심근으로 분류한다. 식용으로 주로 이용되는 근육은 골격근으로 생체의 30~40%를 차지한다.

[표 14-1] 수조육류의 일반성분

종류			열량 (kcal)	수분 (g)	단백질 (g)	지질 (g)	당질 (g)	회분 (g)	무기질(mg)			비타민					폐기율 (%)
									칼슘	인	철	A (RE)	B_1 (mg)	B_2 (mg)	나이신 (mg)	C (mg)	
소고기	한우	등심	192	67.4	201	11.3	0.2	1.0	22	172	4.6	7	0.07	0.20	5.4	0	0
		사태	130	74.1	20.2	4.7	0.1	0.9	3	156	2.1	(12)	0.04	0.14	1.4	0	0
		안심	148	71.6	20.8	6.3	0.2	1.1	23	175	4.7	12	0.08	0.25	5.2	0	0
		양지	167	69.3	21.3	8.1	0.3	1.0	16	158	5.0	14	0.06	0.18	5.2	0	0
	수입육	등심	224	65.5	17.5	15.9	0.2	0.9	15	159	1.6	6	0.07	0.2	4.3	0	0
		사태	119	76.6	17.8	4.6	0.2	0.8	9	153	1.8	7	0.05	0.17	3.3	0	0
		안심	198	66.8	20.2	12.0	0.2	1.0	10	152	2.0	8	0.07	0.20	4.2	0	0
		양지	150	71.1	21.2	6.6	0.1	1.0	6	180	2.7	6	0.07	0.18	5.5	1	0
	부산물	간	131	72.8	19.0	4.6	2.2	1.4	6	228	8.0	9472	0.27	2.23	14.7	20	0
		곱창	141	79.2	9.0	11.3	0.1	0.4	12	97	2.1	15	0.05	0.11	1.4	0	0
		꼬리	246	62.7	17.4	19.0	0	0.9	22	165	1.5	6	0.07	0.12	4.2	0	50
돼지고기	뒷다리		235	63.6	18.5	16.5	0.3	1.1	1	179	1.7	2	0.92	0.18	4.9	0	0
	등심		262	61.5	17.4	19.9	0.2	1.0	6	152	0.8	5	0.61	0.15	7.4	0	0
	삼겹살		331	53.3	17.2	28.4	0.3	0.8	8	132	0.7	6	0.68	0.30	4.4	1	0
	간		125	73.4	18.7	3.9	2.6	1.4	16	327	18.2	10119	0.25	2.59	11.8	13	0
	머리고기		272	57.4	20.6	20.3	0.2	1.5	14	72	0.4	0	0.09	0.11	1.5	0	0
	족발		239	60.3	22.5	16.8	∅	0.4	12	32	1.4	6	0.05	0.12	0.7	∅	55
	닭고기		180	69.4	19.0	10.6	0.1	0.9	10	170	0.9	50	0.20	0.21	2.7	0	0
	가슴살		208	66.9	18.8	13.6	0.1	0.6	10	108	0.8	48	0.14	0.32	2.0	0	22
	날개		221	66.0	17.5	15.2	0.2	0.8	9	107	1.1	36	0.12	0.33	1.4	0	33
	다리		126	74.5	18.2	4.3	2.2	0.8	7	133	0.8	45	0.08	0.16	1.4	0	0
오리고기			318	55.3	16.0	27.6	0.1	1.0	15	180	1.7	6	0.21	0.31	3.9	2	37
칠면조고기			119	74.2	21.8	2.9	0	1.0	14	195	1.5	−	0.07	0.17	4.5	0	33

출처 : 농촌진흥청 국립농업과학원 한식세계화 연구단 2009, 식품분석표 제7차 개정
-표시는 수치가 애매하거나 측정되지 않음
∅는 식품성분 함량이 미량 존재

골격근은 두꺼운 근육막으로 둘러싸여 있다. 식품으로 이용되는 것은 근섬유인데, 그림 14-1과 같이 각각의 근섬유는 얇은 근섬유막이 싸고 있고 여러 개의 근섬유 다발을 근속막이 둘러싸고 있다. 굵은 혈관과 신경은 근속막에 묻혀있고 모세혈관과 신경섬유는 근섬유막을 따라서 근육 내부에 분포한다. 근육막, 근속막, 근섬유막은 결합조직인데, 여기에 지방조직이 함유되어 있다. 근육에 함유되어 있는 결합조직과 지방조직은 육류의 질에 영향을 준다. 근섬유는 1000~2000개의 근원섬유로 구성되어 있으며, 근원섬유는 근장이라고 부르는 세포질 속에 묻혀있다. 근장은 단백질 함량이 높고

비타민, 무기질, 글리코겐, 미오글로빈, 효소, 대사중간산물, 지질, 염류 등을 함유하고 있다. 근섬유를 현미경으로 관찰하면 명암의 무늬가 규칙적으로 나타나는데, 이것은 근원섬유가 규칙적으로 배열되어 있기 때문이다. A띠라고 불리는 어두운 부분은 미오신 단백질로 구성되어 있어서 미오신 필라멘트라고 하며 굵다. 밝은 부분은 I띠라고 부르는데, 액틴 단백질로 구성되어 있어서 액틴 필라멘트라고 하며 가늘다. 액틴 필라멘트는 Z선에 연결되어 있고, 근원섬유의 단일 수축단위를 근절이라고 하는데, Z선과 다른Z선 사이의 길이를 의미한다.

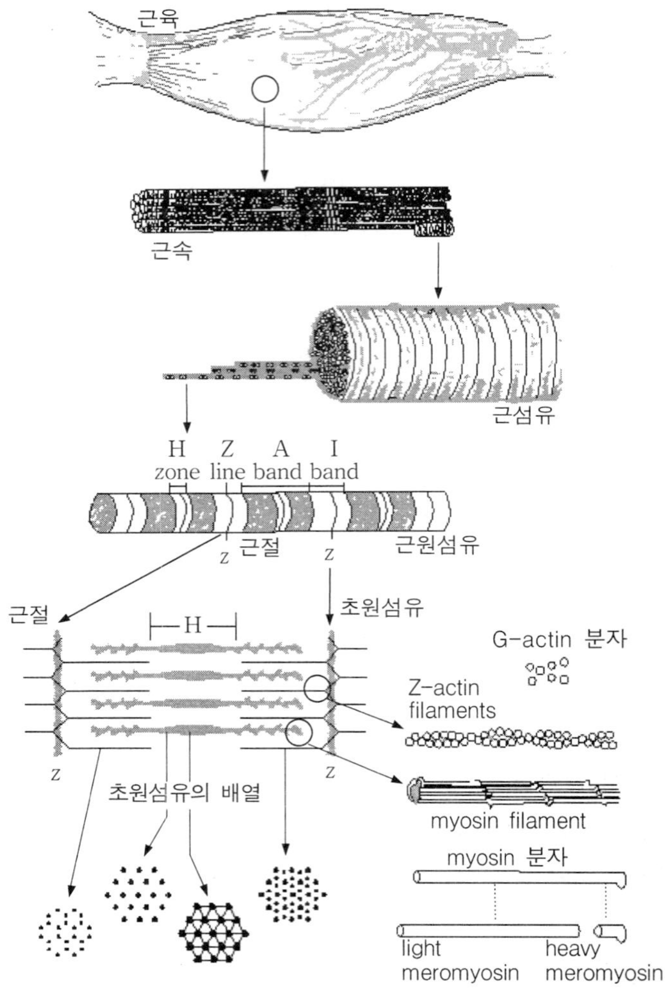

[그림 14-1] 근육의 구조

2) 결합조직

근육과 지방조직을 둘러싸는 막으로 운동량이 많고, 연령이 많을수록 증가하며 질기고 암컷보다 수컷에 많다. 백색의 콜라겐(collagen, 교원섬유), 황색의 엘라스틴(elastin, 탄성섬유)과 레티쿨린(reticulin, 세망섬유)으로 형성되어 있다. 콜라겐은 물과 함께 가열하면 젤라틴으로 변하여 소화가 가능하다.

3) 지방조직

피하, 복부 및 내장 주변에 작은 입자나 큰 덩어리로 산재해 있으며 조직을 부드럽게 하고 촉감과 풍미를 좋게 한다. 마블링(marbling)이 잘 형성된 고기는 지방이 근섬유를 짧게 하므로 연하고 풍미가 좋으며, 마블링의 발달 정도는 육질 등급 판정에 가장 중요한 요소이다.

4) 골격조직

칼슘과 인을 공급하며 많은 인지질을 함유하고 있다. 사골, 도가니, 반골, 꼬리뼈, 잡뼈 등으로 구성되어 있다.

2. 육류의 구성성분

동물의 종류, 품종 사육방법, 사료, 사료지역 및 부위에 따라 육류의 구성성분은 다르다(표 14-1).

1) 수분

수분 함량은 육류의 부위와 지방 함량에 따라 차이가 있는데, 보통 65~80%이다. 수분에는 각종 성분이 녹아 있거나 분산되어 있어서 육류의 유연성, 맛, 색 등에 영향을 준다.

2) 단백질

근육은 약 20%의 단백질을 함유하고 있다. 근육단백질은 근섬유단백질, 근장단백질, 결합조직단백질로 이루어져 있다.

① 근섬유단백질(myofibrillar protein)

근섬유단백질은 섬유상 단백질이다. 진한 염류 용액에 녹고 대부분 미오신과 액틴 단백질로 구성되어 있다. 미오신은 전체 근육단백질의 50~60% 정도를 차지하며 다량의 글루탐산, 아스파르트산, 염기성 아미노산을 함유하고 있다. 미오신은 효소 활성을 지니고 있어서 근육이 수축할 때 ATP를 ADP와 P로 분해시켜 수축에 필요한 에너지를 만들어 낸다. 액틴은 근육단백질의 15~30% 정도를 차지하며, G-액틴과 F-액틴 두 형태로 존재한다. 액토미오신(actomyosin)은 미오신과 액틴이 결합하여 형성되며 육류의 보수성과 결착성에 영향을 준다.

② 근장단백질(sarcoplasma protein)

근장단백질은 근장에 용해되어 있는 수용성 단백질로서 물이나 묽은 염류용액에 용해된다. 근장단백질에 근육세포 내에서 일어나는 여러 가지 작용에 관여하는 효소, 미오글로빈 및 헤모글로빈 등이 있다.

③ 결합조직단백질(connective tissue protein)

결합조직단백질은 물이나 염류용액에 용해되지 않는다. 콜라겐(collagen), 엘라스틴(elastin), 레티쿨린(reticulin) 등이 여기에 속한다. 콜라겐은 동물체에서 양적으로 가장 풍부하여 전체 근육단백질의 20~25%를 차지한다. 근육, 내장기관, 혈관, 피부, 뼈 힘줄 등을 구성하는 주요 단백질이다. 콜라겐은 세 가닥의 폴리펩티드 사슬이 꼬여있는 구조로 각 사슬은 가교결합으로 연결되어 있다. 가교결합은 동물이 늙을수록 증가하므로, 늙은 동물의 육류는 어린동물의 육류보다 더 질기다. 콜라겐은 트립토판과 시스틴이 거의 없고 글리신과 프롤린을 30% 이상 함유하고 있어서 질이 낮은 아미노산 조성을 가지고 있다. 물과 함께 장시간 가열하면 소화가 가능한 젤라틴으로 변한다.

3) 지방

지방 함량은 동물의 종류, 연령, 성별, 계절, 사육방법, 근육의 부위에 따라 차이가 크게 나타난다. 영양상태가 좋은 동물은 피하, 내장의 주위, 근육의 결합조직 등에 지방이 축적된다. 지방 함량이 낮은 사료를 섭취하는 소나 양과 같은 초식동물은 체지방 조성이 비교적 일정하다. 돼지는 지방 함량이나 조성이 매우 다양한 사료를 섭취하기 때문에, 지방의 함량이나 조성이 섭취하는 사료에 따라 차이가 크다. 근육 내의 지질은 지방조직 속의 지질에 비해 불포화도가 높고 인지질을 다량 함유하고 있다. 근육의 지방축적 정도는 육류의 맛과 연한정도에 영향을 준다. 또한 지방의 융점은 입안에서의 촉감과 관련이 있는데 수조육류 지방의 융점은 표 14-2와 같다.

[표 14-2] 수조육류 지방의 융점

종 류	융 점	종 류	융 점
소	40~50	닭고기	30~32
돼 지	33~46	칠면조	31~32
양	44~55	오 리	27~39

4) 탄수화물

동물의 모든 조직과 체액은 소량의 당류와 글리코겐을 함유하고 있다. 글리코겐은 동물의 종류, 연령, 도살 전 상태 등에 따라 차이가 있는데, 근육 내에 0.02~1.0% 정도 함유되어 있다. 글리코겐은 동물이 도살된 뒤 사후경직 또는 숙성과정 중에 대부분 해당작용을 통해 젖산을 분해된다. 결합조직의 기질물질은 황산콘드로이틴, 히알루론산 등의 점질다당류를 함유한다. 소량 존재하는 6′-인산 포도당, 포도당, 과당, 당 대사산물들은 육류를 가열조리 할 때 갈변반응에 관여하며 향미화합물을 생성한다.

5) 무기질

육류의 무기질 총량은 1% 정도이다. 칼륨, 인, 철 등의 좋은 급원이지만 칼슘은 적은 함유하고 있다. 알루미늄, 코발트, 구리, 망간 등은 미량 함유하고 있다.

6) 비타민

육류는 비타민 B_1, 비타민 B_2, 니아신, 비타민 B_6, B_{12}의 좋은 급원이다. 돼지고기의 비타민 B_1 함량은 쇠고기나 양고기보다 5~10배나 많다.

7) 비단백질 질소화합물

비단백질 질소화합물들은 주로 근장 속에 수용액 상태로 존재한다. 근육은 표 14-3과 같이 분자량이 적은 질소화합물들을 1.5% 정도 함유하고 있으며, 육류의 맛과 밀접한 관계가 있다.

[표 14-3] 근육의 비단백질 질소화합물

비단백질 질소화합물	함량(%)
크레아틴	0.3~0.6
뉴클레이오티드(ATP, ADP, AMP, IMP 등)	-
피리미딘, 푸린 잔기들	0.3
유리아미노산	0.1~0.3
펩티드, 안세린, 카르노신	0.3
크레아티닌	0.02~0.04

3. 근육의 사후변화

동물이 도살된 직후 유연한 근육은 시간이 어느 정도 지나면 강직상태에 이른다. 이러한 현상을 사후강직(riger mortis)이라고 하며, 이 상태가 꽤 오래 지속되지만 시간이 지나면 근육은 다시 유연해진다. 동물이 도살된 뒤 숙성시켜 섭취될 때까지 근육내에서는 ATP 분해, 근육의 경직, 젖산 축적 및 pH 저하 등 여러 가지 생화학적 변화들이 일어난다. 육류의 사후강직과 숙성변화는 표 14-4, 그림 14-2와 같다.

[표 14-4] 육류의 사후경직과 숙성변화

변화단계	화학적 변화	물리적 변화
사후 경직	-해당작용, 젖산생성 -pH의 저하(7.4~5.4) -액틴+미오신 결합=actomyosin형성	-유연성 상실, 신축성 상실, 보수성 감소 -고기는 질기고 가열로도 연해지지 않음
강직 해소	-강직근육이 시간이 지남으로 유연조직으로 변형 -근육내의 자가효소에 의해 단백질 분해 -근육 연도 증가	-강직 개시시간 : 쇠고기 : 2~9시간 돼지고기 : 30분~2시간 닭고기 : 수분~1시간 -사후 강직 속도 동물의 종류, 영양수준, 도축방법, 도살 후 환경 온도
숙 성	-0~4℃ 저장 -근육 pH 5.4로 효소 불활성화로 근육단백질의 자기소화 시작 -근육 내 단백질 분해효소의 유리아미노산 분해(핵산 맛 성분), pH 상승	-육색의 변화(산소의 조직 침투로 옥시마요글로빈의 적색) -보수성의 증가, 지미성분 증가(풍미), 고기의 연화 -숙성기간 : 쇠고기 : 0℃(10일), 5℃(7~8일), 10℃(4~5일), 15℃(2~3일) 돼지고기 : 0~4℃(1~2일)

강직단계	도살	pH 7.0	젖산($C_3H_6O_3$)생성시작 pH 저하 시작
강직1단계	사후경직시작	pH 6.5	ATP 분해 액틴과 미오신의 결합 (액토미오신)으로 근육의 수축시작
강직2단계	최대사후경직	pH 5.5	젖산생성 중단 최대강직 단백질분해효소에 의한 근육의 분해 시작
강직3단계	자가숙성	pH 상승	쇠고기의 연화 육즙의 풍부

[그림 14-2] 사후과정 및 숙성단계

1) 도살 후 사후강직까지의 변화

동물이 죽은 뒤 강직되기 시작해서 완성까지의 경과시간은 죽기 전 생체의 상태와 저장온도 등에 따라 다르다. 소와 양은 6~12시간, 돼지는 25분~3시간, 칠면조와 생선은 1시간 이내, 닭은 30분 이내에 사후경직에 이른다. 도살 전에 잘 먹이고 휴식을 시킨 동물은 경직의 개시가 지연된다. 하지만, 도살 전에 굶기거나 격렬한 운동을 시킨 동물은 경직 개시가 빠르다. 도살체를 저온에 놓아두면 경직 개시가 지연되고, 고온에 두면 경직 개시가 빠르다.

① 글리코겐 ATP 분해

동물이 죽으면 혈액순환이 정지되므로 조직에 산소가 공급되지 않는다. 근육은 산소가 없는 혐기적인 상태가 되고 해당작용만 일어나게 된다. 글리코겐의 분해로 얻는 ATP의 양은 감소하고, 더구나 ATP 분해가 일어나면서 근육 내 ATP 농도는 감소한다. 미오신과 액틴은 결합하여 액토미오신을 형성하게 되고 근육이 점차 수축하여 경직된다.

② pH의 변화

동물이 죽은 뒤 혐기적인 해당작용이 진행되면 근육 내에는 젖산 이 축적되어 pH가 낮아진다. 동물이 도살되면 pH는 6.5~6.9에서 최저 5.3~5.5까지 내려간다. pH가 5.3~5.5에 도달하면 해당작용과 관련이 있는 효소들은 활성을 잃는다. 즉, 근육 속에 포도당이나 글리코겐이 남아있다 하더라도 해당작용이 일어나지 않기 때문에 근육의 pH는 5.3 이하로 내려가지 않는다.

최종 pH는 도살 전 동물체 내에 존재하는 글리코겐의 함량과 관련이 있다. 도살 전에 잘 먹이고 휴식시킨 동물은 글리코겐 함량이 높아서 근육의 pH는 5.3~5.5까지 저하된다. 죽기 전에 또는 죽는 동안 심한 운동을 한 동물은 근육 속의 글리코겐이 적은 육류는 색이 밝고 보수성의 저하로 조직이 거칠며 부패세균에 대한 저항성이 크다. pH가 높은 육류는 색이 어둡고 조직이 치밀하며 부패세균에 대한 저항성이 약하다. pH가 낮은 육류의 보수성이 감소하는 것은 근육단백질의 pH가 단백질의 변성이 쉽게 일어나는 등전점인 pH 5.1~5.5 범위 안에 있기 때문이다.

2) 숙성

사후경직된 육류는 식용에 적합하지 않으므로 숙성시킨다. 숙성이 진행되는 속도는 도살체를 저장한 온도와 시간에 영향을 받는다. 실온에서는 냉장온도보다 숙성이 빨리 진행된다. 미생물의 번식을 방지하기 위하여 0~4℃, 상대습도 70%에서 숙성을 실시한다. 숙성기간은 쇠고기는 7~10일, 양고기는 3~5일, 돼지고기는 1일 정도 소요된다. 일반적으로 돼지고기는 지방의 산패가 빠르게 일어나기 때문에 숙성시키지 않는다. 숙성기간 동안 연한 정도, 보수성, 맛 등에서 변화가 일어난다. 도살 후 근육의 수축과 pH의 저하로 육류에 액즙이 유출된다. 육류의 보수성은 도살 직후에는 높지만 시간이 지남에 따라 감소하여 경직이 완성되면 최소가 된다. 경직이 해소된 후 숙성이 진행됨에 따라 보수성은 약간 증가된다. 육류를 숙성시키면 결합조직의 변화, 보수성 증가, 단백질 분해효소인 카텝신(cathepsin)에 의한 근섬유단백질의 분해 등에 의하여 연화된다. 숙성과정에서 생성된 아미노산, 젖산 등은 육류의 맛에 기여한다.

4. 가열에 의한 육류의 변화

육류를 가열하면 물리적·화학적 변화들이 일어나고, 미생물과 기생충이 사멸되는 효과도 얻는다.

1) 단백질의 변성

육류를 가열하면 근장단백질과 근섬유단백질 및 그 밖의 단백질들이 변성되어 단단해진다. 근육단백질의 열변성은 온도가 상승함에 따라 단계적으로 일어난다. 온도가 증가하면 근섬유단백질은 새로운 가교결합을 형성하고 65℃ 정도에 이르면 응고된다.

2) 색의 변화

신선한 근육은 미오글로빈이나 헤모글로빈 때문에 붉은색을 띠지만, 조리된 육류는 회색이나 갈색을 나타낸다. 가열에 의하여 단백질인 글로빈이 변성되면, 미오글로빈이나 헤모글로빈의 헴이 글로빈으로부터 분리된다. 분리된 헴은 결합된 헴보다 산화되기 쉽기 때문에, 가열한 육류는 산화된 헴인 헤민(hemin)의 형성에 의하여 갈색을 띤다(그림 14-3). 육류를 고온에서 장시간 가열하면 마이얄 반응이 일어나기 때문에 갈색을 나타낸다.

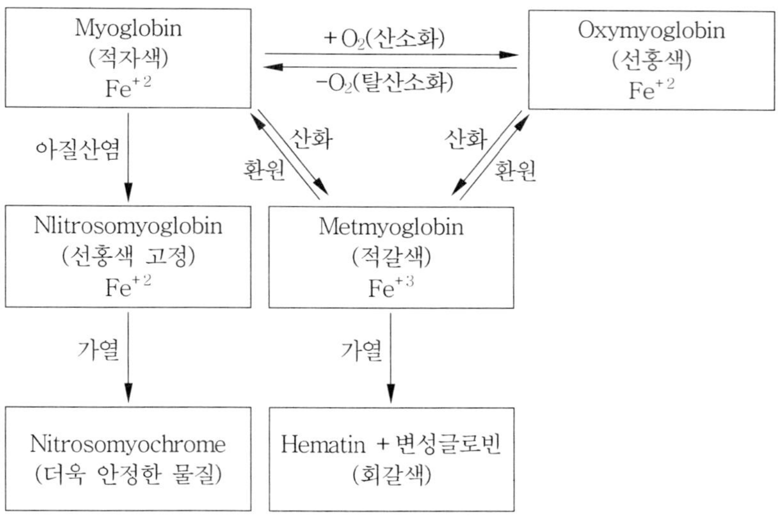

[그림 14-3] 육류의 색변화

3) 향미성분의 생성

아미노산과 환원당이 관여하는 갈변반응(아미노카보닐 반응, amino-carbonyl reaction)이 가열된 육류의 향미성분 생성에 중요한 역할을 한다.

또한, 유리 아미노산이나 단백질에서 생성된 황화수소, 메르캅탄, 알킬설피드, 알데히드, 케톤, 알코올, 아민 등도 향미에 기여한다. 지질의 산화로 생성되는 알코올, 산, 알데히드, 케톤, 탄화수소 등도 가열육의 향미에 관여한다.

4) 비타민과 아미노산의 손실

육류에 함유되어 있는 비타민 B_1과 판토텐산은 열에 불안정하여 고온에서 장시간 가열하면 많이 손실된다. 그러나 니아신과 비타민 B_2는 열에 비교적 안정하다. 엽산은 가열 시 90%까지 손실된다. 육류를 가열하면 마이얄 반응으로 인하여 리신, 아르기닌, 히스티딘, 메티오닌 등의 아미노산이 손실되기 쉽다.

5. 육류의 종류

1) 쇠고기

쇠고기는 세계적으로 널리 애용되고 있는 고기로서 비육(fattening)이 잘된 쇠고기는 양질의 단백질 성분과 비타민 B군의 풍부하여 영양가가 높고, 향기와 육질이 좋아 우리나라 사람들도 선호하는 식품이다. 쇠고기는 소의 나이 및 사육조건에 따라 그 품질이 좌우 된다. 나이가 어리고 노동량이 적은 소의 고기는 부드럽다. 쇠고기는 가열조리 정도에 따라 텍스처가 다르다(표 14-5).

[표 14-5] Roast beef의 내부온도와 색

굽기정도 (doneness)	내부온도 (℃)	고기의 상태
rare	60	고기내부의 대부분 또는 중심부가 선적색이며 자르면 빨간 육즙이 배어난다.
medium	71	외측은 회색을 띠나 내측은 장미색으로 빨간색이 덜하다. 자르면 육즙은 조금밖에 안 나온다.
well done	77	숙성조건이나 온도상승 속도에 따라 차이는 있으나 전체적으로 회색이다. 내부 온도가 높을 때에 자르면 육즙은 나오지 않는다.
very well done	90~95	가열 중의 중량 감소가 크고, 장시간의 가열로 근섬유는 분리되기가 쉽다.

쇠고기 부위에 따라 적당한 가열시간과 온도에 차이가 있는데 질긴 부위는 낮은 온도에서 장기간 가열해서 결합조직을 젤라틴으로 변화시켜 연화시키며, 부드러운 부위는 연화시킬 필요가 없기 때문에 고온에서 단시간 가열하는 것이 바람직하다. 쇠고기 부위별 명칭 및 용도는 그림 14-4와 같다. 특등급 부위는 안심, 등심, 채끝, 갈비이고, 상등급은 앞다리, 우둔이며, 보통등급 부위는 목심, 양지, 사태이다.

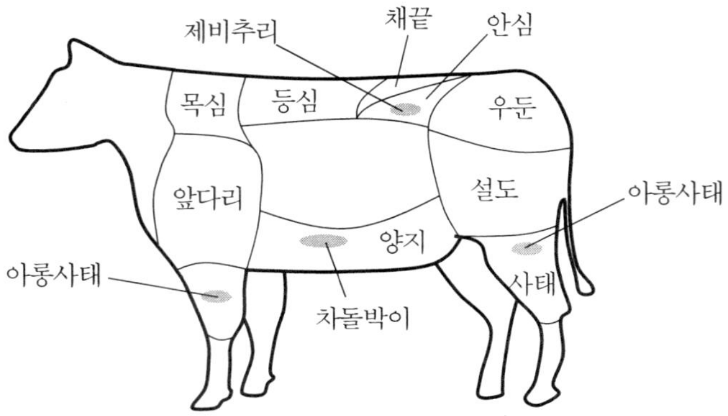

부위명	특 징	조리법
목심 (chuck)	결이 굵고 약간 단단하며 질기지만 지방이 적당히 박혀있어 풍미가 좋은 편이다.	구이, 탕, 불고기
등심 (loin)	마블링이 고루 분포할수록 풍미가 좋고 상품이다. 근육이 가늘고 부드러우며 공기 중에 노출되면 변색이 빨리된다.	스테이크, 로스구이
안심 (tenderloin)	마블링이 잘 형성되어 있지만 지방의 양은 많지 않으며 가장 부드럽고 연하다.	스테이크, 로스구이
갈비 (rib)	갈비뼈를 중심으로 근육조직과 지방조직이 3중으로 형성되어 있어 기름지며, 독특한 맛이 있다	찜, 탕, 구이
양지 (plate flank)	앞가슴으로부터 복부 아래 부분까지이며 지방과 결합조직이 많이 형성되어 있다.	탕, 국, 스튜
사태 (fore shank)	앞·뒷다리 위쪽 부위로 육의 결이 곱고 풍미가 좋다. 사태부위에서 가장 큰 근육을 아롱사태라고 한다.	육회, 탕, 스튜, 찜, 수육
채끝 (striploin)	등심과 비슷하나 지방이 적고 육질이 부드럽다.	스테이크, 로스구이
우둔 (round)	둥근모양의 살코기로 지방이 적고 육질의 결은 약간 굵은 편이나 근육막이 적어 연한편이다.	산적, 육포, 장조림, 불고기
설도 (frank steak)	육은 우둔과 비슷하며 보섭살은 채끝과 연결되는 부분으로 풍미가 좋아 스테이크로도 이용된다.	산적, 육포, 장조림, 불고기
앞다리 (brisket)	육질의 결이 곱지만 힘줄이나 막이 있어 부분적으로 약간 질기지만 구이와 불고기용으로 이용된다.	육회, 스튜, 탕, 장조림, 불고기

[그림 14-4] 쇠고기 부위별 명칭 및 용도

2) 돼지고기

돼지는 초식과 육식을 하는 잡식 동물로서 생후 5~6개월이 지나면 도살이 가능하다. 1년에 두 번 정도, 보통 한번에 6~10마리씩 새끼를 낳는 번식력이 좋은 동물이며, 도체율도 다른 가축에 비해 월등히 높아서 중요한 식육 자원이다.

① 성분

돼지고기를 구성하고 있는 영양성분을 살펴보면 약 70~75%가 수분이고 나머지는 거의 단백질로 구성되어 있어 고단백질 식품이라 할 수 있다. 수분과 단백질 이외에 지방, 탄수화물, 비타민 및 미네랄 등의 영양성분도 소량으로 함유하고 있다.

돼지고기의 약 70%를 차지하고 있는 수분은 영양학적으로는 아무런 가치가 없지만 많은 성분들을 용해시켜 포함하고 있으므로, 그 함량 및 화학적 존재 상태는 가공적성, 저장성, 육색, 관능특성 등 육질에 지대한 영향을 미친다.

돼지고기의 약 20% 정도를 차지하고 있는 단백질은 아미노산의 조성이 인간의 몸을 구성하고 있는 아미노산 조성과 유사하기 때문에 영양학적으로 '완전단백질' 이라 해도 과언이 아니다.

돼지고기의 성분 중 지방은 부위별 함량차이가 가장 크며, 도체상태 또는 지육상태에서는 약 20% 내외지만, 살코기에서는 약 2~5% 정도를 차지하고 있다. 이러한 지방함량은 품종, 연령, 사양조건, 부위 등에 따라 변이가 크며, 그 성질도 달라진다. 돼지고기 내 지방은 주로 근육 또는 근섬유 사이에 축적된 축적지방으로 대부분이 중성지질로 구성되어 있다. 축적지방을 다른 말로는 상강도, 마블링(marbling)이라고도 한다.

돼지고기는 비타민 B군의 훌륭한 공급원이며, 특히 쇠고기나 닭고기에 비해 많은 양의 비타민 B_1을 함유하고 있다. 일반적으로 돼지고기 속의 비타민 함량은 부위에 따른 함량의 차이는 적은 편이며, 비타민 함량은 사료에 첨가되는 비타민 함량에 결정적인 영향을 받는다.

돼지고기 속의 미네랄은 약 1% 정도이고, 그 종류는 칼슘, 마그네슘, 인, 칼륨, 나트륨, 황, 철 등 매우 다양하다. 미네랄 또한 품종, 고기부위에 따라 함량이 다르며, 고기의 보수력, 지방의 산패 등에 영향을 미치기 때문에 영양학적 뿐만 아니라 가공학적 측면에서도 중요하다.

② 부위별 조리 용도

돼지고기의 부위별 조리 용도는 그림 14-5, 표 14-6과 같다.

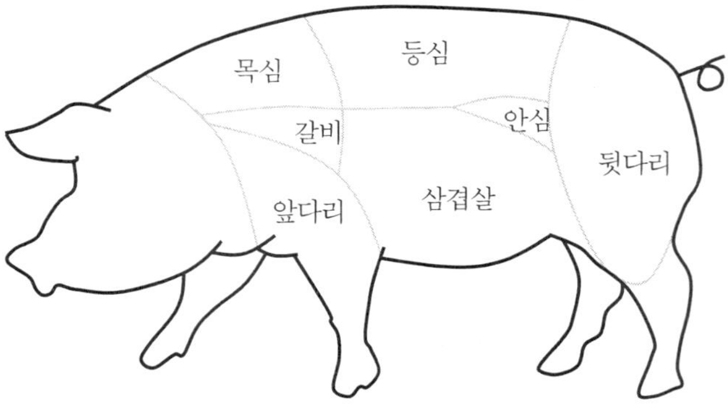

[그림 14-5] 돼지고기 부위별 명칭

[표 14-6] 돼지고기 부위별 모양

부위	모양	특징 및 요리법
안심	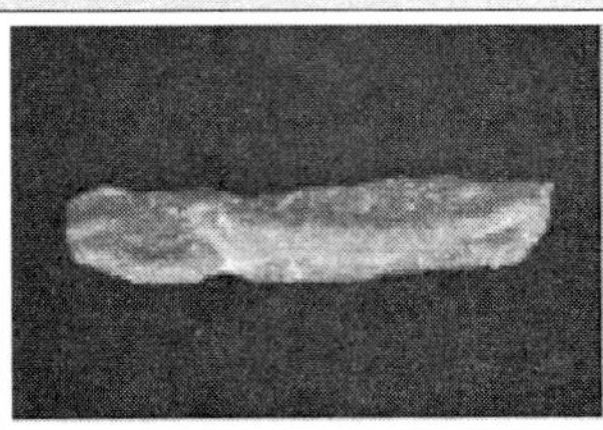	-운동을 적게 하는 근육으로 매우 연하여 부가가치가 높은 특수 부위 -탕수육, 구이, 로스구이, 커틀렛, 스테이크, 푹 끓이는 요리
등심	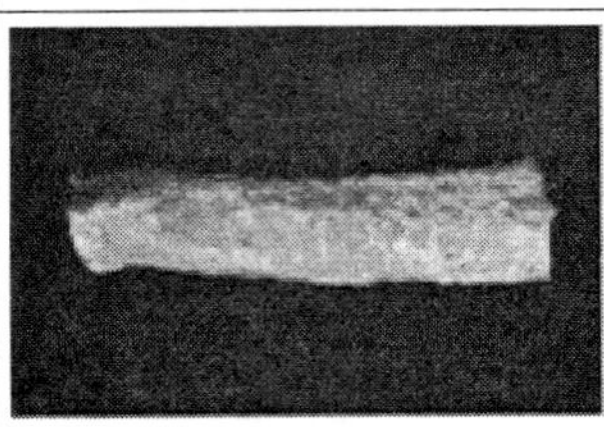	-운동을 적게 하는 근육으로 매우 연함 -커틀렛, 스테이크, 불고기, 로스트, 폭찹
목심	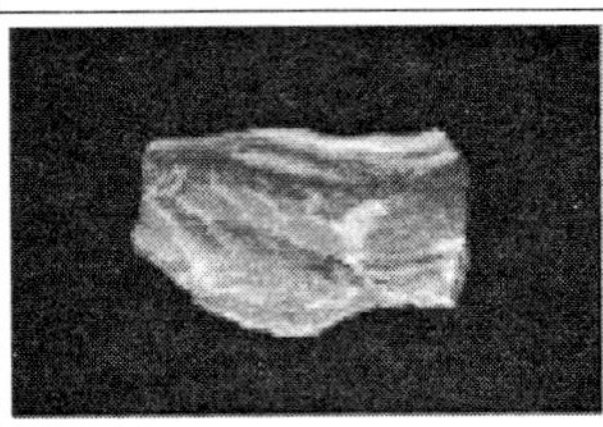	-근육과 근육사이에 근간지방이 고르게 분포되어 있고, 근육내 지방 축적도 비교적 많음 -커틀렛, 구이, 전골, 푹 끓이는 요리, 갈아서 하는 요리

[표 14-6] 계속

부위	모양	특징 및 요리법
앞다리	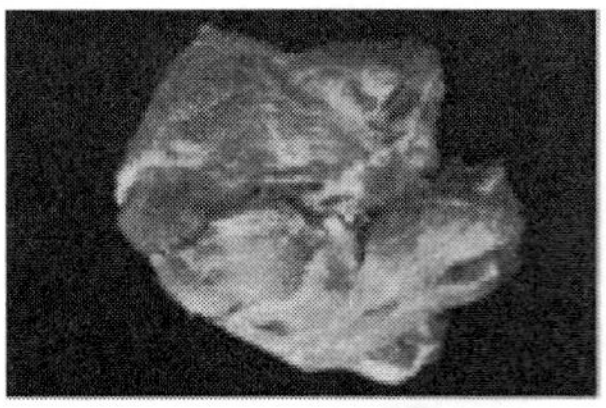	-살코기 함량이 풍부 -불고기, 찌개, 수육, 얇게 썬 고기요리
뒷다리	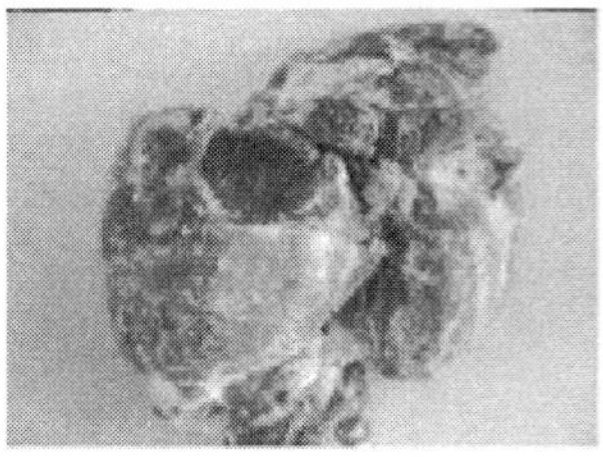	-살코기 함량이 가장 풍부 -커틀렛, 로스트, 튀김, 불고기, 장조림, 얇게 썬 고기요리
삼겹살	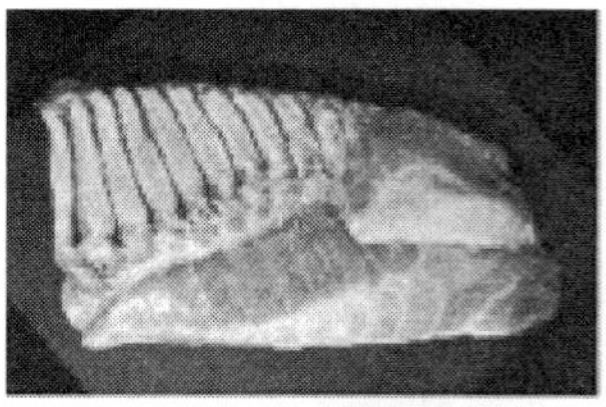	-지방함량이 많아 구이용으로 적합한 부가가치가 매우 높은 부위 -스튜우, 카레, 돼지고기국, 구이, 베이컨
갈비		-삼겹살을 제외한 나머지 부위인 제1늑골부터 제5늑골까지 사용 -바비큐, 불갈비, 갈비찜, 얇게 썬 고기요리, 푹 끓이는 요리, 갈아서 하는 요리

출처 : 농촌진흥청 국립축산과학원

3) 닭고기

닭고기는 근육섬유가 미세하며 조리 시 부위에 따라 고기의 색이 달라진다. 닭고기에는 수분 73%, 단백질 21%, 지방 5% 및 다른 식육류에 비하여 3배나 많은 비타민 A가 들어있다. 닭의 가슴살은 희고 지방이 적으며 단백질이 많아 맛이 담백하고, 다리와 목살은 색이 붉고 독특한 향미가 있는데 가장 운동을 많이 하는 부분이므로 탄력이 있고 단단하다.

냉동되었던 어린 닭을 가열하면 흔히 뼈가 매우 어두운 색깔로 변하는데 이것은 냉동과 해동 과정에서 골수의 적혈구가 파괴되어 암적색으로 나타나기 때문이고, 갈색의 변화는 향미에 영향을 주지 않는다.

6. 육류의 등급

우리나라에서는 소비자가 육류를 육질등급에 합당한 가격으로 구매할 수 있도록 하기 위하여 쇠고기와 돼지고기에 대하여 축산물등급제를 시행하고 있다. 쇠고기의 등급은 육질등급과 육량등급, 돼지고기의 등급은 육질등급과 규격등급으로 판정한다. 쇠고기의 경우 육질등급은 근내지방도, 육색, 지방색, 조직감, 성숙도에 따라 1^{++}, 1^{+}, 1, 2, 3등급으로 판정하고, 육량등급은 도체중량, 등지방두께, 등심 단면적을 종합하여 A, B, C등급으로 판정한다. 표 14-7은 쇠고기 등급표시를 나타낸 것이다. 돼지고기의 경우 육질등급은 육색, 지방색과 질, 조직감, 지방침착도, 삼겹살상태, 결함에 따라 1^{+}, 1, 2, 3등급으로 판정하고 규격등급은 도체중량, 등지방 두께, 외관 등을 종합적으로 고려하여 A, B, C, D등급으로 판정한다.

[표 14-7] 쇠고기 등급표시

구분		육질등급					
		1^{++}등급	1^{+}등급	1등급	2등급	3등급	급외(D)
육량등급	A	1^{++}A	1^{+}A	1A	2A	3A	
	B	1^{++}B	1^{+}B	1B	2B	3B	
	C	1^{++}C	1^{+}C	1C	2C	3C	
	등외(D)						

14-2. 어패류

어패류는 육류와 함께 대표적인 단백질 공급원으로, 근육섬유가 적고 연하여 소화가 잘되는 반면 부패도 잘되는 특징을 갖는다. 생선에는 100g 중 17~20g의 단백질이 들어 있으며, 지질은 육류에 비해 적다. 생선의 지질은 육류의 지질과는 달리 다가불포화지방산이 많아 동맥경화 등 성인병에 효과가 있다.

생선의 맛과 영향은 생선의 부위, 나이, 환경, 계절, 어종 등에 따라 차이가 난다(표 14-8). 따라서 생선은 제철 생선을 선택해야 생선 고유의 맛을 즐길 수 있으며, 그 특성에 맞는 조리법을 선택하는 것이 중요하다. 수산물의 영양성분은 표 14-9와 표 14-10에 나타내었다.

[표 14-8] 어패류의 종류

분류			종류	특징
어류	해수어	흰살 생선	가자미, 광어, 도미, 민어 등	-지방함량 2%이하 -수온이 낮고 깊은 바다에서 살며 운동량이 적음
		붉은 살생선	고등어, 꽁치, 멸치, 뱀장어, 연어, 청어	-지방함량5%이상 -바다 표면에 가까운 곳에서 활동 -운동량이 많고 산소공급량이 많아 미오글로빈 양도 많음
	담수어	흰살 생선	메기, 붕어, 빙어, 잉어	-강에서 서식하고, 양식도 많이 함 -튀김이나 매운탕에 많이 사용함
		붉은 살생선	송어	-물이 맑고 차가운 강의 상류에 서식 -우리나라, 중국, 러시아, 일본에 많음
연체류			꼴뚜기, 낙지, 문어, 오징어, 해삼, 해파리	-몸에 뼈가 없고 부드러우며 마디가 없음
갑각류			가재, 게, 새우, 왕게	-여러조각의 마디로 구분됨
조개류			가리비, 굴, 대합, 모시조개, 바지락, 소라, 우렁이, 전복, 홍합	-딱딱한 외피에 싸여있고, 연한 조직을 가짐

[표 14-9] 어류의 일반 성분

종류	열량 (kcal)	수분 (%)	단백질 (g)	지질 (g)	당질 (g)	회분 (g)	무기질(mg)					비타민					폐기율 (%)
							칼슘	인	철	나트륨	칼륨	A	B_1 (mg)	B_2 (mg)	나이신 (mg)	C (mg)	
가자미	129	72.3	22.1	3.7	0.3	1.6	40	196	0.7	230	377	8	0.18	0.26	4.3	2	45
갈치	149	72.7	18.5	7.5	0.1	1.2	46	191	1.0	100	260	20	0.13	0.11	2.3	1	33
고등어	183	68.1	20.2	10.4	0	1.3	26	232	1.6	75	310	23	0.18	0.46	8.2	1	41
꽁치	164	70.5	19.5	8.7	0.1	1.2	54	234	1.8	80	150	21	0.02	0.28	8.4	1	43
광어	103	76.3	20.4	1.7	0.3	2.3	53	199	1.6	160	420	8	0.10	0.20	6.5	1	47
농어	96	78.5	18.2	1.9	0.2	1.2	58	196	1.5	108	390	36	0.18	0.13	3.1	1	48
대구	80	80.5	17.6	0.5	0.2	1.2	64	197	0.6	119	420	23	0.12	0.16	2.4	1	54
옥돔	110	77.0	17.8	3.7	0.1	1.4	31	205	1.4	80	400	33	0.15	0.20	4.5	1	46
참돔	109	75.0	21.6	1.8	0.1	1.5	66	256	0.9	75	380	9	0.26	0.15	4.8	1	52
메기	114	78.4	15.1	5.3	0.1	1.1	26	190	0.8	46	320	48	0.20	0.07	2.3	1	54
멸치	114	74.8	17.7	4.1	0.2	3.2	509	421	2.9	240	370	38	0.04	0.26	8.8	1	0
명태	80	80.3	17.5	0.7	∅	1.5	109	202	1.5	132	293	17	0.04	0.13	2.3	∅	61
민어	127	74.4	19.7	4.7	∅	1.2	52	139	1.1	107	290	9	0.05	0.29	3.7	1	42
박대	85	80	17.3	1.1	0.3	1.3	39	137	0.3	155	356	15	0.20	0.08	1.7	0	40
방어	155	68.6	23.9	5.8	0.2	1.5	53	203	1.5	32	380	14	0.15	0.16	7.8	1	45
병어	122	75.9	17.8	5.0	∅	1.3	33	189	1.3	158	360	63	0.32	0.09	3.2	1	65

[표 14-9] 계속

종류	열량 (kcal)	수분 (%)	단백질 (g)	지질 (g)	당질 (g)	회분 (g)	무기질(mg)					비타민					폐기율 (%)
							칼슘	인	철	나트륨	칼륨	A	B_1 (mg)	B_2 (mg)	나이신 (mg)	C (mg)	
붕어	94	78.9	18.1	1.8	0.1	1.1	56	193	2.4	30	340	7	0.31	0.15	2.6	1	57
삼치	137	73.6	18.9	6.1	∅	1.4	24	214	0.8	57	410	9	0.08	0.29	8.9	1	36
송어	121	73.8	21.0	3.4	0.1	1.7	35	263	1.3	110	400	26	0.46	0.12	9.8	1	46
숭어	105	75.3	22.0	1.2	0.1	1.4	83	234	2.1	80	330	9	0.10	0.14	3.7	∅	58
아귀	68	93.6	14.4	0.6	0.3	1.1	16	182	1.1	130	300	26	0.03	0.13	4.2	∅	58
연어	106	75.8	50.6	1.9	0.2	1.5	24	243	1.1	95	330	18	0.19	0.15	7.5	1	39
우럭	103	77.0	19.5	2.2	∅	1.3	42	220	1.5	-	-	8	0.10	0.18	2.6	1	50
잉어	113	76.9	17.5	4.0	0.3	1.3	50	225	1.4	48	370	11	0.35	0.12	3.3	1	52
장어	223	67.1	14.4	17.1	0.3	1.1	157	193	1.6	65	250	1050	0.66	0.48	4.5	1	14
조기	93	78.7	18.3	1.7	∅	1.3	36	175	0.9	155	380	8	0.05	0.21	4.4	1	48
청어	163	70.6	23.1	1.8	0.1	1.2	87	225	2.3	118	290	69	0.03	0.25	6.3	1	46
홍어	84	77.5	19.6	0.5	∅	2.4	305	250	1.2	222	240	0	0.07	0.13	2.4	0	28

출처 : 농촌진흥청 국립농업과학원 한식세계화 연구단 2009, 식품분석표 제7차 개정
-표시는 수치가 애매하거나 측정되지 않음
∅는 식품성분 함량이 미량 존재

[표 14-10] 패류, 갑각류 및 연체류의 일반성분

종류	열량 (kcal)	수분 (%)	단백질 (g)	지질 (g)	당질 (g)	회분 (g)	무기질(mg)					비타민					폐기율 (%)
							칼슘	인	철	나트륨	칼륨	A	B_1 (mg)	B_2 (mg)	나이신 (mg)	C (mg)	
가리비	80	80.4	13.0	1.0	1.8	3.8	53	195	1.0	294	266	0	0.05	0.33	1.6	1	57
개조개	87	78.5	15.1	1.2	2.4	2.8	131	193	11.0	246	280	∅	0.02	0.20	1.5	2	61
굴	85	81.5	11.6	3.2	2.2	1.5	109	204	3.7	-	-	27	0.13	0.18	1.8	5	72
꼬막	81	80.3	14.0	1.8	2.7	1.2	105	228	6.4	-	-	48	0.63	0.24	3.4	3	71
맛조개	56	85.2	9.7	1.0	2.8	1.3	137	85	3.7	380	160	∅	0.04	0.23	1.8	3	82
바지락	68	82.3	11.5	0.8	2.6	2.8	73	170	13.3	-	-	13	0.04	0.11	2.8	2	73
백합	74	79.9	11.7	1.0	3.8	3.6	161	133	11.9	-	-	∅	0.03	0.22	3.4	3	77
새조개	114	73.9	21.5	1.9	1.4	1.3	32	131	3.7	100	190	∅	0.10	0.11	2.7	2	88
소라	95	76.7	18.0	0.9	1.9	2.5	39	133	3.1	459	280	30	0.04	0.23	1.7	1	83
재첩	94	77.5	12.5	1.9	2.3	5.8	181	213	21.0	390	210	8	0.09	0.21	2.6	2	84
전복	91	77.2	15.0	0.7	2.0	5.1	49	141	2.4	-	-	∅	0.26	0.25	3.5	2	53
키조개	57	86.5	10.3	1.1	1.3	0.8	38	128	8.2	260	260	8	0.04	0.14	1.8	2	47
홍합	69	82.8	9.7	1.2	2.3	4.0	62	98	5.7	262	280	31	0.02	0.33	2.5	4	77
가재	87	79.3	16.1	1.7	2.1	0.8	149	238	1.2	-	-	0	0.26	0.10	2.2	0	52
꽃게	74	81.4	13.7	0.8	2.1	2.0	118	182	3.0	304	360	∅	0.04	0.07	2.6	∅	61
대게	60	86.9	8.4	2.6	2.0	0.1	78	127	1.1	475	200	2	0.02	0.06	0.8	0	44

[표 14-10] 계속

종류	열량(kcal)	수분(%)	단백질(g)	지질(g)	당질(g)	회분(g)	무기질(mg)					비타민					폐기율(%)
							칼슘	인	철	나트륨	칼륨	A	B_1(mg)	B_2(mg)	나이신(mg)	C(mg)	
꼴뚜기	78	81.6	13.6	1.8	2.0	1.0	48	166	1.0	152	244	∅	0.02	0.10	2.4	∅	4
낙지	55	86.6	11.5	0.6	1.2	0.1	15	149	0.5	227	273	0	0.04	0.05	1.5	0	13
문어	74	81.5	15.5	0.8	2.0	0.2	31	188	1.0	211	300	∅	0.03	0.12	2.2	∅	18
멍게	82	80.9	7.3	2.0	2.0	7.8	89	84	1.7	-	-	-	0.05	0.20	1.1	2	79
미더덕	53	86.1	6.7	1.6	3.2	2.4	90	106	6.7	285	120	0	0.03	0.13	2.0	4	70
대하	82	80.0	18.1	0.6	1.2	0.1	74	210	1.4	120	340	∅	0.02	0.06	1.9	1	46
성게	153	71.5	15.8	8.5	2.2	2.0	20	196	4.0	190	490	390	-	0.40	250	0	0
오징어	95	77.5	19.5	1.3	1.7	∅	25	273	0.5	181	260	2	0.05	0.08	2.5	∅	22
해삼	25	91.8	3.7	0.4	2.8	1.3	119	27	2.1	1300	70	0	0.01	0.03	1.2	0	21
해파리	16	92.4	5.3	0.1	1.6	0.6	0	38	0.8	390	2	0	0.01	0.05	0.7	0	0

출처 : 농촌진흥청 국립농업과학원 한식세계화 연구단 2009, 식품분석표 제7차 개정
-표시는 수치가 애매하거나 측정되지 않음
∅는 식품성분 함량이 미량 존재

1. 어패류의 구성성분

어패류는 수분 70~85%, 단백질 15~25%, 탄수화물 0.5~1% 지질 1~10% 무기질 1~2%로 구성된다. 성분 조성은 종류, 연령, 성별, 부위, 서식 장소, 계절 등에 따라 다르다. 지방과 수분의 함량은 계절에 따라 차이가 크게 나타난다. 어패류는 탄수화물의 함량은 낮은 편이고, 저장물질로 글리코겐을 함유하고 있다.

1) 수분

어패류는 수조육류보다 수분을 많이 함유하고 있다. 일반어류는 75%, 오징어, 낙지, 새우, 게, 굴, 바지락 등은 85% 정도의 수분을 함유하고 있다.

2) 단백질

어류는 17~25%, 오징어와 낙지는 12~17%, 조개류는 7~10%의 단백질을 함유하고 있다. 어피단백질은 대부분 콜라겐이고, 소량의 엘라스틴과 당단백질이 들어있다. 어육단백질은 근원섬유단백질, 근장단백질, 결합조직단백질로 구성되어 있다. 어육은 육류보다 근장단백질이 약간 많고, 결합조직 단백질은 매우 적다. 어패류는 모든 필수아미노산을 함유하고 있으며, 특히

리신을 다량 함유하고 있다.

3) 탄수화물 및 유기산

어육은 0.2~1.0%의 글리코겐을 함유하고 있지만, 있지만, 포획된 직후부터 분해되기 시작하여 판매될 때는 거의 남아있지 않다. 조개류는 글리코겐을 1~8% 함유하고 있다. 조개류의 근육에는 호박산(숙신산)이 다량 함유되어 있어 감칠맛이 난다.

4) 지질

어패류의 종류, 연령, 산란기와 부위 등에 따라 지질함량이 다르다. 지질은 배 부위와 피하층에 특히 많으며 산란기에 더 많아진다. 어패류의 지질은 대부분 중성지방이고, 불포화지방산을 다량 함유하고 있다. 어유의 포화지방산은 대부분 팔미트산이다. 불포화지방산으로는 소량의 팔미트올레산, 올레산, 리놀레산, 리놀렌산과 다량의 아라키돈산을 함유하고 있다. $\omega-3$계열의 고도불포화지방산인 에이코사펜타엔산(eicosapentaenoic acid, EPA)과 도코사헥사엔산(docosahexaenoic acid, DHA)을 많이 함유하고 있다. 어유는 불포화도가 높기 때문에 가공이나 저장하는 동안에 산화되기 쉽다.

5) 무기질

나트륨, 칼륨, 마그네슘, 인을 많이 함유하고 있고, 칼슘, 알루미늄, 철, 구리 등도 들어있다. 해수어는 요오드와 인의 함량이 높고 철 함량은 낮다. 조개류는 어류 보다 철, 구리, 칼슘을 많이 함유하고 있다.

6) 비타민

비타민 A와 D는 큰 생선일수록 그리고 산란기에 가까워질수록 많아진다. 비타민 B_1, 비타민 B_2, 니아신 등은 수조육류보다 적게 함유되어 있다.

7) 추출물

물로 추출되는 성분 중에서 단백질과 색소 등 고분자화학물을 제외한 성분들을 추출물이라고 한다. 어육은 2~5%, 연체동물은 5~7%, 갑각류는 10~12% 함유하고 있다. 추출물 중 여러 가지 아미노산, 베타인, 뉴클레오티드는 중요한 맛 성분이 된다.

① 유리아미노산

오징어, 낙지와 같은 연체동물과 새우, 게와 같은 갑각류는 유리 아미노산을 다량 함유하고 있다. 특히 글리신, 알라닌, 프롤린, 아르기닌, 글루탐산 등의 함량이 높고, 비단백아미노산인 타우린도 들어있다.

② 베타인

동물체의 대사물질인 베타인은 단맛과 구수한 맛을 낸다. 오징어, 새우 같은 연체동물과 갑각류의 조직에는 글리신베타인, β-알라닌베타인(β-alanine betaine), 카르니틴(carnitine) 등과 같은 베타인이 함유되어 있다. 어육의 베타인 함량은 0.1% 정도이고, 오징어, 낙지, 새우는 더 많이 함유되어있다. 새우류는 추출물의 5~11%가 베타인이다.

베타인류(betaines)의 생리기능을 살펴보면은 β-알라닌베타인은 혈청 콜레스테롤을 저하시키는 작용이 있으며 카르니틴(carnitine)은 비타민 BT라고 불리며 포유류에서 지방산 대사의 중요한 역할을 하는 기능성 성분이다.

③ 뉴클레오티드

어육에 함유되어 있는 뉴클레오티드의 90% 이상이 아데닌뉴클레오티드(adenine nucleotide)이다. 아데닌뉴클레오티드의 주된 형태는 ATP인데 어류가 죽으면 시간이 지남에 따라 ATP는 ADP, AMP, IMP, 이노신, 히포잔틴 순서로 분해된다. IMP는 구수한 맛에 기여하고 히포잔틴(hypo-xanthine)은 쓴맛을 낸다.

8) 냄새성분

해수어의 비린내는 트리메틸아민(trimethylamine), δ-아미노발레르산(δ-amino-n-valeric acid), δ-아미노발레르 알데히드(δ-methyl-aminovaleraldehyde)이 혼합된 것이다. 트리메틸아민은 생선 조직에 있는 트리메틸아민옥시드(trimethylamine oxide)가 세균에 의핸 환원될 화합물이다. 담수어의 냄새는 피페리딘(piperidin)과 아세트알데히드(acetalde-hyde)가 축합된 것이다.

9) 색소 성분

붉은살 생선은 생선의 근육에 미오글로빈(myoglobin)이 0.5% 정도 함유되어 있기 때문이고 흰살 생선에는 미오글로빈이 거의 없다. 연어의 색은 카로틴노이드 색소인 아스타잔틴(astaxanthin)으로 물에 녹지 않는 지용성 색소이기 때문에 연어를 조리해도 색의 변화는 거의 없다.

가다랑어나 참치의 살은 주로 미오글로빈 때문에 붉은색을 띤다. 신선도가 떨어지면 미오글로빈이 산화되어 메트미오글로빈이 되기 때문에 어육의 색이 변하게 된다. 연어와 송어의 육색소는 아스타잔틴이다. 새우와 게의 껍데기에는 아스타잔틴이 단백질과 결합한 파란색의 색소단백질로 존재한다. 색소단백질을 가열하면 단백질의 변성으로 아스타잔틴이 단백질로부터 분리되어 붉게 보인다. 아스타잔틴은 더 산화되면 아스타신이 되어 선명한 붉은색을 나타낸다. 멜라닌은 어류의 표피나 오징어의 먹물주머니에 존재하는 색소이다. 오징어와 낙지의 표피색소는 오모크롬(ommochrome)이다. 살아있는 오징어의 표피에는 갈색의 색소포가 존재하지만, 죽으면 색소포가 수축되어 흰색이 된다. 죽은 다음 신선도가 떨어지면 체액이 약알칼리성으로 되기 때문에 오모크롬이 붉게 변한다.

2. 어류의 사후변화

어류는 몸체가 작아 저장된 글리코겐의 양이 적으므로 사후경직의 시작과 지속시간이 짧다. 어류의 사후경직은 죽은 뒤 1~7시간에 시작되어 5~22시간 동안 지속된다. 어류의 사후경직은 어류의 종류, 어류가 죽기 전의 상태, 죽은 후의 방치온도, 내장의 유무 등에 따라 큰 차이가 있다.

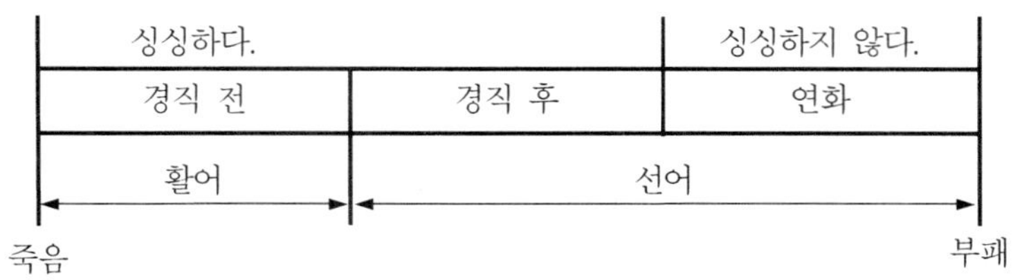

붉은 살 생선은 흰 살 생선보다 사후경직이 빨리 시작되고 지속시간도 짧다. 죽기 전에 오랫동안 격렬하게 움직인 어류는 사후경직이 빨리 시작되

고 지속시간도 짧다. 그렇지 않은 어류는 조직의 글리코겐 함량이 높기 때문에 경직 개시까지의 시간이 길고 지속시간도 길다.

어류가 죽은 뒤 어육 속의 글리코겐은 젖산으로 분해된다. 젖산이 축적되면 어육의 pH는 낮아지고 단백질 가수분해요소인 카텝신에 의하여 자기소화가 일어난다. 어육의 자기소화(autolysis)로 생성된 아미노산과 저분자 질소화합물들은 부패세균의 생장과 증식을 촉진하게 된다. 어류가 부패하면 트리메틸아민의 양이 증가하며 연골어에 다량 함유된 요소는 세균의 효소에 의해 암모니아가 된다.

어류의 지방은 불포화도가 높기 때문에 쉽게 산화되어 저급 지방산, 알데히드, 케톤 등을 생성하여 악취를 낸다. 자기소화에 의하여 생성된 히스티딘은 부패세균에 의하여 히스타민으로 전환된다.

담수어는 해수어보다 부패가 빠르게 진행된다. 부패균들의 최적온도는 20~30℃이지만 0℃에서도 성장, 증식한다. 자기소화는 효소의 작용에 의한 반응이므로 냉장에 의한 완전히 정지시킬 수는 없고 억제시킬 수는 있다. 어류를 잡은 즉시 얼음에 저장하거나 냉동시키면, 글리코겐이 보존되고 사후경직의 개시시간이 연장되므로 저장수명이 길어진다.

3. 어류의 선도 판정방법

어패류의 선도는 어패류의 가치를 결정하는 가장 중요한 요인이며 선도 판정법에는 관능적인 방법, 세균학적 방법, 화학적 방법이 있다.

1) 관능적인 방법

관능적 판정 방법은 객관성은 다소 부족하지만 매우 간편하므로 많이 이용되고 있다(표 14-11).

2) 세균학적 방법

어패류의 부착된 생균수로 선도를 판정하는 방법으로 1~2일 소요되며 결과에 오차가 커서 실용성이 적다. 보통 식품 1g당 생균수가 10^5~10^6이면 초기부패로 판정한다.

[표 14-11] 어패류의 선도 관능 판정법

항 목	부 위	평 가	
		신 선	초기부패
외 관	체 표	윤이 나고 싱싱한 광택기 있다. 비늘이 단단히 부착되어 있다.	광택이 없어진다. 비늘의 탈락이 많다.
	눈 알	혼탁이 없다. 혈액의 침출이 적다.	희게 혼탁하며, 눈알이 안으로 들어감. 혈액의 침출이 많다.
	아가미	신선한 선홍색을 띤다.	주변부터 암색을 띠게 되며 차츰 암녹회색이 된다.
	복 부	복부가 갈라지지 않는다.	복부가 갈라져서 내장이 노출하거나, 항문으로부터 장내용물이 나온다.
냄 새	전 체	이취를 느끼지 않는다.	불쾌한 비린내가 난다.
	아가미	거의 냄새가 없다.	불쾌한 냄새가 난다.
단단함	등, 꼬리	손가락으로 누르면 탄력을 느낀다.	탄력이 약해진다.
	복 부	내장이 단단하여 탄력이 있다.	손가락으로 누르면 항문으로 장내용물이 나온다.
점질물	체 표	손으로 만져도 점질물에 거부감을 느끼지 않는다.	점액이 점착성을 증가시킨다.

3) 화학적 방법

화학적인 선도 판정 방법으로는 암모니아, 트리메틸아민 또는 이들을 생성물로 하는 휘발성 염기질소를 측정하는 것이고, 그 외에 인돌, 휘발산 유기산, 휘발성 환원물질, 히스타민 등을 정량 분석하는 방법도 있다.

① 휘발성 염기질소의 증가

어획 직후의 근육 중에는 암모니아를 주로 하여 TMA, DMA 등으로 된 휘발성(volatile base)이 극히 적으나 선도가 떨어짐에 따라 증가한다. 일반적으로 신선한 어육에서는 5~10mg%, 보통 어육에서는 15~25mg%, 부패 초기에 있는 어육에서는 30~40mg%, 부패한 어육에서는 50mg%이라고 한다. 상어나 가오리 등의 어육에는 원래 다량의 요소(urea)를 함유하여 암모니아의 생성이 많으므로 이 판정 기준에서 제외된다.

② TMA(trimethyl amine)의 측정에 의한 방법

해수어의 비린내 성분인 TMA는 신선육에는 거의 존재하지 않으나, 시간이 경과함에 따라 세균의 환원 작용에 의하여 TMAO(trimethyl amine oxide)가 환원되어 생성되는 것으로 선도 판정의 좋은 지표가 되는 것이다.

일반적으로 TMA의 함량이 3~4mg%를 초과하면 부패 초기라 보는데 어종에 따라 차이가 있다(청어 ; 7mg%, 가다랭이 ; 1.5~2.0mg%). 담수어에는 TMAO의 함량이 적어 이 방법을 적용할 수 없으며 가열육에서는 가열에 의하여 TMAO가 환원되어 TMA를 생성하므로 판정 시에 주의가 필요하다.

③ pH의 측정에 의한 판정

생육의 pH는 7.0~7.3인데 젖산의 생성으로 pH가 내려갔다가 최종적으로는 pH 5.4 부근에 이른 후 다시 상승한다. 이는 자기소화 및 세균의 번식에 다른 염기성 물질의 생성으로 어육의 pH가 다시 올라가기 시작했기 때문이다. 이 때 일반적으로 적색 어육은 pH가 6.2~6.4, 백색어육은 pH가 6.7~6.8에 이르면 초기 부패점이라고 보고 있다. 이 측정값이 pH의 하강기의 값인지 상승기의 값인지 판단하기 어려우나 일반적으로 선도판정의 대상이 되는 어체는 대개 pH 하강기는 지니고 있는 것이 보통이다. 이 방법은 부패 초기의 pH 값이 고기의 종류 및 어체 부위에 따라 차이가 있으므로 어패류 전반에 이용할 수 있는 일반적인 방법이라고 할 수 있다.

14-3. 난류

식용이 가능한 난류 중에서 달걀은 세계적으로 그 생산량이나 이용 면에서 대부분을 차지한다. 달걀은 양질의 단백질, 불포화지방, 철, 리보플라빈 등을 공급한다. 달걀의 응고성, 젤 형성능력, 기포성, 유화성 등은 가공식품을 제조할 때 다양하게 이용된다.

1. 달걀의 구조와 조성

그림 14-6에서와 같이 달걀은 8~11%의 난각, 56~61%의 난백, 27~32%의 난황으로 구성되며, 25~26.5%의 고형물을 함유하고 있다. 알끈은 난황을 난백 중앙에 고정시키는 역할을 한다.

1) 난각

난각은 단백질과 탄산칼슘으로 구성된다. 난각은 98.2%의 칼슘,0.9%의 마그네슘. 0.9%의 인으로 이루어지는데, 마그네슘 함량이 높을수록 강도가 크다. 난각의 표면에는 깔때기 모양으로 생긴 미세한 구멍들이 7,000~17,000개 분포되어 있어 공기의 유통과 수분조절이 이루어진다. 신선한 달걀의 난각 표면에는 큐티클이라는 케라틴 단백질 섬유가 덮여있다. 큐티클은 미생물의 침입을 막는 역할을 하기 때문에 달걀을 물에 씻지 않는다. 난각과 난백 사이에 있는 난각막은 단백질과 다당류 섬유로 구성된 두 겹의 막이며, 미생물이 밖에서 침입하지 못하게 한다. 두 개의 막 사이에 존재하는 기공은 저장기간이 길어지면 커진다.

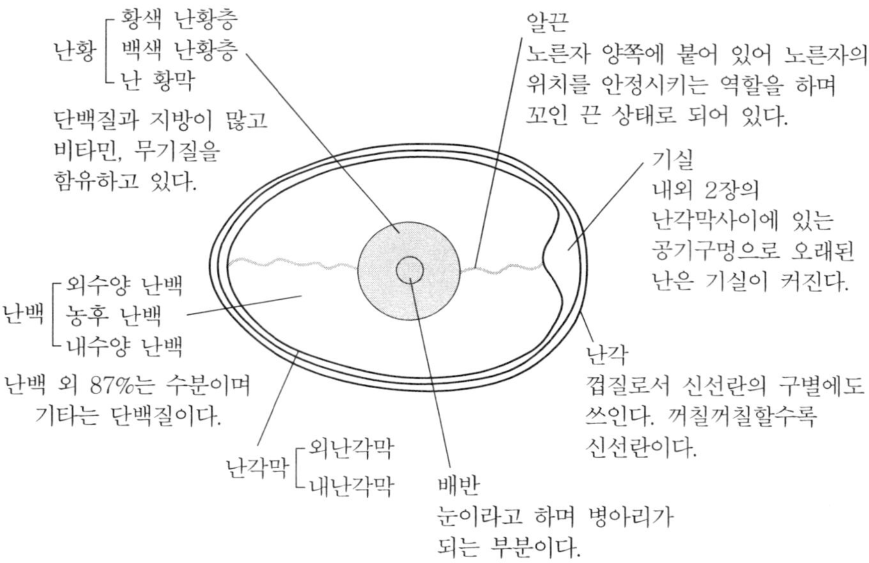

[그림 14-6] 달걀의 구조

2) 난백

난백은 진한 난백, 묽은 난백, 칼라자층(chalaziferous layer) 등으로 구성된다. 난백의 일반성분은 표 14-12와 같다. 난백은 닭은 품종, 연령, 달걀의 저장조건 및 기간 등에 따라 고형물의 조성에 차이가 있다.

난백은 40여 종의 단백질로 이루어지는데, 다량 함유되어 있는 단백질은 오브알부민은 가열하면 응고되고 약품에 의해 쉽게 변성된다. 콘알부민은 가열하면 쉽게 응고되고, 철이나 비타민 B_{12}와 결합하여 불활성화된다. 당단백질인 오보뮤코이드는 열에 응고되지 않으며 트립신 작용을 저해한다. 리소짐은 세균의 세포막을 용해시킨다. 섬유상 당단백질인 오보뮤신은 진한 난백에 다량 함유되어 있고 열에 안정하다. 진한 난백층은 묽은 난백층보다 4배 정도 더 많은 오브뮤신을 함유한다. 오보뮤신은 난백의 묽어짐 현상과 관련이 있다. 아비딘은 비오틴과 결합하여 비오틴의 체내이용률을 저하시킨다. 난백의 지질 함량은 난황의 지질 함량에 비하여 매우 낮다. 탄수화물은 결합상태와 유리 탄수화물의 약 98%는 포도당이고 결합된 탄수화물은 당단백질의 형태로 존재한다. 난백에는 황과 나트륨이, 난황에는 인, 칼륨, 마그네슘, 철이 많이 들어있다.

[표 14-12] 난류의 일반성분

식품명	열량 (kcal)	수분 (g)	단백질 (g)	지질 (g)	탄수화물		무기질(mg)				비타민					폐기율 (%)
					당질 (g)	섬유소 (g)	회분	칼슘	인	철	A (RE)	B_1 (mg)	B_2 (mg)	나이신 (mg)	C (mg)	
달 걀	138	76.2	11.8	8.2	2.8	0	1.0	43	162	1.4	(159)	0.05	0.28	0.6	0	12
난 황	353	51.4	15.3	29.8	1.8	0	1.7	139	530	5.4	463	0.22	0.44	0.1	0	0
난 백	49	87.7	9.8	0	1.8	0	0.7	3	13	0.3	0	0.02	0.44	0.6	0	0

출처 : 농촌진흥청 농촌개발연구소 2006 식품분석표 제7차 개정
()는 타 분석 자료에서 인용

3) 난황

난황의 일반성분은 표 14-12와 같다. 난황의 지질은 중성지방 66%, 인지질 28%, 콜레스테롤 5%, 소량의 다른 지질들로 구성되어 있다. 난황의 단백질은 수용성인 리베틴(livetin)과 지단백질이다. 난황의 탄수화물 함량은 약 1%인데, 그 중 0.7%는 유리상태로 0.3%는 결합상태로 존재한다. 유리상태의 탄수화물은 대부분 포도당이고, 결합상태의 탄수화물은 대부분 단백질과 결합하고 있다. 난황은 칼슘, 칼륨, 인을 많이 함유하고 있다.

2. 달걀의 조리 가공 특성

달걀은 면류, 마요네즈, 케이크 등을 제조할 때 중요한 재료로 상용된다. 이와 같은 가공식품에 달걀을 넣는 것은 영양소를 강화하고 달걀의 여러 가지 기능적인 특성을 이용하는 데 목적이 있다.

달걀의 기능성을 조리에 이용한 예는 표 14-13과 같다.

[표 14-13] 달걀 기능성의 이용

기능성	역 할	조리의 이용
응고성	청정제	콘소메, 커피, 맑은장국
	농후제	커스터드, 푸딩, 알찜
	결합제	전, 크로켓, 만두속, 알쌈
	팽창제	머랭, 엔젤케이크, 컴포트, 마시멜로
기포성	간섭제	캔디, 셔벗, 아이스크림
	내열제	아이스크림, 튀김
유화성	유화제	마요네즈, 케이크 반죽
기 타	색	지단

1) 열 응고성

달걀은 상온에서 액체인데 고온이 됨에 따라 반숙상태를 거쳐 완숙이 될 때까지 여러 가지 상태로 변성, 응고하는데 달걀을 조리할 때 가장 잘 이용되는 성질이다.

달걀은 가열하면 단백질이 응고되고 유동체인 졸에서 반유동체인 젤로 변한다. 이와 같은 현상은 가열에 의하여 달걀단백질의 고유구조가 먼저 풀어진 다음 분자 사이에 소수성결합, 수소결합, 디설피드결합 등이 새로 형성되기 때문이다. 난백은 62℃에서 응고되기 시작하여 65%에서 유동성을 상실하며 70℃에서는 단단해진다. 난황은 65℃에서 응고가 시작되고 약 70℃에서 유동성을 상실한다. 달걀이 열에 응고될 때는 산, 알칼리, 식염, 당 등에 의하여 영향을 받는다. 달걀에 함유되어 있는 염류를 제거하면 응고력이 저하되고, 제거했던 염류를 다시 첨가하면 응고성이 회복된다. 달걀을 물로 희석하면 염류의 농도가 저하되기 때문에 응고 온도가 상승하고, 달걀에 식염을 첨가하면 응고가 촉진된다. 염화마그네슘, 황산나트륨, 염화칼슘 등도 달걀의 응고를 촉진시킨다. 자당은 달걀의 응고 온도를 상승시키고, 산은 응고가 시작되는 온도를 낮춘다.

2) 기포성

난백을 강하게 저으면 거품이 형성된다. 단백질의 표면형성은 비가역적이므로 안정한 거품을 만든다. 난백단백질 중에서 글로불린이 기포를 가장 잘 만든다. 난백의 기포형성에 영향을 주는 요인은 달걀의 신선도, 온도, 교반기의 종류, 용기, 첨가물 등이다.

3) 유화성

난황은 그 자체가 수중유적형의 유화액이다. 난백에 비해 유화력이 크므로 마요네즈, 셀러드 드레싱, 케이크 반죽을 제조할 때 중요한 재료로 사용된다. 난황의 유화작용은 주로 인지질에 의한 것으로 레시틴이 중요한 역할을 한다. 신선한 달걀의 난황을 사용하면 유화속도가 빠르고 유화량이 크며, 유화액의 점도와 안정성이 높아진다.

3. 달걀의 품질판정법

일반적으로 달걀의 품질과 신선도는 표 14-14, 그림 14-7과 같이 측정된다.

[표 14-14] 달걀의 품질판정법

<table>
<tr><th colspan="2">분류</th><th>역할</th><th>조리의 이용</th></tr>
<tr><td rowspan="4">외관상판정</td><td>달걀크기</td><td>무게를 달아본다.</td><td>대란(50~60g)
중란(44~50g)
소란(44g 이하)</td></tr>
<tr><td>외관</td><td>외관상태 관찰</td><td>난각이 깔깔하고 광택, 균열이 없는 것이 우수, 타원형</td></tr>
<tr><td>투시법</td><td>달걀을 광선에 비추어 봄
오래된 것은 기실이 크고 난황은 잘 움직임.</td><td>혈란, 이물혼입, 곰팡이 유무, 기형란, 이중란, 기실크기, 난황위치 검사</td></tr>
<tr><td>비중법</td><td>식염수 중에 달걀의 부유상태 경사각도 측정
10% 식염수(비중 1.074)에 가라앉음
40% 식염수(비중 1.027)에 떠오름</td><td>신선란 비중 : 1.08~1.09
10일 후 비중 : 1.07
20일 후 비중 : 1.05</td></tr>
<tr><td rowspan="3">활란검사판정</td><td>난황계수</td><td>난황의 높이를 그 직경으로 나눈 값
= 난황의 높이/난황의 직경</td><td>신선란 : 0.36~0.44
노화란 : 0.3 이하
0.25 이하면 난황 쉽게 퍼짐</td></tr>
<tr><td>난백계수</td><td>난백의 높이를 그 직경으로 나눈 값
= 난백의 높이/난백의 직경</td><td>신선란 : 0.14~0.17</td></tr>
<tr><td>haugh 단위</td><td>난백의 높이를 H(mm)
달걀의 무게 Wg
Haughunit = 100 log(H-1.7W+7.6)</td><td>신선란 : HV=85 이상
AA=71 이상
A=59
B=29
C=29 이하</td></tr>
</table>

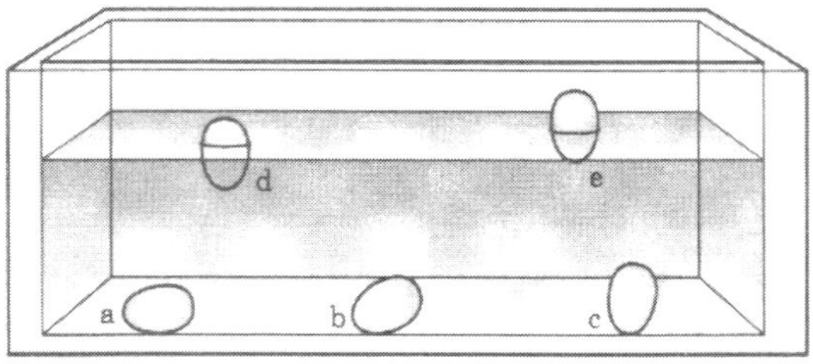

a-신선난, b-1주일 후, c-보통난, d-아주 오래된난, e-부패난

[그림 14-7] 비중에 의한 달걀의 선도판정(3% 소금물)

14-4. 우유류

우유류 중에서는 우유가 가장 많이 이용되며, 그 외에 염소젖, 산양젖, 양젖, 말젖 등도 그 생산량은 많지 않으나 지역에 따라 이용된다. 우유류는 단백질, 지방, 탄수화물, 무기질, 비타민 등 각종 영양소가 잘 배합되어 소화하기 쉬운 양질의 액체식품이다. 우유류는 버터와 치즈의 원료일 뿐만 아니라 케이크, 빵, 커스터드, 푸딩 등을 만드는 데도 이용된다.

1. 우유의 구성성분

우유에 함유된 성분의 함량은 품종, 연령, 출산 후 경과일, 사료, 계절 등에 의해 영향을 받는다. 우유류 및 유제품의 일반성분은 표 14-15와 같다.

[표 14-15] 우유류 및 유제품의 일반성분

식품명	열량 (kcal)	수분 (g)	단백질 (g)	지질 (g)	당질 (g)	회분	무기질(mg)			비타민					폐기율 (%)
							칼슘	인	철	A (RE)	B_1 (mg)	B_2 (mg)	나이신 (mg)	C (mg)	
탈지우유	33	91.1	3.4	0.1	4.7	0.7	100	95	0.1	∅	0.04	0.15	0.1	2	0
우유(보통우유)	60	88.2	3.2	3.2	4.7	0.7	105	89	0.1	28	0.04	0.14	0.1	1	0
인유(모유)	65	88.0	1.1	3.5	7.2	0.2	27	14	∅	47	0.01	0.03	0.2	5	0
산양유(염소유)	63	88.0	3.1	3.6	4.5	0.8	120	90	0.1	36	0.04	0.14	0.3	∅	0
요구르트(액상)	65	83.2	1.5	0.1	14.9	0.3	39	28	0.1	0	0.01	0.12	0	0	0
전지분유	495	2.9	26.0	27.0	38.0	6.1	880	720	0.4	171	0.23	1.12	0.8	5	0

[표 14-15] 계속

식품명	열량 (kcal)	수분 (g)	단백질 (g)	지질 (g)	당질 (g)	회분	무기질(mg)			비타민					폐기율 (%)
							칼슘	인	철	A (RE)	B_1 (mg)	B_2 (mg)	나이신 (mg)	C (mg)	
조재분유	491	2.6	16.1	24.4	53.6	3.3	342	333	7.5	627	0.37	0.87	6.3	51	0
탈지분유	360	3.8	34.5	1.0	52.7	8.0	1250	1014	0.4	8	0.50	1.75	0.9	1	0
가당연유	324	25.6	7.9	8.1	56.6	1.8	258	226	0.1	27	0.08	0.31	0.3	3	0
무당연유	135	74.1	8.0	7.3	9.0	1.6	225	189	0.1	41	0.08	0.46	0.3	2	0
크림(20%유지방)	208	73.3	2.4	20.0	3.7	0.6	85	80	0.1	182	0.02	0.12	∅	∅	0
아이스크림(12%유지방)	212	61.3	3.5	12.0	22.4	0.8	130	110	0.1	110	0.06	0.18	0.1	∅	0
가공치즈	312	47.6	18.3	2402	5.5	4.4	503	844	0.3	138	0.07	0.3	0.1	0	0
자연치즈	319	46.6	26.3	22.8	1.7	2.6	633	403	0.2	259	0.04	0.2	0.1	0	0
버 터	747	12.6	0.5	84.5	0.5	1.9	22	22	0.1	418	0.01	0.03	0	0	0

출처 : 농촌진흥청 국립농업과학원 한식세계화 연구단 2009, 식품분석표 제7차 개정
∅는 식품성분 함량이 미량 존재

1) 단백질

우유의 기본 단백질은 카세인과 유청 단백질이다. 카세인은 인을 함유한 단백질로 전체 우유 단백질의 약 80%를 차지하고, 나머지는 유청 단백질이다.

① 카세인

카세인은 인단백질인 α_S-카세인, β-카세인, κ-카세인, γ-카세인으로 구성되어 있다. 또한 다량의 칼슘, 인과 소량의 마그네슘, 구연산(시트르산)을 함유한다. 카세인은 산이나 레닌에 의하여 응고된다. 우유에 산을 첨가하여 카세인의 등전점인 pH 4.6에서 침전시킨 카세인은 칼슘과 인을 함유하지 않는다. 레닌작용으로 얻어진 카세인은 단백질이 부분적으로 분해되어 있는 파라카세인이며 칼슘과 인을 함유한다.

② 유청단백질

탈지유에서 카세인이 제거되고 남은 용액을 유청 또는 유장이라 하고, 유청에 용해되어 있는 단백질을 유청단백질이라고 한다. 유청의 주요 단백질은 β-락토글로불린(β-lactoglobulin)과 α-락트알부민(α-lactoalbumin)이고, 그 외에 면역 글로불린, 혈청 알부민, 프로테오스펩톤(proteose-peptone) 등이 있다. β-락토글로불린은 유청단백질 중에서 가장 풍부하

다. 우유 단백질 중에는 시스테인을 함유하고 있어서 이 단백질이 가진 유리 황화수소기는 가열한 우유에서 나는 가열취의 원인이 된다. 면역 글로불린은 초유에 다량 함유되어 있어서 어린 동물의 혈액으로 이동되어 그대로 흡수되다.

2) 지질

지질의 97~98%는 중성지방이며 인지질, 스테롤, 카로티노이드, 지용성 비타민들도 함유되어 있다. 우유의 주요 지방산은 팔미트산, 스테아르산, 올레산, 리놀레산이며, 탄소 10개 이하인 저급 지방산도 함유하고 있다. 우유의 인지질 함량은 1% 정도이며, 주요 인지질은 포스파티딜콜린, 포스파티딜에탄올아민, 포스파티딜세린, 스핑고미엘린 등이다. δ-히드록시산을 함유한 지질은 가열될 때 δ-락톤을 형성하여 코코넛과 같은 냄새를 낸다.

3) 탄수화물

주된 탄수화물은 유당으로 5% 정도 함유되어 있다. 유당은 감미도가 자당의 1/3 정도이며, 우유에 함유된 다른 성분들과 함께 우유 특유의 맛을 낸다. 유당은 물에 잘 용해되지 않으므로 우유가 첨가된 가공식품에서 문제가 된다. 유당은 저온에서 단단하고 예리한 결정을 형성하는데, 유당결정은 입 속에서 거칠고 깔깔한 감촉을 느끼게 한다.

4) 무기질

우유에는 칼슘, 마그네슘, 칼슘 나트륨, 무기인산염 염화물, 황화물 등이 함유되어 있다. 우유에 함유된 칼슘의 2/3는 단백질과 결합되어 콜로이드상태로 분산되고 1/3은 이온상태로 존재한다. 우유의 무기질 함량은 품종, 사료, 분비 시기 등에 따라 다르다.

5) 비타민

비타민 A, D, E의 함량은 동물의 섭취한 사료에 영향을 받는다. 우유의 비타민 K 및 수용성 비타민들은 소의 첫째 위 안에 있는 세균에 의해 합성되기 때문에 동물이 섭취한 사료와 상관없이 함량이 일정하다. 우유는 비타민 B_2, 비타민 B_{12}, 비타민 A, D, E, K, 판토텐산 등의 비타민을 많이 함유하고 있으나, 탈지유에는 지용성 비타민이 거의 없다.

6) 효소

우유에는 많은 효소들이 존재하는데, 살균하면 대부분 불활성화 된다. 알칼린 포스파타아제(alkaline phosphatase)는 지단백질 복합체로 존재하며 살균에 가장 민감하여 71.7℃에서 15초간 열처리하면 활성을 상실한다. 따라서 저온살균한 우유에서 이 효소가 검출되면 열처리가 부족했다는 것을 의미한다. 리파아제는 유지방에 작용하여 부티르산을 유리시켜 산패취를 생성하며, 이 효소는 일반적인 저온 살균처리를 하면 활성을 상실한다. 프로테아제(protease)는 pH 6.5~9에서 최대의 활성을 나타낸다. 유리상태에서는 80℃에서 10분 동안 가열하면 활성을 상실하지만, 우유 속에서는 열에 대한 저항성이 크다. 열처리한 우유나 우유제품에 이 효소가 남아있으면 우유의 품질에 영향을 준다. 퍼옥시다아제(peroxidase)는 우유에 가장 많이 들어있는 효소로 수소공여체가 존재할 경우 과산화수소를 분해한다.

7) 색, 맛, 냄새

우유의 유백색은 카제인과 인산칼슘이 교질 용액으로 분산되어 광선에 분산된 색이며 크림색은 카로틴과 리보플라빈이 함유된 것이다. 우유의 담황색 농도는 사료의 종류와 소가 얼마나 카로틴을 비타민 A로 전환시켰는가에 의해 좌우된다.

우유의 단맛은 유당 때문이며 사람의 젖에는 우유에 비해 유당이 더 많음으로 맛이 더 달다.

우유의 방향 성분은 아세톤, 아세트알데히드, 디메틸 설파이드(dimethyl sulfide) 등이며, 버터는 디아세틸, 치즈는 β-메틸 메르캅토프로피오네이트(β-methyl mercaptopropionate)이다. 우유를 끓이면 불쾌한 냄새가 나는 것은 락트알부민 중 황화수소기(-SH)가 유리되어 황화수소를 발생하기 때문이다.

2. 우유의 처리

1) 균질화

유지방은 지방구 형태로 우유에 분산되어 있으며 2.5~5.0μ의 비교적 큰 지방구가 약 75%가 되는데, 이 지방구가 비중이 낮아 위로 떠서 크림층을 형성하게 되어 지방의 산화가 쉽게 이루어지고, 하층의 우유 특유의 부드러운 맛이 없어지게 되므로 이 지방구를 기계적으로 0.1~2.2μ의 크기로 균일하게 함으로써 지방의 소화흡수율을 높여 주고 전체적인 부드러운 맛을 느끼게 해주며 단백질의 연화로 인해 단백질의 흡수율도 높아지게 된다. 또한 지방구가 세분되어 표면적이 커지고 그 표면을 인지질, 카제인, 유청단백질이 둘러싸므로 지방구는 안정해진다. 이 지방구가 잘 분산된 균질유는 향미와 점도가 증가하여 농도가 더 진하게 느껴진다. 그러나 지방구의 표면적이 커져서 산패되기 쉽다.

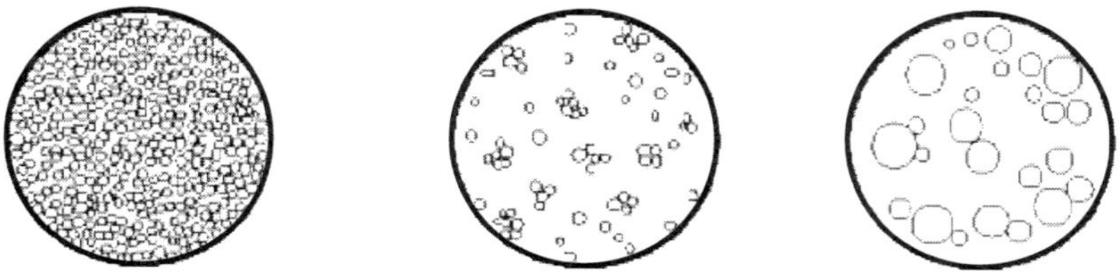

Homogenized(micronized) Homogenized(viscolized) Not homogenized

[그림 14-8] 우유 지방구에 대한 균질 효과

2) 살균처리

우유는 완전 살균하면 영양성분이 많이 파괴되므로 단시간에 소비되는 시유(city milk)는 저온 살균으로 병원성 미생물만을 제거한다. 그러나 저온 살균은 완전히 멸균시키지 못하므로 살균 후 급속히 7℃ 이하(보통 4℃)로 냉각시켜 보관한다. 충분히 살균처리된 우유는 포스파타아제시험에서 음성 반응을 보인다.

우유의 살균법의 종류와 특징은 표 15-16과 같다.

[표 15-16] 우유의 살균법의 종류와 특징

기능성	역할	조리의 이용
저온장시간살균법 (low temperature long time pasteurization : LTLT)	62~65℃에서 30분	가장 오래되고 비용이 적게 드는 간편한 방법으로 모든 병원성 미생물과 대장균군의 세균을 비롯하여 유산발효에 중요한 연쇄상 구균도 사멸되나 다른 방법보다 비병원성 세균이 가장 많이 남아있다.

[표 15-16] 계속

기능성	역할	조리의 이용
고온순간살균법 (high temperature short time pasteurization : HTST)	72~75℃에서 15~20초	저온장시간살균법보다 고온으로 시간을 단축하여 살균하는 방법으로, 대량의 우유를 연속적으로 처리할 수 있고 저온살균법보다 생균수가 상당히 감소하며 내열성 균도 거의 죽는다.
초고온순간살균법 (ultra high temperature : UHT)	130~150℃에서 2~6초	우유 중의 영양소 파괴와 화학적 변화를 최소화하고 살균효과를 극대화시킨 방법으로 완전멸균도 가능하다.

참고문헌

1. 조리과학. 정은자 외, 도서출판 진로, 2010.
2. 최신식품학, 심창환 외, 효일, 2009.
3. 21세기 식품학, 임희수 외, 효일, 2007.
4. 식품학, 조신호 외, 교문사, 2008.
5. 식품학, 이경애 외, 파워북, 2010.
6. 식품학, 남궁석 외, 도서출판 진로, 2007.
7. 식품화학, 김종희 외, 도서출판 진로, 2008.
8. 식품화학, 장현기 외, 도서출판 진로, 2008.
9. 최신식품학, 김도영 외, 신광출판사, 2011.
10. 현대식품학, 김진수 외, 효일, 2006.
11. 식품학, 이장순 외, 효일, 2006.
13. 기초식품학, 신해헌, 효일, 2009.
14. 식품화학, 윤석권 외, 수학사, 2008.
15. 식품재료학, 노봉수 외, 수학사, 2011.
16. 식품재료학, 홍진숙 외, 교문사, 2012.
17. 식품화학, 조신호 외, 교문사, 2011.
18. 식품화학, 김건희 외, 수학사, 2011.
19. 기본식품화학, 채수규, 석학당, 2011.
20. 식품화학, 권중호 외, 신광출판사, 2010.
21. 기초식품학, 남궁석, 광문각, 2006.
22. 식품재료학, 황재희 외, 효일, 2006.
23. 식품과학사전, 한국식품과학회, 교문사, 2012.
24. 식품학개론, 장현기 외, 유림문화사, 2004.
25. 식품화학, 송태희 외, 효일, 2009.
26. 식품화학, 이숙영 외, 파워북, 2009.
27. 식품화학, 안명수, 신광출판사, 2006.
28. 식품학 및 조리원리, 윤계순 외, 수학사, 2008.
29. 식품과 조리원리, 이주희 외, 교문사, 2012.

30. 식품과학, 이경애 외, 라이프사이언스, 2008.
31. Food Chemistry, Belitz H.D., Springer-Verlag.
32. Basic Foods, June C. Gates, HBJ, Harcourt Brace Jovanvich Colleges Publishers.
33. Foods, Experimental perspectives, Margaret Macwilliams, Macmilan Publishing Company.
34. Understanding Food, Brown A., Wadswuorth.
35. Introductory Foods, Bennion M., Prentice Hall.
36. Principles of food chemistry, DeMan, J. M., Van Nostrand Reinhold.
37. Food chemistry, Meyer L.H., Affiliated East-West Press PVT. LTD
38. 미국쌀협회(www.usarice.com)
39. 농촌진흥청 국립식량과학원 작물정보센타(www.nics.go.kr/cropwebzine/index01.asp)
40. http://www.evolutionnews.org/2012/10/gene_duplicatio064971.html
41 miracleofthebloodandheart.com

찾 아 보 기

(4)
4원미 166

(α)
α-나선구조 • 88
α-아밀라아제 • 37
α-이오논 핵 • 139
α-카로틴 • 140

(β)
β-glucan • 226
β-병풍구조 • 88
β-아밀라아제 • 37
β-이오논 핵 • 140
β-이오논핵 • 107
β-카로틴 • 140

(γ)
γ-카로틴 • 140

(ㄱ)
가소성 • 59, 210
가수분해효소 • 100
가역적 변성 • 92
가용성전분 • 41
갈락토사민 • 28
갈락토오스 • 26
감 • 249
감귤류 • 249
감미종 • 227
감자 • 233
감칠맛 • 182
강낭콩 • 232
강력분 • 225
강화미 • 224
거품 • 212
건성유 • 61
검화가 • 59
겉보리 • 226
겐티아노오스 • 33
겐티오비오스 • 31
견과류 • 252
결합수 • 14
결합조직단백질 • 262
경 · 인채류 • 237, 239
경단백질 • 80
경립종 • 227
경화 • 71
계면활성 • 96
고구마 • 234
고메톡실펙틴 • 44
고시폴 • 68
고온순간살균법 • 292
고추 • 246
곡류 • 220
곤약 • 235
골격근 • 259
과당 • 26
과산화물가 • 62
과일류 • 246
과채류 • 237, 245
과포화용액 • 207
광학적 특이성 • 102
광학활성체 • 23
교질맛 • 185
구리 • 128
구상 단백질 • 85
구아 검 • 45
구아닌 • 155
굴절률 • 58
귀리 • 228
규격등급 • 273
균질화 • 290
그린피스 • 232
극성기 • 214
근섬유 • 259
근섬유단백질 • 262
근원섬유 • 259
근육 • 258
근육당 • 28
근장 • 259
근장단백질 • 262
근채류 • 232, 237, 242
글로불린 • 79
글루코만난 • 43, 235
글루코사민 • 28
글루코아밀라아제 • 37
글루타메이트 • 245
글루텐 • 225
글루텔린 • 80
글리세롤 • 48
글리세르알데히드 • 20
글리시닌 • 95
글리신 • 75
글리코겐 • 43
글리코마크로펩티드 • 97
글리코시드 결합 • 23
금속단백질 • 84
금속맛 • 185
기질 특이성 • 102

(ㄴ)
나린제닌 • 249
나종 • 227
나트륨 • 126
낙화생 • 232
난각 • 282
난류 • 282
난백 • 283
난황 • 284
남작 • 233
냄새 • 188
냄새의 역치 • 188
노화 • 39

녹두 • 232
뉴클레오티드 • 184, 278
니아신 • 112
니코틴산 • 112
니코틴아미드 • 112
니트로소미오글로빈 • 153
니트로소미오크로모겐 • 153

(ㄷ)
다당류 • 20, 34
다량무기질 • 123
단당류 • 20, 25, 27
단립종 • 222
단맛 • 171
단백지질 • 51
단순단백질 • 79
단순지질 • 49
닭고기 • 272
당근 • 243
당단백질 • 83
당알코올 • 27
당지질 • 51
당화효소 • 37, 221
데옥시당 • 28
데옥시리보오스 • 28
데치기 • 137
데히드로아스코르브산 • 117
덱스트린 • 41
델피니딘계 • 147
도라지 • 244
도코사헥사에노산 • 56
도코사헥사엔산 • 277
돼지고기 • 270
두류 • 230
둘시톨 • 27
둘신 • 175
듀럼밀 • 224
등온탈습곡선 • 17
등온흡습곡선 • 16
등전점 • 78
디펩티드 • 86
디히드록시아세톤 • 20
땅콩 • 232
떫은맛 • 181

(ㄹ)
라세미체 • 23
라이헤르트마이슬가 • 61
라피노오스 • 33
락톤류 • 191
람노오스 • 28
랜덤코일 구조 • 88
레시틴 • 50, 231
루미크롬 • 112
루미플라빈 • 112
루코안토시아닌 • 149
루테인 • 142, 155
루티노오스 • 32
루틴 • 242
리노레산 • 55
리노렌산 • 55
리베틴 • 284
리비톨 • 27
리소짐 • 283
리올로지 • 214
리코펜 • 140, 245
리포퍼르옥시다아제 • 142
리폭시다아제 • 142

(ㅁ)
마 • 235
마그네슘 • 126
마늘 • 241
마블링 • 261
마이얄 반응 • 160
마치종 • 227
만노오스 • 26
만니톨 • 27, 249
말토덱스트린 • 42
망간 • 129
매실 • 250
매운맛 • 180
맥아당 • 30
메밀 • 228
메트미오글로블린 • 152
메트화 • 152
메티오놀 • 202
멜라노이딘 • 160
멜라닌 • 156
멜리비오스 • 33
모노페놀옥시다아제 • 157
무 • 243
무기질 • 122
뮤신 • 235
미각 • 166
미각기관 • 167
미각신경 • 167
미강유 • 223
미공 • 167
미로시나아제 • 198
미오글로빈 • 133, 150
밀 • 224

(ㅂ)
박력분 • 225
반건성유 • 61
반투성 • 209
발연점 • 58
밤 • 252
방향족 아미노산 • 76
배 • 248
배아 • 221
배유 • 221
배추 • 238
버섯류 • 253
베타인류 • 278
변성 • 92
변향 • 67
보결분자족 • 101
보리 • 226
보통밀 • 224
복숭아 • 250
복합단백질 • 82
복합지질 • 50
부유상태 • 214
부제탄소원자 • 21, 75
부추 • 242
분산매 • 209
분산질 • 209
불건성유 • 61
불소 • 129
불포화용액 • 207

불포화지방산 • 54, 55
비가역적 변성 • 92
비극성기 • 214
비오틴 • 116
비육 • 268
비점상승현상 • 208
비중 • 57
비타민 A • 107
비타민 B_1 • 111
비타민 B_{12} • 115
비타민 B_2 • 112
비타민 B_6 • 113
비타민 C • 117
비타민 D • 108
비타민 E • 108
비타민 K • 109
비타민 P • 118
비타민 U • 239
비환원당 • 24
비효소적 갈변 • 159
빙점강화현상 • 208

(ㅅ)
사과 • 248
사이클라메이트 • 175
사카린 • 172, 175
사후강직 • 264
산가 • 60
산성식품 • 122
산아미드류 • 180
산패 • 63
산화환원효소 • 100
살멘산 • 155
상대감미도 • 173
상대적 특이성 • 102
상승제 • 68
색소단백질 • 84
서류 • 232
석세포 • 248
선광성 • 23
섬유상단백질 • 85
섬유소 • 42
세사몰 • 68
세파린 • 51
셀레늄 • 129
셀로비오스 • 31
소당류 • 20, 33
소맥 • 224
소성 • 215
소수성기 • 62, 214
솔라닌 • 233
솔비톨 • 27
송이버섯 • 254
쇄상구조 • 23
쇠고기 • 268
수렴성 • 181
수분활성도 • 15
수수 • 229
수용성 비타민 • 110
수중유적형 • 62, 212
수크랄로오스 • 175
슈도이오논 • 140
스케톨 • 203
스코르디닌 • 241
스쿠알렌 • 53
스타키오스 • 34
스테롤 • 52
스테아르산 • 54
스티그마스테롤 • 52
스펠트밀 • 224
스핑고미엘린 • 51
스핑고신 • 50
시금치 • 239
시니그린 • 198
시아니딘계 • 146
시아니딘배당체 • 231
시원한맛 • 185
시토스테롤 • 52
신맛 • 176
신살구 • 250
쌀 • 221
쌀보리 • 226
쓴맛 • 178

(ㅇ)
아노머 • 23
아라비아 검 • 45
아라키돈산 • 55
아린맛 • 185
아미그달린 • 250
아미노당 • 28
아미노산 • 74
아밀로그라프 • 215
아밀로덱스트린 • 41
아밀로오스 • 35
아밀로펙틴 • 36
아비딘 • 284
아세설팜칼륨 • 175
아세토인 • 200
아세트산 • 191
아세틸가 • 61
아스코르브산 • 162
아스타신 • 155
아스파라거스 • 242
아스파라젠산 • 242
아스파탐 • 172, 175
아연 • 129
아크로덱스트린 • 41
아크로레인 • 58
아포효소 • 101
안토시아니딘 • 145
안토시아닌 • 145
안토잔틴 • 143
안티비타민 • 106
알긴산 • 46
알데히드 • 191
알도오스 • 20
알리디아민 • 241
알리신 • 196, 240
알리이나아제 • 196
알리인 • 196, 240
알리티아민 • 111
알린 • 241
알부미노이드 • 80
알부민 • 79
알칼로이드 • 178
알칼리맛 • 185
알칼리성식품 • 122
알코올류 • 191
알킬설페이트 • 241
액화효소 • 37
양배추 • 238

양성이온 • 78
양성전해질 • 78
양송이버섯 • 254
양파 • 240
어패류 • 273
억제제 • 104
에난티오머 • 21
에루신산 • 71
에르고스테롤 • 52, 254
에리트로덱스트린 • 41
에스테르류 • 191
에이코사펜타에노산 • 56
에이코사펜타엔산 • 277
에피머 • 22
엑스트라 버진 • 71
역가 • 168
연근 • 244
연소점 • 58
염기성아미노산 • 75
염석 • 91
염소 • 126
염용 • 91
엽산 • 115
엽채류 • 237, 238
오곡 • 220
오리제닌 • 223
오매 • 250
오보뮤신 • 284
오보뮤코이드 • 283
오브알부민 • 79
오이 • 246
옥소늄 • 146
옥수수 • 226
옥시미오글로빈 • 152
올레산 • 56
왁스 • 49
완두콩 • 232
완충작용 • 122
요소 • 281
요오드 • 128
요오드가 • 60
용매 • 206
용질 • 206
용출현상 • 207
우선성 • 23
우엉 • 244
우유류 • 287
유당 • 31
유도단백질 • 84
유도지질 • 51
유두 • 167
유리수 • 14
유장 • 288
유중수적형 • 62, 212
유청 • 288
유청단백질 • 288
유화 • 62
유화액 • 62, 212
유화제 • 62, 214
육질등급 • 273
융점 • 57
은행 • 253
이노시톨 • 27
이눌린 • 42
이당류 • 29
이력현상 • 17
이미노산 • 76
이성체 • 21
이성화효소 • 100
이소프레노이드 • 133
이소프렌 • 139
이액현상 • 211
이오논 • 139
이포메아마론 • 234
이포메인 • 234
이핵종 • 250
인 • 124
인공 감미료 • 172
인공감미료 • 174
인과류 • 247
인단백질 • 82, 83
인식역가 • 168
인지질 • 50
인화점 • 58

(ㅈ)
자기소화 • 280
자당 • 30
자동산화 • 63
자유수 • 14
자일리톨 • 27
잔토필 • 139, 140
장과류 • 251
장립종 • 222
저메톡실펙틴 • 44
저온장시간살균법 • 291
저해제 • 104
전분 • 34
전이효소 • 100
전화 • 31
절대역가 • 168
절대적 특이성 • 102
점도 • 57
점도계 • 215
점성 • 210, 215
점성단백질 • 83
점질다당류 • 253
점탄성 • 215
점핵종 • 250
점활미 • 185
정미물질 • 167
정백미 • 224
제거효소 • 100
제로겔 • 211
겔 • 211
겔미터 • 215
조 • 229
조효소 • 101
졸 • 211
좌선성 • 23
준인과류 • 247
중력분 • 225
중립종 • 222
중성아미노산 • 75
중성지질 • 49
증기압현상 • 208
지단백질 • 82
지방산 • 48, 54, 191
지용성 비타민 • 106
진용액 • 206
질소계수 • 74
짠맛 • 175

(ㅊ)
천연감미료 • 173
철 • 127
초고온순간살균법 • 292
초산 • 191
촉진제 • 104
친수성기 • 62, 214

(ㅋ)
카라기난 • 46
카로티노이드 • 133, 139, 154
카로틴 • 139, 140
카세인 • 288
카테킨류 • 148
카텝신 • 266
칼라자층 • 283
칼륨 • 126
칼슘 • 124
칼콘 • 143
캅사이신 • 180
캐러멜화 • 163
캡사이신 • 246
캡산틴 • 141
케토오스 • 20
케톤류 • 191
코발라민 • 115
코발트 • 129
콜라겐 • 261
콜레스테롤 • 52
콜로이드용액 • 208
콩 • 230
퀴논 화합물 • 156
큐커비타신 • 246
크립토잔틴 • 141, 155
클로로겐산 • 148
클로로필 • 133, 134
클로로필라아제 • 136
클로로필리드 • 136
클로로필린 • 136
키토산 • 45
키틴 • 28, 45

(ㅌ)
탄닌 • 147
탄성 • 215
탄수화물 • 20
탄화수소류 • 53
탈삽 • 249
테르펜류 • 191
테아플라빈 • 149
테트라테르펜 • 139
테트라피롤 • 133
텍스처 • 206, 216
토란 • 234
토마토 • 245
튜베린 • 233
트랜스지방산 • 56
트레할로오스 • 32
트리글리세리드 • 49
트리메틸아민 • 200
티로시나아제 • 157
티록신 • 128
티아미나아제 • 111
티아졸핵 • 111
티오글루코오스 • 29
티오당 • 29
티오펜 • 197
틴달현상 • 210

(ㅍ)
파 • 239
파라-κ-카제인 • 97
파리노그라프 • 216
파인애플 • 251
판토텐산 • 114
팔미트산 • 54
팥 • 231
팽윤제 • 39
퍼르옥시다아제 • 142
페놀라아제 • 156
페놀옥시다아제 • 156
페오포르비드 • 135
페오피틴 • 134, 135
펙틴 • 43, 247
펜토산 • 248
펠라고니딘계 • 146
펠라그라 • 113
펩티드 • 86
펩티드결합 • 86
평형상대습도 • 16
평형수분함량 • 16
포도 • 251
포도당 • 26
포화용액 • 207
포화지방산 • 54
폭렬종 • 227
폴렌스케가 • 61
폴리페놀옥시다아제 • 156
폴리펩티드 • 86
표고버섯 • 254
표면장력 • 212
푸코에리트린 • 253
푸코오스 • 29
풍미 • 188
프라노오스 • 23
프로비타민 • 106
프로타민 • 80
프로필메캅탄 • 240
프롤라민 • 80
플라보노이드 • 133, 142
플라빌리움 • 145
플라티코딘 • 244
피라노오스 • 23
피리미딘핵 • 111
피코시아닌 • 253
피톨 • 136
피페리딘 • 200
필수아미노산 • 76
필수지방산 • 54, 57

(ㅎ)
한천 • 46
함유황화합물 • 192
합성효소 • 100
항산화제 • 68
해교작용 • 95
해조류 • 253
핵과류 • 249
핵단백질 • 82, 83
향미강화제 • 184
향미증진제 • 184

헤닝 • 189
헤마틴 • 152
헤마틴화합물 • 66
헤모글로빈 • 133, 150, 154
헤미셀룰로오스 • 42
헤미아세탈 • 23
헤에너가 • 61
헴 • 150
호두 • 252
호르데닌 • 226
호분층 • 221
호정화 • 41
호화 • 38
홀로효소 • 101
화채류 • 237
화청소(花靑素) • 145
확산현상 • 207
환상구조 • 23
환원당 • 24
황 • 126
효소적 갈변 • 158
흑반병 • 234
흡착성 • 210
히드록시 아미노산 • 76
히스톤 • 80

INDEX

(A)
absolute threshold • 168
acetoin • 200
acetyl value • 61
achrodextrin • 41
acid amide • 180
acid value • 60
acrid taste • 185
acrolein • 58
actomyosin • 262
adermine • 113
agar • 46
albumin • 79
albuminoid • 80
aleurone • 221
alginic acid • 46
alkaloid • 178
alkylsulfites • 241
allgdiamine • 241
allicin • 196, 240
alliin • 196, 240
alliinase • 196
allin • 241
allithiamine • 111
amino sugar • 28
ampolyte • 78
amygdalin • 250
amylodextrin • 41
amylograph • 215
aneurinase • 111
aneurine • 111
anomer • 23
anthocyanidin • 145
antioxidant • 68
antivitamin • 106
apoenzyme • 101
arabia gum • 45
arachidonic acid • 55
ascorbic acid • 117, 162
asparagenic acid • 242
asparagine • 183
astacin • 155
astringency • 181
astringent taste • 181
asymmetric carbon atom • 21, 75
autolysis • 280

(B)
betaine • 183
betaines • 278
biotin • 116
bitter taste • 178
blanching • 137
bound water • 14
buffer action • 122

(C)
calciferol • 108
calcium • 124
capsaicin • 180, 246
capsanthin • 141
caramelization • 163
carbohydrates • 20
carnitine • 183
carnosine • 183
carotenoids • 133
carotinoid • 139
carrageenan • 46
catechins • 182
cathepsin • 266
cellobiose • 31
cellulose • 42
cephaline • 51
chalaziferous layer • 283
chalcone • 143
chavicine • 180
chitin • 28, 45
chitosan • 45
chlorine • 126
chlorogenic acid • 148, 182
chlorophyll • 133, 134
chlorophyllase • 136
chlorophyllide • 136
chlorophylline • 136
cholesterol) • 52
choline • 183
chromoprotein • 83, 84
clingstone • 250
coagulated protein • 85
cobalamine • 115
cobalt • 129
coenzyme • 101
collagen • 261
colloid solution • 208
colloidal taste • 185
compound lipid • 50
connective tissue protein • 262
cooling taste • 185
copper • 128
creatine • 183
creatinine • 183
cryptoxanthin • 141, 155
cucurbitacin • 179, 246
curing • 234
cyanidin • 146, 231

(D)
dehydroxyacetone • 20
delphinidin • 147
denaturation • 92
deoxy ribose • 28
deoxy sugar • 28
derived lipid • 51
derived protein • 84

dextrin • 41
dextrinization • 41
dextrorotatory • 23
DHA • 55
dihydroxyphenyl alanine • 157
dipeptide • 86
disaccharide • 29
docosahexaenoic acid • 56, 277
dulcitol • 27

(E)
eicosapentaenoic acid • 56, 277
ellagic acid • 182
emulsification • 62
emulsifier • 62
emulsion • 62, 212
enantiomer • 21
EPA • 55
epimer • 22
equilibrium moisture content • 16
equilibrium relative humidity • 16
ergosterol • 52, 254
erucic acid • 71
erythrodextrin • 41
essential fatty acid • 54, 57
extra virgin • 71

(F)
farinograph • 216
fattening • 268
fatty acid • 48
ferroprotoporphyrin • 150, 153, 154
fibrous protein • 85
flavonoid • 142
flavonoids • 133
flavor • 188
flavor enhancer • 184
flavor intensifier • 184
flavor reversion • 67
flavylium • 145
fluorine • 129
folacin • 115
folic acid • 115
four basic taste • 166
free water • 14
freestone • 250
fructose • 26
fucose • 29
furanose • 23

(G)
galactan • 234
galactosamin • 28
galactose • 26
gel • 211
gelatin • 84
gelatinization • 38
gentianose • 33
gentiobiose • 31
globular protein • 85
globulin • 79
glucoamylase • 37
glucomannan • 43, 235
glucosamin • 28
glucose • 26
glutamate • 245
glutamine • 183
glutathione • 183
glutelin • 80
gluten • 225
glyceraldehyde • 20
glycerol • 48
glycine • 75, 183
glycinin • 95
glycogen • 43
glycoprotein • 83
glycoside bond • 23
glycyrihizin • 174
gossypol • 68
guanine • 155
guar gum • 45

(H)
hardening • 71
hehner value • 61
hematin • 152
heme • 150
hemiacetal • 23
hemicellulose • 42
hemoglobin • 133, 150
Henning • 189
hexose • 26
high methoxyl pectin • 44
histone • 80
holoenzyme • 101
hordenin • 226
hot taste • 180
hulled barley • 226
humulon • 179
hydrophilic group • 62
hydrophobic group • 62
hypoxathine • 183
hysteresis • 17

(I)
inhibitor • 104
inositol • 27
inulin • 42
inversion • 31
iodine • 128
iodine value • 60
ionone • 139
ipomain • 234
ipomeamarone • 179, 234
irish cobbler • 233
iron • 127
isoelectric point • 78
isoprene • 139, 191
isoprenoid • 133

(L)
lactose • 31
lecithin • 50, 231
lectin • 235
levorotatory • 23
limonene • 179
linoleic acid • 55
linolenic acid • 55
lipoperoxidase • 142
lipoprotein • 82, 83
lipoxidase • 142
livetin • 284

low methoxyl pectin • 44
lumiflavin • 112
lupulon • 179
lutein • 142, 155
lycopene • 140, 245

(M)
magnesium • 126
maltodextrin • 42
maltose • 30
manganess • 129
mannitol • 27, 249
mannose • 26
marbling • 261
medium • 268
melanin • 156
melanoidine • 160
melibiose • 33
melting point • 57
met • 152
metal taste • 185
metalloprotein • 83, 84
metaprotein • 85
methionol • 202
methyl carnosine • 183
methylmercaptan • 174
metmyoglobin • 152
mono sodium glutamate • 184
monophenol oxidase • 157
monosaccharide • 25
mucin • 235
mucoprotein • 83
muscle sugar • 28
myofibrillar protein • 262
myoglobin • 133, 150
myrosinase • 198

(N)
naked barley • 226
naringenin • 249
naringin • 179
nasunin • 147
niacin • 112
nicotinamide • 112
nicotinic acid • 112
nucleoprotein • 82, 83
nucleotide • 184

(O)
o-quinone • 147
odor • 188
oleic acid • 56
optical active substance • 23
oryzanin • 223
oxonium • 146
oxymyoglobin • 152

(P)
palmitic acid • 54
pantothenic acid • 114
para-casein • 84
peanut • 232
pectic substance • 43
pectin • 247
pelargonidin • 146
pellagra • 113
pentosan • 248
pentose • 25
peptide • 86
peptization • 95
perillartin • 174
peroxidase • 142
peroxide value • 62
phenol oxidase • 156
phenolase • 156
pheophytin • 134
phospholipid • 50
phosphoprotein • 82, 83
phosphorus • 124
phycocyanin • 253
phycoerythrin • 253
phyllodulcin • 174
phylloquinone • 109
plasticity • 59
platycodin • 244
polenske value • 61
polysaccharide • 34
potassium • 126
prolamin • 80
propyl mecaptan • 240
prosthetic group • 101
protamine • 80
protean • 85
provitamin • 106
pseudoionone • 140
pungent taste • 180
pyranose • 23
pyridoxine • 113

(Q)
quercetin • 179

(R)
racemic mixture • 23
raffinose • 33
rancidity • 63
random coil • 88
rare • 268
recognition threshold • 168
refractive index • 58
Reichert-Meissl value • 61
relative sweetness • 173
retinol • 107
retrogradation • 39
rhamnose • 28
rheology • 214
ribitol • 27
riboflavin • 112
riger mortis • 264
rutin • 242
rutinose • 32

(S)
salmenic acid • 155
salty taste • 175
sanshool • 180
saponification value • 59
sarcoplasma protein • 262
saturated fatty acid • 54
savory • 182
scleroprotein • 80
scordinin • 241

selenium • 129
sesamol • 68
shibuol • 182
simple lipid • 49
simple protein • 79
sinalbin • 180
sinigrin • 180, 198
sitosterol • 52
skatole • 203
sodium • 126
sol • 211
solanine • 233
soluble starch • 41
solute • 206
solvent • 206
sorbitol • 27
sour taste • 176
specific gravity • 57
sphingomyelin • 51
sphingosine • 50
squalene • 53
stachyose • 34
starch • 34
stearic acid • 54
stevioside • 174
stigmasterol • 52
sucrose • 30
sugar alcohol • 27
sulfur • 126
surface denaturation • 96
sweat taste • 171
swelling agents • 39
syneresis • 211
synergist • 68

(T)

tannin • 147
taste bud • 167
taste pare • 167
tetrapyrrole • 133
tetraterpene • 139
texture • 206, 216
theaflavin • 149
theanine • 183
theobromine • 179
thiaminase • 111
thiamine • 111
thio sugar • 29
thioglucose • 29
thiophene • 197
threshold value • 168, 188
thujone • 179
thyroxine • 128
tocopherol • 108
trehalose • 32
trimethyl amine • 200
trimethyl amine oxide • 281
trimethylamine oxide • 183
triticum durum • 224
triticum speltum • 224
triticum vulgare • 224
tuberin • 233
ture solution • 206

(U)

umami taste • 182
unsaturated fatty acid • 54
urea • 281

(V)

very well done • 268
viscometer • 215
viscosity • 57

(W)

water activity • 15
wax • 49
well done • 268

(X)

xanthophyll • 140
xerogel • 211
xylitol • 27

(Z)

zeaxonthin • 155
zein • 228
zinc • 129
zwitter ion • 78

저자약력

정 은 자

- 서울여자대학교 대학원 식품과학과(이학박사)
- 현) 을지대학교 식품영양학과 교수

김 성 연

- 서울여자대학교 대학원 식품과학과(이학박사)
- 전) 서울대학교 천연물과학연구소 연구원
- 현) 을지대학교 식품영양학과 강사

인 지
생 략

식품학

2012년 12월 15일 초 판 발행
2020년 8월 12일 수정판 발행

저 자 : 정은자 · 김성연

발행인 : 임종철

발행처 : 도서출판 **진 로**

등록 : 제305-2003-28호

주소 : 서울특별시 동대문구 고미술로 49
(의증빌딩 3층)

TEL : 02-2215-0203

FAX : 02-2216-0208

ISBN : 978-89-86877-68-7(93570)

정가 20,000 원